海洋信息技术丛书
Marine Information Technology

国家出版基金项目
NATIONAL PUBLICATION FOUNDATION

卫星海洋目标信息
感知与处理技术

Space-Based Maritime Target Information Awareness and Processing Technology

姚力波 高贵 彭煊 刘勇 张筱晗 著

U0268009

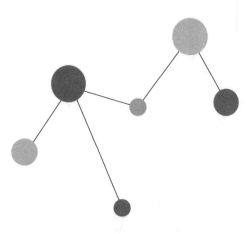

人民邮电出版社
北京

图书在版编目（CIP）数据

卫星海洋目标信息感知与处理技术 / 姚力波等著.
北京 : 人民邮电出版社，2024. -- （海洋信息技术丛书
）. -- ISBN 978-7-115-65521-9

Ⅰ. P715.7

中国国家版本馆 CIP 数据核字第 20246Z89T1 号

内 容 提 要

相比陆基、海基、空基海洋目标监视技术，天基海洋目标监视具有覆盖范围广、不受空域国界和地理条件限制等优势，是海洋强国争相发展的监视手段，也是海洋目标监视的发展趋势。近年来，随着低轨巨型遥感星座和地球同步轨道遥感卫星的快速发展，多源卫星对海洋目标探测信息的融合处理已成为海洋强国建设和相关组织研究的热点方向。

目前，应用于海洋目标监视的卫星大部分工作在不同的低地球轨道（如太阳同步轨道）上，单颗卫星重访周期较长，因此，卫星对海洋目标探测具有稀疏非均匀的特点。同时，应用于海洋目标监视的卫星传感器类型较多，不同卫星传感器对海洋目标的探测数据具有质量差异大、特征维度不一致等特点。传统的基于数学方程的信息融合方法大多针对同类型、同结构、稠密均匀的观测数据，不能直接用于多源卫星信息融合处理，基于深度学习的多（跨）模态融合理论为多源卫星海洋目标探测信息的融合处理提供了新思路。本书系统总结了作者近 10 年的研究成果，对多源卫星对海洋目标的检测、识别、关联、跟踪等融合处理方面进行了介绍。同时，本书结合了传统信息融合理论和深度学习方法，对传统信息融合理论进行了改进，并对基于深度学习的多源卫星信息融合进行了探索。

本书可供卫星海洋监视信息处理领域的广大科技工作者、工程技术人员参考，还可作为高等院校相关专业研究生和高年级本科生的教材或参考资料。

◆ 著　　　　姚力波　高　贵　彭　煊　刘　勇　张筱晗
责任编辑　陈　欣
责任印制　马振武

◆ 人民邮电出版社出版发行　　北京市丰台区成寿寺路 11 号
邮编　100164　电子邮件　315@ptpress.com.cn
网址　https://www.ptpress.com.cn
三河市中晟雅豪印务有限公司印刷

◆ 开本：720×960　1/16
印张：21.75　　　　　　　　　　2024 年 12 月第 1 版
字数：396 千字　　　　　　　　2024 年 12 月河北第 1 次印刷

定价：199.80 元

读者服务热线：**(010)53913866**　印装质量热线：**(010)81055316**
反盗版热线：**(010)81055315**
审图号：GS 京（2024）2007 号

海洋信息技术丛书

编 辑 委 员 会

推荐序

当前我国正在建设海洋强国，海洋越来越多地维系着我国的发展利益，因此建设全球广域海洋目标监视体系刻不容缓。卫星遥感具有全球可达、不受国界和地理条件限制、覆盖范围广、全天时、全天候、传感器类型多等优点，随着高轨遥感卫星和低轨大规模遥感星座的部署，卫星已经成为监视海洋目标，尤其是中远海目标的主要手段。

卫星海洋目标监视具有多平台交接频繁、观测稀疏的特点，单一卫星平台或传感器对海洋目标监视都存在一定不足：可见光成像具有空间分辨率高、识别特征明显等优点，但容易受夜晚、云雾、雨雪等环境因素影响；合成孔径雷达（Synthetic Aperture Radar, SAR）成像能够全天候、全天时工作，但其成像机理复杂，目标识别难度大；红外成像和光谱成像的空间分辨率不高；舰船自动识别系统（Automatic Identification System, AIS）只能探测合作舰船目标。同时，传统遥感卫星通常采用太阳同步轨道，重访周期较长、幅宽较窄、数据率较低，无法获取海洋目标连续的稳定航迹；静止轨道凝视光学遥感卫星具备一定的海洋目标跟踪能力，能够获取海洋目标的航迹，但空间分辨率较低，目标识别确认困难。因此，需要利用多源卫星实现海洋目标的融合识别和跟踪。

相对于传统的陆基、海基、空基海洋目标监视技术，天基海洋目标监视具有传感器类型多、平台交接频繁、观测稀疏非均匀、数据质量差异大、目标运动状态估计难等特点。基于数学方程的信息融合方法大多针对同类型、同结构、稠密均匀的观测数据，不能直接用于多源卫星信息融合处理。近年来，以深度学习为代表的人工智能技术发展迅速，其本质也是一个不断抽象融合特征的过程，深度对应分层，不同阶段的输出对应不同的特征和语义层次。因此，基于深度学习的融合处理一方面可以实现不同层次的特征融合，另一方面可以在更高语义层次上进行融合，为多源卫星海洋目标信息的融合处理提供了新思路。

本书作者长期从事卫星海洋目标监视信息处理领域的研究工作。本书结合深度学习和传统的信息融合理论，系统介绍了基于多源卫星数据的海洋目标检测识别、关联跟踪的智能融合处理内容，对卫星海洋目标监视信息处理领域的科研人员具有重要的工程参考价值。

中国工程院院士　何友

2024 年 6 月

前　言

　　遥感卫星具有不受地理、气候、国界等条件约束，探测范围广、获取信息维度多等特点。随着空间平台技术、传感器技术、通信技术等相关领域的发展，卫星的应用已经成为海洋目标，尤其是中远海目标监视的重要手段和重点发展方向。但相对于陆基、海基、空基海洋目标监视手段，多源卫星海洋目标监视信息融合直接应用传统信息融合方法的效果不是很好，基于深度学习的信息融合方法可以实现多模态数据、多层级特征的融合，在文本、声音、图像等多源信息融合处理中展现出强大的能力。

　　本书围绕多源卫星海洋目标探测信息处理技术，基于深度学习等人工智能理论，结合传统的舰船目标检测识别和关联跟踪方法，研究多源卫星对海洋目标探测数据的智能融合处理方法。本书第 1 章总结分析了卫星海洋目标监视的发展现状和趋势，第 2 章介绍了遥感卫星数据舰船目标检测与识别技术，第 3 章介绍了基于电子侦察卫星和静止轨道凝视光学遥感卫星的舰船目标跟踪技术，第 4 章介绍了多源遥感卫星数据舰船目标关联技术，第 5 章介绍了多源遥感卫星舰船目标数据在轨融合技术。

　　本书在参考国内外众多学者研究成果的基础上，结合作者近 10 年的研究，经反复酝酿、推敲而成。全书由姚力波负责统稿，第 1、5 章由姚力波、彭煊撰写，第 2 章由张筱晗撰写，第 3 章由刘勇撰写，第 4 章由高贵、姚力波撰写。中国人民解放军海军航空大学信息融合研究所熊伟教授对本书的撰写给予了全面指导，研究生顾祥岐、熊振宇、徐平亮、林迅、李孟洋、陈真、白琪林等参与了本书写作。

在本书的编写和出版过程中，中国人民解放军海军航空大学何友院士给予了热情指导和鼓励，并为本书作序；中国空间技术研究院李劲东院士、张庆君研究员对本书的出版十分关注，提出了许多宝贵意见和建议。在此表示衷心感谢。

为提高阅读性，本书将部分插图整理到附录中，并以彩图形式呈现。

由于时间仓促和作者水平有限，书中难免存在不足之处，敬请读者批评指正。

作者

2024 年 6 月于烟台

目　　录

第1章

概　述

1.1　研究背景及意义

除了以国家领土主权、海洋权益、海上自由活动为主要标志的海上传统威胁，海上恐怖活动、走私、海盗、非法移民、海上自然灾害等海上非传统威胁日益增加，并且具有多样性、隐秘性及全球性等特点，已经超出了以国界为标志的地理空间特征，具有明显的跨地域性。随着国家利益的全球拓展，海洋越来越多地维系着我国的发展利益，我国迫切需要对全球热点海域、重点目标和突发事件进行及时有效的监视。

海洋面积广袤，约占地球表面积的 71%。陆基对海监视装备具有连续全时探测的优点，但受地球曲率影响，不能及时发现和跟踪离岸较远的舰船目标，海基和空基对海监视装备机动性强，但受平台活动范围限制，不能快速发现和跟踪大范围的海上运动舰船目标。天基对海监视装备具有覆盖范围广、不受地理限制等特点，虽然卫星重访周期长、机动能力弱，但随着高轨、中轨遥感卫星和低轨遥感小卫星集群的发展，卫星遥感技术能够大范围、全天候、全天时地对地球进行观测，可以获取全谱段、全极化、多尺度、多时相的遥感数据，已成为海洋目标监视的重要手段。基于多星协同探测和信息融合的海洋目标监视技术是世界各航天大国和海洋大国竞相研究的热点和重点发展方向[1-7]。

当前，我国处于全面建设航天强国时期，正在开展"空间信息网络"重大研究计划，建设"天地一体化信息网络"重大项目，未来我国遥感卫星数量将达到几百颗，可以为广域海洋目标监视提供大时空覆盖范围、高时空分辨率的遥感图像支持，将极大提升我国对全球大范围海域舰船目标监视的广域发现、精细识别、连续跟踪和快速响应能力。卫星海洋目标监视，既要研究先进的海洋目标监视技术，发展新型海洋目标监视卫星，更要从我国卫星装备的现状和发展规划出发，研究多源卫星对海洋目标探测信息融合处理的理论和方法。

本专著在国家自然科学基金重大研究计划重点项目"空间信息网络对海上目标连续观测基础理论与关键技术研究"和国家自然科学基金重大项目"天空基海洋目标探测与识别基础研究"支持下开展，以全球大范围舰船目标监视需求为出发点，以可见光、SAR 卫星遥感图像和 AIS 信息为主要数据源，对基于多源卫星数据的舰船目标检测、关联、识别和跟踪 4 个处理层次进行介绍和研究。

卫星海洋目标监视基于多轨位卫星，综合多模式传感器（可见光、红外、SAR等成像和雷达、AIS、电子侦察等信号手段）对海面舰船和水下潜艇进行发现、定位、识别和跟踪，目前，卫星海洋目标探测主要包括发现、定位和识别。海洋目标感知与融合面临以下难题。

（1）海洋物理环境复杂。海况复杂，气象多变，对电磁波、水声波等具有不确定的衰减作用，海洋大气透明度和云雨雾等影响光学探测，电磁效应、蒸发波导效应、大气波导效应、海杂波等影响雷达探测，海水的温度、密度、盐度、跃层等影响水下目标探测。在近海地区，气象状况尤其不定，海况、陆地和海杂波独特，异常大气效应普遍。

（2）海洋目标多样复杂。监视的海洋目标主要类型既包括军事舰船，如航空母舰、驱逐舰等水面目标，还包括民用船舶，如正常作业的货船、渔船等，非法活动的走私船、海盗船等。军事舰船通常采用电磁静默方式，关闭雷达、通信等电子设备，非法活动船只则关闭或更改自身 AIS 以躲避监视。

卫星海洋目标探测向着低中高轨协同、全谱段、宽幅、主被动结合的方向发展，考虑卫星探测稀疏非均匀、数据量大、类型多、质量差异大等特点，对不同尺度、不同谱段、不同结构的卫星遥感数据进行不同层次的融合处理以实现对海洋目标的动态跟踪。本章重点介绍和分析卫星海洋目标探测技术和信息处理技术的现状。

1.2 卫星海洋目标探测技术发展现状

目前，卫星海洋目标监视已经成为全球海域监视的发展趋势，世界各海洋大国都非常重视利用天基平台提高海洋目标监视能力。美国、俄罗斯、欧盟等国家和组织注重研究先进的海洋目标监视技术，发展新型海洋目标监视卫星，逐步建立完善的天基海洋目标监视系统，同时更加重视天基、空基、陆基、海基平台多源观测信息融合处理技术研究，通过信息融合处理，将不同的空间平台、不同类型的传感器深度整合，实现广域海洋目标的连续探测。本节对卫星海洋目标探测技术进行介绍和总结。

1.2.1 遥感成像卫星海洋目标探测技术

卫星海洋目标探测技术按照工作模式分为主动探测和被动探测，主动探测主要包括 SAR 成像和雷达探测，被动探测主要包括光电成像和电子侦察。卫星海洋目标探测技术按照波段分为可见光、红外和微波探测。遥感卫星按照分辨率可以分为中低分辨率遥感卫星和高分辨率遥感卫星两大类，按照轨道高度可以分为中高轨遥感卫星和低轨遥感卫星。中高轨遥感卫星通常具有覆盖范围广、重访周期短等优点，但是图像分辨率较低，适用于广域海洋目标的大范围搜索；而低轨遥感卫星通常具有图像分辨率高的优点，但是幅宽比较窄、重访周期长，适用于海洋目标的精细识别和身份确认。本节重点介绍 SAR 遥感卫星、光学遥感卫星海洋目标探测技术。

1.2.1.1 SAR 遥感卫星

合成孔径雷达是利用合成孔径原理、脉冲压缩技术和信号处理方法，以真实的小孔径天线获得距离向和方位向高分辨率遥感成像的雷达系统。随着超大规模数字集成电路、高速数字处理芯片和先进数字信号处理算法的发展，SAR 具备了实时处理能力，结合其全天时、全天候工作的优势，在海洋目标监视中发挥着主要作用[8]。

自美国 1978 年成功发射世界上第一颗 SAR 遥感卫星 Seasat-1（L 波段，单极化）以来，许多国家和地区陆续开展了星载 SAR 关键技术研究和卫星研制。国外 SAR 遥感卫星主要有：加拿大的 RadarSat-1（C 波段，单极化）、RadarSat-2（C 波段，全极化）、RCM（RadarSat Constellation Mission）星座（C 波段，全极化），德国的 Terra-SAR（X 波段，全极化）、TanDEM-X（X 波段，全极化），意大利的 Cosmo-SkyMed 星座（X 波段，双极化），欧洲空间局（ESA）的 ERS-1/2（C 波段，单极化）、Envisat（C 波段，双极化）、Sentinel-1 A/B（C 波段，双极化），日本的 JERS（L 波段，单极化）、ALOS（L 波段，全极化）、ALOS-2（L 波段，全极化），以色列的 TecSAR（X 波段，全极化），韩国的 KOMPSAT-5（X 波段，多极化），印度的 RISAT-1（C 波段，全极化）等。2015 年，随着低轨卫星星座发展和建设进入新阶段，SAR 遥感小卫星星座组网探测已成为商业遥感卫星发展的新趋势，如芬兰的 ICEYE，美国的 Umbra Lab、Capella Space、PredaSAR、Alpha Insights，日本的 Synspective、QPS 研究所等商业遥感卫星公司都提出了各自的商业 SAR 遥感小卫星星座建设计划。2018 年 1 月，ICEYE 发射了世界上第一颗 SAR 遥感小卫星 ICEYE-X1，整星质量为 70 kg，采用 X 波段相控阵体制，分辨率为 10 m×10 m，截至 2023 年年底成功发射 29 颗，最高分辨率达距离向 0.5 m、方位向 0.25 m。2018 年 12 月，Capella Space 发射了首颗试验星 Capella-Denali，整星质量为 48 kg，采用 X 波段反射面体制，分辨率为 10 m×10 m，截至 2023 年年底成功发射 11 颗，最高分辨率达距离向 0.25 m、方位向 0.25 m。2021 年 6 月，Umbra Lab 发射了首颗试验星 Umbra-SAR 2001，波段为 X 波段，截至 2022 年年底成功发射 8 颗，最高分辨率达距离向 0.25 m、方位向 0.16 m。2019 年 11 月，QPS 发射了首颗试验星 QPS-SAR-1，波段为 X 波段，截至 2023 年年底成功发射 4 颗，最高分辨率为 0.46 m。2020 年 12 月，Synspective 发射了首颗试验星 StriX-α，波段为 X 波段，截至 2023 年年底成功发射 3 颗，最高分辨率为 1 m。

2012 年 11 月，我国发射了环境一号 C（HJ-1-C）卫星，波段为 S 波段，采用网状抛物面体制，分辨率为 5 m 和 20 m，幅宽为 40 km 和 100 km。2016 年 8 月，发射了首颗 C 波段多极化高分辨率民用 SAR 遥感卫星高分三号（GF-3）卫星，采用相控阵天线机制，分辨率为 1～500 m，幅宽为 10～650 km，高分三号三星组网运行，均匀分布在同一个轨道面上，平均重访时间由 0.6 天缩短至 0.2 天，平均重访周期由 15 h 缩短至 5 h。2022 年 1 月，发射了 L 波段差分干涉 SAR 卫星陆地探测一号（LT-1A），A、B 双星编队飞行，实现重复轨道差分干涉形变测量和干涉地形测绘，最高分辨率为 3 m。2020 年 12 月，长沙天仪空间科技研究院有限公司发射了我国首颗商业 C 波段 SAR 遥感卫星海丝一号，整星质量小于 185 kg，最高分辨率为 1 m，其还发射了巢湖一号、涪城一号两颗 C 波段 SAR 遥感卫星，是目前我国在轨 SAR 遥感卫星最多的商业公司。2021 年 4 月，山东产业技术研究院发射了国际上首颗 Ku 波段 SAR 遥感卫星，最高分辨率为 0.5 m。2022 年 2 月，北京微纳星空科技股份有限公司发射了我国首颗商业 X 波段 SAR 遥感卫星泰景四号 01 星，整星质量小于 350 kg，最高分辨率为 1 m。2023 年 5 月，武汉大学发射了全球首颗 Ka 波段 SAR 遥感卫星珞珈二号 01 星，具备多角度成像模式，最高分辨率为 0.5 m。地球同步轨道 SAR 遥感卫星具有响应速度快、重访周期短、时间分辨率高、成像幅宽大等优点，对于时敏目标监视、突发灾害监测等高频次、全天候、全天时观测具有独特优势[9]。2023 年 8 月 13 日，我国发射了世界上首颗地球同步轨道 SAR 遥感卫星陆地探测四号 01 星，波段为 L 波段。

为推动 SAR 遥感卫星数据在海洋监视领域的智能化处理研究和应用，国内外学者构建了多个 SAR 遥感图像舰船检测与分类数据集。在舰船检测方面，中国人民解放军海军航空大学的 Li 等构建了 SAR 遥感图像舰船目标检测的数据集 SSDD（SAR Ship Detection Dataset）[10-11]，数据来源主要是 RadarSat-2、TerraSAR-X 和 Sentinel-1 卫星，采用水平极化（HH）、水平-垂直极化（HV）、垂直极化（VV）和垂直-水平极化（VH）4 种极化方式，包含纯海域和近岸海域的舰船目标，共有 1160 幅图像和 2456 艘舰船，分辨率为 1～15 m，SSDD+数据集将 SSDD 数据集的垂直标注框转换为斜框标注。中国科学院空天信息创新研究院的孙显等构建了高分辨率 SAR 舰船检测数据集 AIR-SARShip-1.0[12]，数据来源于高分三号卫星的 31

景图像，分辨率为 1 m 和 3 m，模式包括聚束式和条带式，极化方式为单极化，AIR-SARShip-2.0 包含 300 幅图像切片和 7678 个舰船目标。中国科学院空天信息创新研究院的 Wang 等构建了 SAR-Ship-Dataset[13]，数据来源于高分三号卫星和 Sentinel-1 卫星的 310 景图像，共包含 43819 幅图像切片和 59535 个舰船目标。电子科技大学的 Wei 等构建了高分辨率 SAR 舰船检测数据集 HRSID[14]，数据来源于 Sentinel-1B 卫星、TerraSAR-X 卫星和 TanDEM 卫星的 136 景图像，包含 5604 幅图像切片和 16951 个舰船目标；Zhang 等构建了大场景小目标 SAR 舰船检测数据集 LS-SSDD[15]，数据来源于 Sentinel-1 卫星的 30 景图像，采用 VV 和 VH 极化、IW 成像模式，包含 9000 幅图像切片和 6015 个舰船目标。中国人民解放军海军航空大学的徐从安等构建了 SAR 舰船斜框检测 RSDD-SAR[16]，数据来源于高分三号卫星和 TerraSAR-X 卫星，共 127 景图像，包含多种成像模式、多种极化方式和多种分辨率，数据集总共有 7000 幅图像切片和 10263 个舰船目标。在舰船分类与识别方面，上海交通大学的 Huang 等构建了 OpenSARShip[17-18]，数据来源为 Sentinel-1 卫星，共 41 景图像，结合 AIS 数据对目标类别进行了标注，共包含 11346 幅舰船目标图像切片；OpenSARShip2.0 利用 87 景 Sentinel-1 卫星遥感图像，共包含 34528 幅舰船目标图像切片和 17 类舰船目标，包括 Cargo、Tanker、Tug 等。复旦大学的 Hou 等构建了 FuSARShip[19]，数据来源于高分三号卫星，有 128 景图像、5243 幅舰船目标图像切片和 15 大类舰船目标，包含 Cargo、DiveVessel、Tanker 等，每个大类又细分为小类别，共 98 个小类别，如 Cargo 细分为 BulkCarrier、ContainerShip 等。针对 TopSAR 和 ScanSAR 模式成像的宽幅 SAR 测绘带宽和分辨率低的图像特点，中国人民解放军国防科技大学的雷禹等构建了宽幅 SAR 海上大型运动舰船目标数据集[20]，数据来源于 Sentinel-1 卫星，共 317 景单视复（Single Look Complex, SLC）数据，分辨率为 20 m，包含 2291 个大型舰船目标，用于大型军事舰船、长度≥250 m 的大型民用船舶和长度为 150～250 m 的大型民用船舶 3 类目标分类。中国科学院空天信息创新研究院的 Lei 等创建了 SRSDD 数据集[21]，数据来源于高分三号卫星的 30 景图像，包含 666 幅图像切片和 2884 个舰船目标，分为集装箱船、油船等 6 个类别。目前，表 1-1 所列的 SAR 遥感图像舰船目标检测与分类识别数据集在国内外科研机构得到了广泛应用。

表 1-1　SAR 遥感图像舰船目标检测与分类识别数据集

数据集	数据来源	数据信息	数据集规模		任务
			图像切片数量（幅）	舰船目标数量（个）	
SSDD+	RadarSat-2 TerraSAR-X Sentinel-1	1～15 m 7 景	1160	2456	斜框检测
AIR-SARShip-2.0	GF-3	1 m、3 m 31 景	300	7678	垂直边框检测
SAR-Ship-Dataset	GF-3 Sentinel-1	3～10 m 310 景	43819	59535	垂直边框检测
HRSID	Sentinel-1B TerraSAR-X TanDEM	0.5～3 m 136 景	5604	16951	垂直边框检测
LS-SSDD	Sentinel-1	5 m×20 m 30 景	9000	6015	垂直边框检测
RSDD-SAR	GF-3 TerraSAR-X	2～20 m 127 景	7000	10263	斜框检测
OpenSARShip2.0	Sentinel-1	2.7 m×22 m～ 20 m×22 m 87 景	34528	34528	分类
FuSARShip	GF-3	2～20 m 128 景	5243	5243	分类
SRSDD	GF-3	1 m 30 景	666	2884	斜框检测 分类

1.2.1.2　光学遥感卫星

光学遥感光卫星虽然容易受光照、夜晚、天气等条件制约，对海上自然环境复杂多变的情况无法实现全天候、全天时工作，但由于光学遥感图像分辨率高、舰船识别特征明显，已经成为海洋目标监视的重要手段之一。

1960 年 8 月，美国首次成功发射并回收世界上第一颗光学成像卫星，光学遥感卫星成为对地观测的主力军。1999 年 9 月，美国 Space Image 公司发射了全球首颗高分辨率商业光学遥感卫星 IKONOS-2，全色分辨率为 0.82 m；2001 年 10 月，Digital

Globe 公司发射了 QuickBird-2 光学遥感卫星，全色分辨率为 0.61 m；2003 年 6 月，Orbital Imaging 公司发射了 OrbView-3 光学遥感卫星，全色分辨率为 1 m；2008 年 9 月，GeoEye 公司发射了 GeoEye-1 光学遥感卫星，全色分辨率为 0.41 m；Digital Globe 公司在 2007 年 9 月、2009 年 10 月、2014 年 8 月分别发射了 WorldView-1/2/3 光学遥感卫星，全色分辨率分别为 0.5 m、0.46 m 和 0.31 m。1986 年 2 月，法国发射了 SPOT-1 商业光学遥感卫星，全色分辨率为 10 m，SPOT 系列光学遥感卫星共发射了 7 颗，SPOT-6/7 光学遥感卫星的全色分辨率为 1.5 m；2011 年 12 月和 2012 年 12 月分别发射了新一代高分光学遥感卫星星座 Pleiades 的 1A 和 1B，全色分辨率为 0.5 m。1988 年 3 月，印度发射了第一颗光学遥感卫星 IRS-1A，全色分辨率为 5.8 m；2007 年 1 月，发射了 Cartosat-2B 光学遥感卫星，全色分辨率为 0.8 m；2019 年 11 月，发射了 CartoSat-3A 光学遥感卫星，全色分辨率为 0.25 m。此外，以色列于 2000 年 12 月发射了 EROS-A1 光学遥感卫星，全色分辨率为 1.8 m；2022 年 12 月发射了 EROS-C 光学遥感卫星，全色分辨率为 0.5 m。韩国于 1999 年 12 月发射了 KOMPSAT-1 光学遥感卫星，全色分辨率为 6 m；2012 年 5 月发射了 KOMPSAT-3A 光学遥感卫星，全色分辨率为 0.55 m。目前，美国主要光学商业遥感卫星公司有 Maxar Technologies、Planet 和 BlackSky Global，其中，Maxar Technologies 由传统商业遥感卫星公司 Digital Globe、GeoEye 等发展合并而来，Planet 和 BlackSky Global 都是新型的商业遥感小卫星公司。Planet 致力于建设高频成像对地观测光学遥感小卫星星座，自 2003 年 4 月开始组建 PlanetScope 星座；2015 年，收购了德国 BlackBridge，获得 RapidEye 星座；2017 年收购 Google 的 Skybox，获得 Skysat 星座；截至 2023 年年底，在轨卫星达 200 多颗，Planet 拥有其他公司无法比拟的每天至少覆盖全球 1 次的超高时频分辨率。红外遥感也是海洋目标监视的重要手段，美国 Landsat-8/9 遥感卫星的长波红外波段分辨率为 100 m，WorldView-3 遥感卫星的短波红外波段分辨率为 3.72 m，韩国 KOMPSAT-3A 遥感卫星的中波红外波段分辨率为 5.5 m。2023 年 6 月，英国 SatVu 公司发射了 Hotsat-1 遥感卫星，其热红外波段分辨率为 3.5 m。

我国在 1975 年 11 月发射了第一颗返回式光学遥感卫星；1999 年 10 月，发射了第一颗传输型光学遥感卫星资源一号（ZY-1），分辨率为 20 m；2013 年 4 月，发射了高分一号（GF-1）光学遥感卫星，全色分辨率为 2 m，组建了我国首个高分辨率光学遥感星座；2014 年 8 月，发射了高分二号（GF-2）光学遥感卫星，全色分辨率为 0.8 m；2021 年 12 月，发射了资源一号 02E 卫星，其长波红外波段分辨率为 15 m。2015 年 10 月，长光卫星技术股份有限公司发射了吉林一号（JL-1）光学遥感卫星星座的 4 颗光学遥感小卫星，开创了我国商业航天遥感的先河，光学 A 星的全色分辨率为 0.72 m；2020 年 1 月，发射了宽幅型光学遥感卫星，首次采用大口径大视场长焦距离轴三反光学系统，全色分辨率为 0.75 m，幅宽为 136 km，是全球幅宽最大的亚米级光学遥感卫星；截至 2023 年年底，实现 108 颗卫星组网。2016 年 12 月，中国四维测绘技术有限公司发射了四维高景一号 01 和 02 光学遥感卫星，全色分辨率为 0.5 m。极轨遥感卫星在单轨成像时通常只拍摄单景遥感图像，静止轨道凝视光学遥感卫星可以同时满足高时间分辨率和较高空间分辨率的对地观测需求。2015 年 12 月，我国发射了首颗地球同步轨道光学遥感卫星高分四号（GF-4），定点于东经 105.6°上空的地球同步轨道，观测范围南北方向主要为南北纬 45°之间，可扩展到南北纬 60°以上，东西方向主要跨越 90°范围，并可以扩展到 120°以上，覆盖中国及周边 4900 万平方千米的陆海区域。该卫星采用面阵凝视方式成像，具有单景凝视、区域普查、机动巡查等多种成像工作模式，通过地面干预方式，能在数分钟内完成任务响应，卫星机动响应时间为 30 s，具备一定的目标跟踪能力，可见光、近红外谱段分辨率为 50 m，红外谱段分辨率为 400 m。北京四象爱数科技有限公司还首次提出了同轨道 SAR、光学和热红外全手段遥感卫星星座，2023 年 7 月发射了 A 组多源遥感卫星，包括 AS-01 SAR 遥感卫星（X 波段，分辨率为 1 m，具备大斜视成像能力）、AS-02 高分宽幅多光谱遥感卫星（单景幅宽可达 100 km，分辨率为 2 m）、AS-03 中波红外遥感卫星（10 m 分辨率，0.2 K 热灵敏度）。

　　针对光学遥感卫星舰船目标检测与识别研究，中国科学院自动化研究所的 Liu 等构建了 HRSC2016 数据集[22]，数据来源于谷歌地球影像，共包含 1061 幅图像切片和 2976 个舰船目标，分为三大类 27 小类舰船，用于三级舰船检测任务：第一级舰船检测任务，是传统的舰船检测任务，将候选区域分为背景类和船只类；第二级舰船类别识别任务，将舰船分为航母、军舰、商船和潜艇四大类，为舰船粗粒度分类；第三级舰船型号识别任务，将舰船进一步识别为驱逐舰、巡洋舰、护卫舰等更细致类别。西班牙阿利坎特大学的 Gallego 等构建了 MASATI 数据集[23]，数据来源于 Microsoft Bing Maps，共包含 6212 幅图像切片和 3113 个舰船目标，将卫星图像分成有船、无船两大类，进而又将这两类图像分为单舰船场景、多舰船场景、舰船细节图、港口、水面、陆地、岛屿等 7 类场景。美国 Space and Naval Warfare Systems Center 的 Rainey 等构建了 BCCT-200 等数据集[24-25]，数据来源于 RAPIER 舰船检测系统。BT1000 将 2000 幅卫星全色图像分为散装货船和油轮两类；CCT250 将 750 幅舰船图像分为货船、集装箱船、油轮 3 类；BCCT200 数据集在 CCT250 的基础上增加了驳船这一类别；BCCT200-resize 将图像大小固定为 300 像素×150 像素，并将原数据集中舰船目标调整为一个方向。北京航空航天大学的 Di 等构建了 FGSCR-42 数据集[26-27]，数据来源于 DOTA、HRSC2016、NWPU VHR-10 等公开数据集，共包含 9320 幅图像切片，DSCR 分为 7 类舰船类别，而 FGSCR-42 分为 42 类舰船类别。北京邮电大学的 Chen 等构建了 FGSD 数据集[28]，数据来源于谷歌地球影像，共包含 2612 幅图像切片和 4554 个舰船目标，分为 43 类舰船类别和船坞目标。清华大学的 Zhang 等构建了 ShipRSImageNet[29]，数据来源于 xView、HRSC2016 和 FGSD 数据集，以及高分二号和吉林一号卫星，共包含 3435 幅图像切片和 17573 个舰船目标，分为 49 类舰船类别和船坞目标。针对多光谱遥感图像舰船目标检测问题，中国科学院上海技术物理研究所的陈丽等构建了中分辨率多光谱卫星图像舰船数据集 MMShip[30]，数据来源于 Sentinel-2 卫星，谱段为 R、G、B 和 NIR，中心波长分别为 0.49 nm、0.56 nm、0.665 nm 和 0.842 nm，分辨率为 10 m，共包含 5016 幅图像切片和 8672 个舰船目标。此外，西北工业大学的 Cheng 等构建的 NWPU VHR-10 数据集[31]，武汉大学的 Xia 等构建的 DOTA 数据集[32]，西北工业大学的 Liu 等构建的大规模光学目标检测数据集 DIOR[33]，北京航空航天大学的 Zou 等构建 LEVIR 数据集[34]，中国科学院西安光学精密机械研究所的 Zhang 等构建的 TGRS-HRRSD 数据集[35]，美国 DIUx 实验室的 Lam 等构建的 xView 数据集[36]，以及 IEEE GRSS 组织的遥感数据融合大赛（Data Fusion Contest, DFC）、美国 DIUx 实验室组织的 xView、法国 Airbus 公司组织的 Kaggle、中国科学院人工智能创新研究院组织的天智杯等遥感图像智能解译大赛，都提供了大量的舰船目标遥感图像，用于检测和识别研究。目前，国际上应用比较广泛的可见光遥感图像舰船目标检测与分类识别数据集如表 1-2 所示。

表 1-2　可见光遥感图像舰船目标检测与分类识别数据集

数据集	数据来源	分辨率（m）	数据集规模		任务
			图像切片数量（幅）	舰船目标数量（个）	
HRSC2016	谷歌地球影像	优于 2	1061	2976	检测分类识别
MASATI	Microsoft Bing Maps	—	6212	3113	检测
BCCT-200	RAPIER	—	800	800	检测分类
FGSCR-42	DOTA HRSC2016 NWPU VHR-10	—	9320	9320	细粒度识别
FGSD	谷歌地球影像	0.12～1.93	2612	4554	识别
ShipRSImageNet	xView HRSC2016 FGSD GF-2 JL-1	0.12～6	3435	17573	检测识别
MMShip	Sentinel-2	10	5016	8672	多光谱检测

1.2.2　电子侦察卫星海洋目标探测技术

1.2.2.1　电子侦察卫星

电子侦察卫星利用卫星平台截获地面、海上、空中和太空中的由各类电磁辐射源辐射出来的信号，测量其信号特征参数，定位辐射源位置，由于其技术含量高、设计难度大，世界上仅有少数国家发射了电子侦察卫星。电子侦察卫星覆盖的频段已经从最初的雷达频段扩展到从短波到 SHF 所有的常用频段，侦察的目标涵盖了雷达信号、通信信号、测控信号等传统、非传统射频信号，未来将扩展到整个电磁频谱，形成全频谱感知能力。相对于遥感成像卫星，电子侦察卫星具有更广的覆盖面积、更快的重访周期，且不受气候影响等独特优势，是实现中远海重要舰船目标持续态势感知的主要手段[37]。

美国的海洋监视卫星已经发展了 3 代：第一代白云（White Cloud）海洋监视系统（1976—1991 年）、第二代海军型天基广域监视（SBWASS-Navy）系统（1990—2000 年）和第三代联合天基广域监视（SBWASS-Consolidated）系统（2000 年至今）。20 世纪 60 年代，美国开始研究利用探测陆地目标的电子侦察卫星"雪貂"探测海洋目标，但是发现其不能适应大范围海洋运动目标的探测。1968 年开始研究卫星海洋目标监视系统的可行性，发展"白云"系列电子型海洋监视卫星，1976 年开始发射，其每个星座由 1 颗主卫星和 3 颗子卫星组成，主卫星上搭载红外扫描仪、毫米波辐射仪或者高分辨率光学相机、高分辨率 SAR 载荷，3 颗子卫星在空间构成三角形构型，组成时差定位系统，测量信号到达不同卫星的时间差，对目标进行时差定位，每个星座瞬时覆盖地球表面半径为 3500 km 的区域，对地球中纬度海域的舰船每天能监视 30 次以上，该系统除了对海洋目标进行监视，还是美国海军超视距侦察和对武器系统进行打击目标指示的基本手段。海军型天基广域监视系统采用红外成像系统作为主探测装备，通过高灵敏度红外电荷耦合器件（CCD）相机探测水面目标，1990 年发射了首颗卫星，后因为经费问题，与空军-陆军型天基广域监视（SBWASS-Air Army）系统合并为联合天基广域监视系统。联合天基广域监视系统采用双星组网方式，兼顾被动电子侦察、红外成像和主动雷达搜索多种探测方式，2001 年发射了第一组试验卫星。

俄罗斯的海洋监视卫星继承自苏联，苏联是世界上最早发展海洋监视卫星的国家，共发展了两种类型：电子型海洋监视卫星（US-A/EORSAT）和雷达型海洋监视卫星（US-P/RORSAT），1967 年发射了第一颗雷达型海洋监视实验卫星，1974 年发射了第一颗电子型海洋监视卫星。EORSAT 是一种无源侦察系统，能截获由舰船发出的无线电信号和雷达信号，单星用干涉仪测量法找出目标位置，可单独使用，也可与 RORSAT 配合使用，监视水面舰船活动情况，给装有反舰武器的苏联水面舰船和潜艇提供实时侦察和跟踪数据。RORSAT 星上装有星载 X 波段相控阵雷达，长为 10 m，直径为 1.3 m，能在恶劣气象条件和海况下实施昼夜监测，并且能主动搜索目标，精度比无源侦察系统高。但是由于雷达用电量较大，所以卫星带有以浓缩铀 235 为燃料的核反应堆，由于星载核反应堆的安全问题，1988 年后 RORSAT 停止发射。目前，俄罗斯主要发展电子型海洋监视卫星，2009 年发射了新的电子型海洋监视卫星莲花（Lotos），2021 年发射了最新的电子侦察与主动雷达一体化海洋监视卫星芍药（Pion-NKS），同时携带被动式的电子侦察载荷和主动 SAR。

　　随着商业航天的快速发展，多家商业遥感卫星公司开始建设星载无线电监测星座，通过小卫星组网，对全球范围进行无线电监测，显著提高卫星无线电监测的覆盖率、时效性和定位精度。美国的鹰眼 360（Hawkeye 360）公司成立于 2015 年，建立了全球首个商业无线电监测小卫星星座，3 颗小卫星组成一个编队，卫星间距为 250 km，现阶段星座的重访周期为 90 min，计划 2025 年重访周期达到 12～20 min，从而实现近实时的全球无线电信号监测。每颗卫星上都配备了软件定义无线电系统，可以调谐侦测不同频段的电磁信号，包括海上甚高频（Very High Frequency，VHF）无线电、特高频（UHF）对讲机、L 波段卫星移动电话终端、S/X 波段海上雷达、移动通信基站、舰船 AIS 信号、卫星导航定位干扰信号、应急无线电信标信号、小口径卫星通信甚小口径天线终端（VSAT）等。卢森堡的 Kleos Space 公司成立于 2017 年，已经有多颗卫星在轨，计划发射由 40 颗小卫星组成的无线电监测星座，每个卫星编队由 4 颗小卫星组成，呈四面体结构布局，可以定位来自海上舰船的射频信号，这些舰船可能已关闭自动识别转发器，但仍通过卫星通信系统等其他方式发射信号。法国的 Unseenlabs 公司成立于 2015 年，计划建设由 25 颗小卫星组成的专门用于海域态势感知的无线电监测星座，目前已有多颗卫星在轨。上述商业无线电监测卫星星座参数如表 1-3 所示。

表 1-3　商业无线电监测卫星星座参数

对比项	轨道高度(km)	星座设计	监测频率范围	定位技术
Hawkeye 360	575	60 颗，3 颗卫星为一个编队	144 MHz～15 GHz	三星时频差测量定位定位，经度<3 km
Kleos Space	525	40 颗，4 颗卫星为一个编队	155～165 MHz、X 波段	三星时频差测量定位定位，经度<3 km
Unseenlabs	550	25 颗，3 颗卫星为一个编队	VHF	三星时频差测量定位定位，经度<3 km

1.2.2.2 星载 AIS 技术

目前，AIS 已经成为民船和商船不可或缺的辅助导航设备。AIS 是由国际海事组织（International Maritime Organization, IMO）、国际航标协会（The International Association of Marine Aids to Navigation and Lighthouse Authorities, IALA）、国际电信联盟（International Telecommunications Union, ITU）共同推广的强制安装在舰船上的海上航行辅助导航设备，IMO 明确规定 300 t 以上的国际航线舰船和 500 t 以上的国内航线舰船必须安装 AIS。

AIS 是基于自组织时分多址（Self-Organized Time Division Multiple Access, SOTDMA）通信协议发射和接收舰船静态数据（如船名、类型、尺度等）、动态数据（如位置、实际航向、实际航速等）、航次信息（货物类型、目的港、预计到达时间等）以及安全信息等的自动识别和管理系统。AIS 信息通过海事 VHF（161.975 MHz 和 162.025 MHz）以传输速率为 9.6 kbit/s 的高斯最小频移键控（Gaussian Minimum Frequency-shift Keying, GMSK）调制信号发送给周围舰船，实现对本海区舰船的识别和监视，同时自动接收周边舰船所发出的 AIS 信息，并与海岸基站进行信息交互，实现海上舰船与舰船之间、舰船与海上交通管理中心之间的相互识别。AIS 可自动地监视和跟踪周围的舰船，有利于海上舰船的安全航行和海岸、港湾的舰船管理（如海上交通管制、海洋环境保护和舰船航行安全）。AIS 动态信息更新速度与舰船航行状态的关系如表 1-4 所示。

表 1-4 AIS 动态信息更新速度与舰船航行状态的关系

舰船状态	更新时间间隔（s）	舰船状态	更新时间间隔(s)
锚泊	180	—	—
0～14 kn 航速	12	0～14 kn 航速并改变航向	4
14～23 kn 航速	6	14～23 kn 航速并改变航向	2
航速>23 kn	3	航速>23 kn 航速并改变航向	2

受地球曲率对视距通信的制约，陆基 AIS 的覆盖范围有限，一般仅限于近海岸 30～50 n mile，对于远离海岸线的舰船航行状况、交通事故和海上非法事件，无法及时监测。AIS 卫星通过 1 颗或多颗低轨（轨道高度为 600～1000 km）小卫星构成

小卫星星座或小卫星编队，接收舰船发出的 AIS 信号，并将其转发到地面站进行分析、处理，从而实现大范围甚至全球海域的舰船监视。美国海岸警卫队（United States Coast Guard, USCG）于 2001 年首次提出利用低轨道卫星接收 AIS 信号用于全球舰船感知的思想，该思想随即受到国际社会的高度关注，美国、挪威、加拿大、德国、日本等国家对 AIS 卫星开展了深入研究。目前，AIS 卫星已经实现了商业化运营，星载 AIS 数据提供商主要有美国的 ORBCOMM、挪威的 Norsk Romsenter 和加拿大的 ExactEarth，各自都拥有低轨卫星接收 AIS 数据[38-39]。

美国是最早开展星载 AIS 技术研究的国家。2004 年 USCG 与 ORBCOMM 公司开始建设星载 AIS，计划采用通信卫星搭载 AIS 接收机的方式接收、处理和分发 AIS 信息。2006 年，USCG 与美国海军研究实验室（United States Naval Research Laboratory, NRL）合作在战术卫星 TACSAT-2 上搭载 AIS 接收机，首次实现了星载 AIS 信号接收，并且通过天基通用数据链（Space CDL）直接与地面站通信。2008 年，ORBCOMM 公司发射了 1 组 6 颗卫星，包括 1 颗与 USCG 合作的 AIS 技术验证卫星、5 颗搭载 AIS 载荷的 ORBCOMM 通信卫星。2009 年，ORBCOMM 公司成为全球第一家星载 AIS 商业服务提供商。2010 年，NRL 提出了由美国牵头、多个国家参与的 GLADIS（Global Awareness Data Extraction International Satellite）项目，星座由 30 颗极地轨道纳卫星构成，部署在 5 个高度为 550 km 的轨道面上，每个轨道面上有 6 颗卫星，该星座将能够提供地球上每个位置 10 min 以内的数据连接，使得任意位置的 AIS 信号都能够被连续地接收，包括海上 80000 艘以上的舰船每天发送的 AIS 数据。2011 年和 2012 年，ORBCOMM 公司发射了由德国 OHB 公司的子公司 LuxSpace 研制的 AIS 卫星 VesselSat-1～2。2014 年，ORBCOMM 公司启动了其第二代卫星星座（OG2）计划，OG2 由 18 颗搭载 AIS 接收的通信卫星构成；同年，发射了 1 组 6 颗搭载 AIS 接收机的通信卫星。2009 年、2011 年、2013 年和 2014 年，SpaceQuest 公司以 1 组 2 星的方式发射了搭载 AIS 接收机的 AprizeSat-3～10 共 8 颗微卫星。

挪威在 2002 年开始了包括星载 AIS 接收机在内的卫星项目 NCUBE，并在 2002 年和 2005 年尝试发射了 NCUBE-1～2 卫星。2010 年，成功发射了搭载由 Kongsberg Seatex 研制的 AIS 接收机的 AISSat-1 纳卫星；同年，挪威国防研究机构（Norwegian Defence Research Establishment, FFI）研制的 AIS 接收机 NORAIS 部

署至国际空间站（International Space Station, ISS）上。2014 年和 2015 年，挪威又发射了 AISSat-2～3 卫星。

加拿大在 2007 年提出了星载 AIS 技术的计划。2008 年，COM DEV 公司发射了由多伦多大学航空航天研究所（University of Toronto Institute for Aerospace Studies, UTIAS）研制的概念验证 AIS 纳卫星 NTS。在 NTS 成功运行的基础上，COM DEV 公司专门成立了星载 AIS 海洋监视商业化服务与运营的 ExactEarth 公司，并提出了全球卫星 AIS 系统（Global Satellite AIS System）的概念。2012 年，ExactEarth 公司成功发射了商业化运行的首颗 AIS 卫星 ExactView-1。2016 年，COM DEV 公司成功发射了 AIS 微卫星 M3MSat。

德国的 OHB 公司及其子公司 LuxSpace 是世界上著名的星载 AIS 研制单位，除了参与 ORBCOMM 公司的星载 AIS 研制，OHB 于 2007 年发射了 Rubin 7-AIS，2008 年发射了 Rubin 8-AIS，2009 年发射了 Rubin 9（包括 Rubin-9.1，即 AIS Pathfinder 2、Rubin-9.2）系列星载 AIS 试验载荷，其中 Rubin 7-AIS 搭载在德国军用 SAR 侦察卫星 SAR-Lupe 3 上，具有明确的军事应用背景。LuxSpace 公司还为德国航空航天局（German Aerospace Center, DLR）和不来梅应用科技大学合作的 AISat 卫星，拉脱维亚 Venta-1 卫星，意大利、德国联合的 Max Vallier 卫星，俄罗斯 TNS-2 卫星，比利时 Proba-V 卫星以及科威特 Kuweit AIS 卫星等提供星载 AIS 载荷。

我国非常重视星载 AIS 的建设。2012 年，发射了天拓一号单板纳卫星，主载荷是微型化 AIS 接收机，采用了精确载频估计和跟踪等技术解决多普勒频移问题，采用双天线分集侦收等技术减少多信号冲突；2015 年，发射了天拓三号微纳卫星，主卫星上搭载了 AIS 接收机，采用多信道、多普勒频移估计补偿等技术进一步改善信号冲突带来的影响；2017 年，成功发射了首颗商用 AIS 卫星和德一号，卫星采用高度集成设计理念，配置先进的 AIS 接收处理系统，对舰船高密度和中等密度区域有良好的检测率。

此外，世界上还有很多国家和组织也开展了星载 AIS 技术的研究，例如，印度 2011 年发射的 ResourceSat-2 地球观测卫星上搭载了 COM DEV 公司设计制造的 AIS 载荷。日本 2012 年发射了 SDS-4 卫星，开展 AIS 演示验证卫星（Space based AIS Experiment, SPAISE）计划，2014 年发射的 ALOS-2 民用 SAR 遥感卫星上搭载了第二代星载 AIS 系统 SPAISE 2。目前，星载 AIS 已成为一种重要的大范围全球海洋监视手段。

　　星载 AIS 面临一些新的技术难题，主要包括多普勒频移的补偿、AIS 混叠信号的分离以及星载接收天线的设计等。由于 AIS 的通信机制采用自组织时分多址技术协议，即在每个信道上将每分钟分为在时域上互不重叠的、固定长度约为 26.67 ms 的 2250 个时隙。因此，船载 AIS 在其 VHF 作用距离范围内（半径约为 20 n mile），没有主站和从站之分，每一船载 AIS 可自行选择时隙发送子帧，并查询和预定未使用时隙。一般情况下船载 AIS 在其 VHF 作用范围内的舰船数量有限，使得在海上船载 AIS 之间的通信所占用的时隙总数不会超过 AIS 信道理论时隙数量（4500 个），发生 AIS 时隙冲突的概率非常小。然而，卫星接收船载 AIS 信号时，其覆盖范围通常远大于船载 AIS 的 VHF 作用范围，即卫星在海面上的覆盖范围会包含多个 VHF 作用范围。因此，卫星会接收来自不同 SOTDMA 区域但占用相同时隙的 AIS 信息，使得发生 AIS 时隙冲突的概率大幅增加。AIS 时隙冲突会造成 AIS 信息的丢失，从而使星载 AIS 接收机无法检测到该舰船。为了较好地消除空间 AIS 时隙冲突带来的影响，有关国际组织正在积极研究对空间 AIS 指定专用的 VHF 频道和优化 SOTDMA 通信协议。

1.3　卫星海洋目标信息处理技术研究现状

1.3.1　多源遥感卫星舰船目标信息处理研究现状

　　信息融合是指利用多种手段获取的不同层次、不同特征信息，通过多层次、多方面、多级别信息处理，包括检测、跟踪、关联、估计、识别、解译、决策等，以得到高级别、更易于理解、更加全面、更为精确有效的信息，实现去粗取精、去伪存真、由低到高、由部分到全面的认知上的升华[40-44]。信息融合技术能够利用多传感器信息之间的耦合、互补和关联特性，降低信息的不确定性、不精确性和不一致性，提高目标检测、识别和跟踪能力。基于信息融合的海洋目标监视一直是国内外学者研究的重点，但这些研究主要针对空基、海基和陆基平台的传感器，其数据采样速率较高，通过数据关联和状态估计达到连续跟踪的目的。其主要利用目标的运动状态信息，通常要求目标的运动状态可以连续精确估计。由于卫星轨道动力学、载重和数量等因素制约了卫星多平台协同探测，多源遥感卫星信息融合在海洋目标监视方面的应用相对较少，主要用于辅助陆基雷达进行目标识别确认。卫星海洋目标监视需要多星接力协同观测实现，通常为稀疏非均匀观测方式，获取的数据是海洋目标的短持续时间稠密观测航迹和长时间间隔稀疏观测点迹，数据高度碎片化，导致海洋目标的运动信息不完整，状态估计比较难，并且多源卫星探测的数据质量、速率和特征通常不一致。

根据信息融合框架[40]，卫星海洋目标监视信息融合处理主要涵盖了海洋目标融合检测、融合跟踪、融合识别 3 个层次。本节对基于卫星遥感图像的舰船目标检测、识别和融合等关键技术的研究现状进行分析。

1.3.1.1　卫星遥感图像舰船目标检测技术

根据目标检测方式的不同，可将遥感图像舰船目标检测算法分为传统检测方法和基于深度学习的检测方法两大类。下面分别对其进行介绍。

（1）传统检测方法

传统检测方法基于人工设计的特征实施检测，从检测流程看，通常可以分为图像预处理、海陆分割、舰船候选区域获取以及目标分类器鉴别等步骤，传统舰船目标检测方法流程如图 1-1 所示。

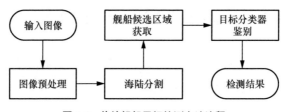

图 1-1　传统舰船目标检测方法流程

由于遥感图像成像距离远、易受天气条件影响，图像中会出现噪声、云雾等干扰，图像预处理的主要目的就是去除这些不利因素的影响，包括去噪、去云雾等步骤，常见的方法有中值滤波[45]、全变分去噪[46]、同态滤波[47]、基于模型的去雾算法[48]等。由于舰船通常出现在水面，水面背景相对简单，而陆地区域场景复杂，会给舰船检测带来干扰，因此海陆分割可将陆地区域屏蔽，大幅提高舰船检测的效率与精度，常用的方法有轮廓模板匹配[49]、阈值分割[50]、种子生长[51]等。舰船候选区域获取是提高检测召回率的重要步骤，主要有两大类方法：一是在图像不同位置产生滑动窗口遍历整幅图像，如碎片聚合法（Grouping Method）[52]、窗口打分法（Window Scoring Method）[53]、选择性搜索（Selective Search）算法[54]等，这类方法计算量大；二是通过启发式算法等生成目标的候选区域，如基于轮廓信息、基于特殊标志的候选区域生成方法等[55]，与滑动窗口方法相比减少了候选区域数量，但精度相对较低。候选区域中可能包含目标，也可能包含岛屿、云层等虚警，因此需要提取候选区域特征并训练分类器对舰船候选区域进行鉴别以去除虚警，几何特征（如尺度、面积、填充比等）、灰度特征（如均值、方差、对比度等）、形状特征（如长宽比、偏心率等）、纹理特征（如灰度共生矩阵等）都是常用的舰船鉴别特征[56]。常用的分类器包括 K 最近邻（K-Nearest Neighbor, KNN）分类器[57]、支持向量机（Support Vector Machine, SVM）[58]等。传统舰船目标检测方法步骤较多，所提取的特征多是人为设计的中低级特征，在一定程度上限制了检测精度的提升；由于遥感图像成像类别较多、特征描述差异较大，传统检测算法的研究多是针对某一特定场景、特定类别图像展开的，算法泛化性能、鲁棒性相对较低。

（2）基于深度学习的检测方法

随着大数据时代的到来与计算机算力的提升，深度学习技术发展迅速，刷新了计算机视觉领域多项任务的纪录，逐渐应用于遥感图像目标检测。深度学习是一种数据驱动的算法，通常只需准备好数据，即可自动学习图像特征并进行感兴趣目标检测和分类，其通用目标检测模型主要有双阶段（Two-Stage）模型和单阶段（One-Stage）模型两大类。其中双阶段检测模型的典型代表有 R-CNN（Regions with CNN）[59]、Fast R-CNN[60]、Faster R-CNN[61]、R-FCN（Region-based Fully Convolutional Network）[62]等，单阶段检测模型典型代表有 SSD（Single Shot Detector）[63]、YOLO（You Only Look Once）系列[64-66]等。这类模型都是通过 CNN 从原始图像中提取特征，并直接利用神经网络输出预测值，然后设置预测值与真值之间的损失函数，通过反向传播机制让网络自动学习目标检测，整个过程无须人为干预。

  遥感图像舰船目标检测最初的研究思路是将自然场景图像目标检测模式和模型迁移到遥感图像舰船目标检测任务中，采用常规的垂直矩形边界框实施舰船检测。由于自然场景图像与遥感图像存在较大的差异，直接迁移后的模型检测结果往往不尽如人意，因此，研究人员结合遥感图像与舰船目标的特点改进模型。Faster R-CNN模型最先被引入 SAR 遥感图像舰船目标检测。李健伟等[67]提出基于特征金字塔的特征融合方法优化特征表征，针对自然场景图像与 SAR 图像存在较大差异的问题，借鉴迁移学习的思想将模型在 SAR 图像数据集进行微调；Kang 等[68]提出多层多分辨率特征聚合的特征优化方法完成了 SAR 图像舰船目标检测，为了解决小尺度目标检测问题，采用了空间分辨率更高的中间特征层作为检测使用的特征图，并利用特征聚合方法融合多个特征层[68]；受注意力机制启发，Lin 等[69]则在 Faster R-CNN 模型后端引入特征权重预测分支，对 CNN 提取的特征进行加权，引导网络自动实现特征增强；Jiao 等[70]针对舰船目标多尺度的特性，设计了密集连接的骨干网络来提取图像多尺度特征，并通过改进损失函数解决了正负样本不均衡的问题。为解决遥感图像与自然图像的域差异问题，Li 等[71]设计了轻量化特征提取网络，并采用从头训练的方法训练模型；Wang 等[72]将 RetinaNet、Schwegmann 等[73]将胶囊网络（Capsule Network）引入 SAR 图像舰船检测。针对光学遥感图像的舰船目标检测，Zhang 等[74]基于 CNN 模型提出了一种 S-CNN 模型，用于检测舰船目标。此外，还有研究人员将深度学习思想与传统检测思路结合起来，如 Zhao 等[75]从信号层面考虑 SAR 图像舰船目标检测，首先将 SAR 图像从空间域转换到了频率域并进行特征增强，然后在频率域上利用 CNN 提取特征并实现舰船目标检测，Tang 等[76]提出在图像压缩域实现舰船的快速检测。

  遥感图像舰船目标分布具有多方向的特性，使用常规垂直矩形检测框往往不能精确地包围目标。随着对舰船检测精度要求的提高，使用斜框实现多方向舰船目标检测成为一大研究热点。Liu 等[77]提出旋转卷积神经网络（Rotated Region based CNN, RR-CNN）模型用于光学遥感图像多方向舰船目标的检测，设计旋转边框（Rotated Bounding Box, RBB）回归模块，用于回归目标斜框的 5 个要素，并以旋转 ROI 池化层（Rotated Region of Interest Pooling Layer）取代原 Faster R-CNN 的 ROI 池化层

（Region of Interest Pooling Layer）。以上将候选区域由垂直边框改为旋转边框的做法成为多方向目标检测的经典思路。例如，Yang 等[78-79]提出针对光学遥感图像舰船目标检测的多尺度旋转密集金字塔网络（Multiscale Rotation Dense Feature Pyramid Network, MRDFPN）和多尺度旋转卷积神经网络（Multiscale Rotation Region Convolutional Neural Network），在 Faster R-CNN 架构中使用了不同方向、不同尺度、不同长宽比的一组锚框在特征图上进行遍历，并改进旋转感兴趣区域的特征提取方法，从而实现多方向舰船目标的检测。Wang 等[80]将增加了角度约束的锚框应用到 SSD 模型中；李健伟[81]则设计了循环金字塔特征融合网络与多比例可旋转 ROI 池化模块，实现 SAR 图像多方向舰船检测。以上方法都基于目标检测中的锚框遍历机制，但是，增加锚框方向属性会使锚框总数成倍增加（锚框数量=锚框尺度数量×锚框长宽比数量×锚框角度数量），大幅增加了运算负担。为避免锚框数量的增多，Jiang 等[82]提出了 R2CNN（Rotational Region CNN）模型，在区域建议网络（Region Proposal Network, RPN）中仍然采用垂直锚框生成垂直框的候选区域，增大 ROI 池化的特征尺度，然后进一步回归斜框的要素，并提出用旋转非极大值抑制（Inclined Non-Maximum Suppression）算法对重复检测结果进行合并。Ding 等[83]同样利用 RPN产生的垂直框感兴趣候选区域，提出 ROI 变换（ROI Transformer）模块让网络学习目标潜在区域垂直框到斜框的变换参数，并利用旋转位置敏感的 ROI 对齐（Rotated Position Sensitive ROI Align, RPS-ROI-Align）模块提取斜框的特征用于进一步的回归，有效避免了计算量的大量增加。还有研究人员提出不受锚框遍历机制影响（Anchor-free）的检测模型，例如，Liu 等[84]在 YOLO 模型的基础上回归目标斜框参数，避免了锚框遍历机制的缺点，但是 YOLO 模型将整幅图像均分为若干个网格，每个网格仅负责预测固定数量的中心点落在网格中的目标，因此，不能很好地检测密集分布目标，检测精度较 RR-CNN 提升有限。

与传统检测方法相比，基于深度学习的智能检测方法有着显著优势。深度学习方法基于端到端、数据驱动的思想，将传统检测方法的特征提取、候选区域生成、候选区域分类等步骤整合到一个模型中，只需要准备好数据作为模型输入，设定好模型参数，网络便可根据学习目标自动完成训练，无须人为干预。深度学习方法不需要人为定义特征，有着强大的特征提取能力，并且提取出的卷积特征是分层的，兼具局部细节信息与全局语义信息，与人工设计特征相比具有更强的表征能力。深度学习方法具有更佳的泛化性能，作为数据驱动算法，只要提供大量、多样化的数据，设计优良的检测模型就能够完成多场景下的舰船目标检测。

1.3.1.2 卫星遥感图像舰船目标识别技术

舰船目标识别任务可分为 3 个等级：元识别（即判断船/非船）、粗粒度识别（即判断航母/非航母、军舰/民船等较大的舰船范畴），以及精细识别（即具体舰种甚至舰级识别）。目前，对卫星遥感图像舰船目标识别的手段仍以人工目视判读、人机交互判读为主，智能程度相对不高，相关识别算法研究主要集中在舰船元识别、粗粒度识别中。卫星遥感图像舰船目标精细识别研究可参考自然场景图像中的目标细粒度识别（Object Fine-Grained Recognition）研究，但缺乏相关大规模遥感图像舰船目标精细识别样本集是限制舰船智能精细识别研究的一大因素，自然场景图像与卫星遥感舰船图像之间的域差异、舰船目标识别与通用物体识别的不同则造成了技术迁移"鸿沟"。

遥感图像舰船目标的识别与图像分辨率是息息相关的，针对不同分辨率图像会产生不同级别的舰船目标识别任务。根据人工目视判读经验，并借鉴美国提出的标准[85]，一般情况下，当光学图像分辨率优于 1.2 m 时，可对中小型舰船进行精细识别；当分辨率为 1.2～4.5 m 时，可对大型舰船进行舰种识别；当分辨率大于 4.5 m 时，通常只能识别某类特定舰船或进行元识别。因此，总的来说，识别算法也分为传统识别方法与基于深度学习的识别方法两大类。

（1）传统识别方法

传统的目标识别方法分为基于特征学习与非学习方法两大类。其中，基于特征学习的方法又包括特征提取、特征选择与分类等步骤，人为设计特征可分为视觉特征、统计特征、变换域特征等，灰度特征、几何特征、纹理特征、尺度不变特征变换（Scale-Invariant Feature Transform, SIFT）[86]、局部二值模式（Local Binary Pattern, LBP）、熵特征[87]等都是常用特征，同时它们还常常被联合起来用于目标识别，因此，选择合适的特征能够有效提升识别精度，遗传算法[88]、贝叶斯概率推理、模糊聚类[89]、融合隶属度及 D-S 证据理论[90]等都是有效的目标识别特征选择方法。非学习方法包括模板匹配法、形状匹配法、先验规则法等[91]，使用时需提供目标的先验信息，如形状模板等。中低空间分辨率遥感图像中舰船结构特征比较模糊，通常只能进行粗粒度识别，用到的特征多为灰度特征、尺度、长宽比、面积、角点、纹理等低级全局特征以及船首形状、船尾形状、桅杆位置等特定局部特征[92]，识别精度往往不高。此外，模板匹配法也是常用的低分辨率舰船目标识别方法。高空间分辨率遥感图像能够提供更多目标空间细节信息，对应的舰船识别研究受到更多关注，Lan 等[93]基于贝叶斯准则提出了改进的 Zernike 来识别遥感图像中的大型舰船；Niu 等[94]引入熵原则、Du 等[95]使用粗糙集理论中的属性约简对识别特征进行选择，优化了特征组合；Shuai 等[96]基于 SIFT 特征实现高分辨率图像舰船目标检测；Sui 等[97]改进了 LBP 算子。此外，研究人员还组合多种高级特征，如基于 Gabor 的多尺度 LBP 算子[98]、多尺度 HOG 特征[99]等，进行遥感图像舰船目标识别。

传统识别方法过度依赖人工设计特征，最优参数选择需要通过人工调试设置，操作烦琐，导致工作量大。

（2）基于深度学习的识别方法

特征提取与特征选择对图像目标识别结果至关重要，而提取抽象、语义信息丰富的深度特征正是深度学习网络的优势。深度学习技术同样对图像目标识别产生了深远的影响。近年来，许多有代表性的用于分类识别的深度 CNN 被提出，不断刷新自然场景图像目标识别精度，在某些任务中，计算机识别精度甚至超过了人类。用于图像识别的卷积神经网络发展时间轴如图 1-2 所示，展示了近年来经典的 CNN 模型大致的发展脉络。目前，CNN 识别正朝着由浅到深、由标准卷积到多种卷积方式共用、轻量化、高效化的方向发展，在人脸识别、行人重识别、目标细粒度识别等计算机视觉的多项目标识别任务中大显身手[100-103]。

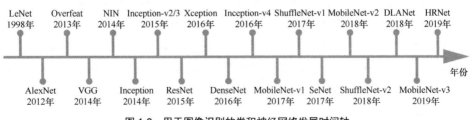

图 1-2　用于图像识别的卷积神经网络发展时间轴

与遥感图像舰船目标检测相比，目前基于深度学习的舰船目标识别研究相对较少，公开文献中主要有 Shi 等[104-105]提出的基于二维傅里叶变换的深度网络（2D-DFrFT based Deep Network，FDN）、多特征表征 CNN（Multifeature Ensemble with Convolutional Neural Network, ME-CNN）以及 Li 等[106]提出的基于 CNN 的 SAR 舰船识别算法等。在 FDN 模型中，首先对图像进行二维傅里叶变换，将图像从空间域分解为相位图与幅度图，然后利用同一深度 CNN 分别提取相位特征与幅度特征，并利用 Softmax 函数计算各类别概率，两个分支得到的分类结果通过决策级融合进行合并从而得到最终的分类结果。ME-CNN 采用了类似的思路，但是除了傅里叶变换得到的相位图与幅度图，还增加了 Gabor 特征图、全局二值模式（CLBP）描述子图分支，利用深度 CNN 提取特征并通过决策级融合来综合各分支得出的结论。FDN 和 ME-CNN 都利用了规模比较小的 BCCT-200 数据集[107]进行验证，其中只有 4 类舰船目标。Li 等[106]提出针对 SAR 图像舰船目标的识别算法，主要利用数据增强、按比例生成批量数据的方法解决了数据集中样本不均衡的问题，有利于提升模型的收敛速度与精度，同时还设计了基于密集连接与残差连接的神经网络优化特征表征并增加中心损失函数来辅助训练，提高模型的类间区分度、类内聚合度，选取了 OpenSARShip 数据集中数量相对较多的 6 类舰船目标进行了测试，虽然与原始 CNN 模型相比能够提升识别准确率，但是某些类别的识别准确率仍然不高。

深度学习算法在遥感图像舰船目标识别中展现出巨大潜力，但是受缺乏公开遥感图像舰船识别数据集等限制，目前开展的基于深度学习算法的舰船目标精细识别工作较为简单，尚且缺乏大规模实测数据的验证。

1.3.1.3　卫星遥感图像舰船目标融合技术

信息融合首先在 20 世纪 70 年代应用于水下信号处理，海洋目标监视一直是信息融合最为重要和关注的研究领域。美国国防部在 1988 年把信息融合列为重点研究开发的 20 项关键技术之一，并且列为最优先开发的 A 类。在国内，国家自然科学基金委员会在 2020 年将海洋目标信息获取、融合与应用列为信息科学部的优先发展领域。

信息融合是在时空融合的基础上，对不同尺度、不同谱段、不同结构的卫星遥感数据进行数据层、特征层和决策层的融合处理，生成信息量更加丰富的数据产品，以满足不同层次的用户应用需求。数据层融合直接对观测数据进行融合，要求数据是同类型且对齐的，但数据层融合要处理的数据量大。特征层融合和决策层融合可以应用于不同类型数据的融合，特征层融合主要在特征空间对多源数据提取的特征进行融合，决策层融合在决策空间对各源数据的决策结果进行融合。特征层融合分为目标特性融合和目标状态融合，目标特性融合利用多维特征实现联合目标识别，目标状态融合通过参数相关和状态矢量估计实现目标跟踪。其关键技术包括目标关联、跟踪和融合识别。本节重点分析和总结基于多源卫星信息的海洋目标关联与特征级融合识别等技术的发展。

（1）目标关联

目标关联将多传感器或者同一传感器不同时刻观测数据中的多个目标信息一一对应，关联同一目标的多源信息，是融合处理的前提和基础。传统的目标关联算法主要针对雷达、电子侦察等传感器，比较经典的算法有最近邻（Nearest Neighbor, NN）、概率数据关联（Probabilistic Data Association, PDA）、联合概率数据关联（Joint Probabilistic Data Association, JPDA）、多假设跟踪（Multiple Hypothesis Tracking, MHT）等[108-109]。上述算法基于非图像稠密采样数据设计，通常将目标视为点目标，利用其运动状态（如位置、速度、方位等信息）实现关联，要求目标运动状态必须是可以估计的。除了目标运动状态，传感器还可以获取目标的其他特征，如雷达数据中的目标雷达截面积（Radar Cross Section, RCS）、电子侦察数据中的目标辐射源电磁特征等属性，基于目标属性特征，综合目标属性和运动特征的多目标关联算法日益受到研究人员重视[110-111]，单纯利用目标属性特征进行多目标关联的算法研究较少，综合目标属性和运动特征的多目标关联算法大多仍然在目标运动状态信息可用的情况下，以目标的运动状态滤波和预测为主，结合目标属性特征相似性度量，基于聚类分析、模糊数学、灰色理论、证据理论等方法实现。

目前，针对多源卫星信息海洋目标关联技术的研究较少，根据传感器特点，卫星海洋目标探测数据大致可以分为以下两类。

① 长时间间隔稀疏采样点迹。大多数遥感卫星采用太阳同步轨道，一个轨道周期对同一区域拍摄一次，新型敏捷成像卫星具有多视角成像能力，在一个轨道周期内可对同一区域拍摄多次，因此，传统遥感卫星单轨成像只能获得目标的少数点迹数据，电子侦察卫星单轨也能够获取目标的少数点迹数据。

② 短持续时间稠密采样航迹。高轨运行的凝视光学遥感卫星可以长时间拍摄同一区域，获取高时间分辨率的遥感图像序列（秒、分钟级）。低轨运行的视频遥感卫星在一个轨道周期内能够获得同一区域持续几分钟的视频图像。上述两种类型的卫星能够获取目标短持续时间的航迹数据。

基于多源遥感卫星的海洋目标监视通过多星协同接力实现，数据采样为稀疏非均匀采样模式。在这种情况下，目标运动模型无法准确建立，目标运动状态估计不精确，很难仅用目标运动特征实现目标准确关联。但是，相对于目标运动状态特征，卫星数据中目标的属性特征是相对稳定的，因此，多源卫星信息海洋目标关联需要综合位置特征、运动特征、属性特征等实现。

1）基于卫星遥感图像和卫星电子侦察信息的目标关联

在卫星电子侦察信息和卫星遥感图像的海洋目标关联研究方面，国防科技大学对此开展了深入的研究，康少单[112]提出了综合目标属性和位置信息的目标关联算法，曾昊[113]提出了基于编队目标结构特征层次化匹配、基于编队目标属性特征与结构特征和基于多源序列数据中多源特征的目标关联算法，张昌芳[114]提出了基于空间分布特征的阵群目标关联算法，卢春燕[115]提出了基于点对拓扑特征与概率松弛标记法、基于点对拓扑特征与谱匹配法、基于拓扑和属性特征 D-S 证据组合的目标关联算法，赵帮绪等[116]提出了基于阵群目标编成特征和队形特征 D-S 证据组合的目标关联算法，赵志[117]提出了基于位置与属性特征信息的目标关联算法，邓婉霞[118]提出了基于非均匀高斯混合模型、基于点对局部拓扑特征与属性信息结合的目标关联算法。此外，其他单位也开展了相关研究[119-121]。

2）基于卫星遥感图像的目标关联

卫星海洋目标监视中主要使用的遥感图像包括单景静止遥感图像和多景序列遥感图像，通常单轨成像时，传统极轨遥感卫星只拍摄单景遥感图像，主要是光学和 SAR 图像，静止轨道凝视光学遥感卫星和极轨视频卫星能够获得一定时间范围、同一区域内目标的时序遥感图像，主要是光学图像。基于卫星遥感图像的目标关联主要有两类[122]。

① 基于图像匹配的方法。根据目标图像特征之间的相似性程度来判断目标之间的匹配关系，其核心是特征匹配，此类方法主要针对上述第一种类型的卫星遥感

图像。特征匹配使用的图像特征包括单个目标特征和阵群目标特征，单个目标特征主要应用于高分辨率卫星遥感图像目标关联。国防科技大学的雷琳等[123]提出了基于多尺度自卷积（Multi-Scale Autoconvolution, MSA）特征和关联代价矩阵（Association Cost Matrix, ACM）的目标关联算法，李晖晖等[124]提出了基于 MSA 特征和模拟退火优化的目标关联算法。阵群目标通常以相对固定的编队出现，编队队形、成员数量与具体执行的任务有关，此时阵群目标位置信息可以视为平面上的一个点模式，而阵群中的每一个目标可以视为点模式中的一个点，多目标关联问题就转化为两个点模式之间的匹配问题，阵群目标特征主要用于中低分辨率卫星遥感图像目标关联，如刘平等[125]提出的基于相对性状上下文的阵群目标关联算法。基于图像匹配的目标关联重点是目标特征设计和特征相似性度量，目前单纯利用图像特征的卫星遥感图像目标关联研究相对较少。

② 基于点特征的传统目标关联方法。借鉴自然场景视频目标跟踪方法，这类方法综合运用目标的运动特征和图像特征，针对的是高轨凝视成像卫星和低轨视频小卫星，利用多帧图像累积的目标运动状态信息进行滤波和预测，结合目标间的特征相似度进行关联修正。王继阳等[126]提出了一种基于目标属性特征的多假设关联算法。雷琳等[127-128]提出了基于 ROI 特征匹配的遥感图像多目标跟踪算法和基于多特征融合匹配的遥感图像多目标关联算法，其原理是通过图像特征消除状态匹配误差的影响，通过运动状态降低图像匹配识别的模糊性。Yang 等[129]提出了一种基于运动热度图和局部显著图的卫星视频目标关联跟踪算法。吴佳奇等[130]提出了一种结合运动平滑约束和灰度相似性似然比的卫星视频目标关联跟踪算法。

上述目标关联算法都基于时空状态信息和特征属性信息，基于时空状态信息的目标关联通过建立严格的状态观测方程实现，数据采样率要求高。基于特征属性信息的目标关联可以在特征级和决策级两个层次实现，其核心是特征选择和特征度量函数设计，并引入时空状态信息作为约束条件。深度学习通过逐层构建多层网络对输入数据逐级提取从低层到高层的特征,建立起从低层信号到高层语义的映射关系，同一目标的多源观测数据在语义上是相关的，在表示上是异构的。因此，基于历史积累的多源异类异构时空大数据，通过深度学习能够发现和提取隐含的目标关联模式和规则，挖掘目标潜在规律，从而实现语义层次上的目标关联，更加有利于态势估计等高层融合处理。

（2）目标特征级融合识别

特征融合在特征选择、特征提取或特征学习的基础上实现，将不同特征融合形成更能刻画目标本质的联合特征，由多源卫星遥感数据生成的不同目标特征总是代表着目标不同方面的特性，仅仅通过单一数据或者单一特征来精确地描述目标是不现实的，利用目标单一数据或者单一特征进行识别会有局限性，其对不同谱段、不同极化、不同角度和不同尺度卫星图像的泛化能力和稳定性不高。将不同数据或者同一数据获取的目标不同维度特征进行融合，既能够保留多维特征之间的目标识别信息，又可以消除多维特征之间的冗余信息，降低了原始特征空间维数，并且维数压缩之后特征数据的熵、能量、相关性不改变，有利于提高对目标识别的精确程度和可信程度。

传统的特征融合方法包括串行融合和并行融合[131]，串行融合方法将多个特征向量直接相连组合成一个组合特征向量，并行融合方法将两个特征向量利用复向量合并成一个复特征向量。上述两种方法没有充分利用原始特征之间的互补性和冗余性进行分析，虽然在一定程度上保留了目标的大部分特征信息，但特征维数高，存在大量的冗余信息。有的研究人员将特征选择和特征变换也作为特征融合方法，特征选择是从一组特征中挑选出最有效的特征，挑选出的特征进行组合的方式仍然采用串行和并行策略。特征变换是将原始特征通过线性或非线性映射产生新的特征，是在图像像素上进行处理，仍是一种特征提取方法。还有的研究人员将单源特征置信度识别结果的融合（匹配分数级融合）作为特征级融合的一种方法，这类融合大多基于神经网络、模糊数学和证据推理等实现，更接近决策级融合。针对串行融合和并行融合不能利用多维特征间内在联系的问题，研究人员提出了一些基于多维特征相关性的特征融合方法。

① 基于典型相关分析（Canonical Correlation Analysis, CCA）的特征融合。典型相关分析是对两组随机矢量进行相关性分析的统计学方法，最初应用于数学建模和回归分析，孙权森等[132]提出利用典型相关分析进行特征层融合，通过建立两组特征向量之间的相关性准则函数，求取投影向量集，提取组合的典型相关特征作为融合特征，实现对高维空间的联合维数约简。针对典型相关分析在特征融合方面存在

的问题，研究人员又先后提出了神经网络典型相关分析（Neural Network CCA, NNCCA）[133]、核典型相关分析（Kernel CCA, KCCA）[134]、局部保持典型相关分析（Locality Preserving CCA, LPCCA）[135]、稀疏典型相关分析（Sparse CCA, SCCA）[136]、判别典型相关分析（Discriminative CCA, DCCA）[137]、二维典型相关分析（Two Dimensional CCA, 2D-CCA）[138]以及张量典型相关分析（Tensor CCA, TCCA）[139-140]等一系列改进算法。

② 基于偏最小二乘（Partial Least Squares, PLS）的特征融合算法。偏最小二乘综合了多元线性回归分析、主成分分析和典型相关分析的优势，已经广泛应用于程序控制、数据分析与预测、图像处理与识别等领域。Beak 等[141]首先将偏最小二乘用于特征融合图像，随后，研究人员先后提出了共轭正交偏最小二乘（Conjugate Orthogonal PLS, COPLS）[142]、核偏最小二乘（Kernel PLS, KPLS）[143]、二维偏最小二乘（Two Dimensional PLS, 2D-PLS）[144]、稀疏偏最小二乘（Sparse PLS, SPLS）[145]等改进算法用于特征融合。

③ 王科俊等[146]提出了基于耦合度量学习的特征融合算法，Long 等[147]提出了基于多视角谱嵌入的特征融合算法，李强[148]提出了基于关系度量的特征融合算法。这类算法的基本思想是通过将多个原始特征空间投影到具有共同属性的关系（耦合）空间，在关系（耦合）空间中实现特征融合。Smeelen 等[149]提出了基于协方差的可见光和红外图像特征级融合方法，该方法在较低维度的特征下特征融合效果很好，但在高维特征下会因为计算量显著增加而降低性能。

上述融合处理方法是基于人工设计特征实现的。人类视觉研究发现，一个好的图像特征应该满足多分辨、局部化、临界采样、方向性和各向异性等条件[150]，特征融合处理中的特征大多具有上述部分特点，如形状、纹理、光谱等方面。深度学习和人类视觉信息处理相类似，都是一个层次化、稀疏化和抽象化的过程，都是从低层原始像素处理开始，低层网络提取边缘和方向等低层次特征，低层次特征传递到更高层网络，进一步提取出高层次抽象语义特征，重复迭代学习直至得到分类器（大脑）可用的特征[151-153]。以深度学习为基础的特征学习本质上也是一个特征不断融合的过程，深度对应的是分层，如卷积神经网络，其卷积和全连接等运算可以看作一种融合处理，并且由于深度学习不同阶段的输出对应不同的视觉特征和语义层次，低层对应亮度、边缘和纹理等信息，中层对应形状和方向等信息，高层对应类别等信息，可以实现多层次的特征融合。

1.3.2　多源遥感卫星信息融合舰船监视应用现状

军事上，美国和俄罗斯已经建成了以电子侦察为主、雷达和成像辅助的实用型海洋监视卫星系统，其发展充分体现了多手段融合、多目标兼顾和天地一体化网络的特点。法国积极发展电子侦察卫星和高轨高分辨率光学成像侦察卫星，以满足未来海洋作战需求。德国、意大利、加拿大、日本、欧盟等国家和组织虽然没有专门的天基海洋目标监视系统，但借助军事成像侦察卫星或者商业遥感卫星，开展了一系列天基海洋目标监视研究。其主要基于 SAR 卫星开展，如德国的 SAR-Lupe、TerraSAR-X 和 TanDEM-X 卫星，意大利的 COSMOS-Skymed 卫星，加拿大的 RadarSat 卫星等，特别值得注意的是，这些 SAR 卫星具备地面动目标指示（Ground Moving Target Indication, GMTI）工作模式，对海洋慢速目标和小运动目标检测非常有利[154]。

民用上，国外天基海洋目标监视主要基于商业 SAR 卫星和 AIS 卫星，逐渐融合商业光学遥感卫星，已经开展了一系列融合卫星信息的全球海域连续观测研究项目，国外民用领域多源卫星信息融合海洋监视系统如表 1-5 所示[1]。例如，美国的 C-SIGMA（Collaboration in Space for Global Maritime Awareness）项目融合了 SAR 遥感卫星、光学遥感卫星、AIS 卫星和通信卫星（M2M/SMS/LRIT）等的数据[155]，GLADIS 项目融合了 AIS 卫星和海上浮标等的数据[156]。加拿大的 Polar Epsilon 项目融合了 SAR 遥感卫星、AIS 卫星、通信卫星、LRIT、陆基 AIS 和陆基雷达数据，未来还将融合光学遥感卫星、无人机、海岸巡逻机、巡逻艇等平台提供的探测数据[157]。欧盟相继启动了 IMPAST（Improving Fisheries Monitoring through Integrating Passive and Active Satellite-based Technologies）和 DECLIMS（Detection and Classification of Maritime Traffic from Space）等计划，研究利用卫星数据进行海洋舰船目标检测、分类和识别，开展了海事安全服务（Maritime Security Service, MARISS）、BlueMassMed、LIMES（Land/Sea Integrated Monitoring for European Security）、Pilot、DOLPHIN（Development of Preoperational Services for Highly Innovative Maritime Surveillance Capabilities）等 60 多个基于多源信息融合的海洋目标协同监视项目，

LIMES 项目利用 GMES（Global Monitoring for Environment and Security）、SAR 和光学商业遥感卫星、星载 AIS、LRIT、通信卫星、Galileo 导航卫星等实现对地中海目标的监视[158]，Pilot 项目研究利用 SAR 遥感卫星和光学遥感卫星提高对海洋目标的精细探测和识别能力实现海上态势决策支持[159]，MARISS 融合陆基雷达、船舶检测系统（Vessel Detection System, VDS）、船舶监视系统（VMS）、星载 AIS 以及卫星遥感图像，致力于监控欧盟海域的非法海上活动[160]。

表 1-5　国外民用领域多源卫星信息融合海洋监视系统[1]

国家/组织	项目/系统	数据源	用途
美国	C-SIGMA	AIS 卫星、SAR 和光学遥感卫星、通信卫星等	实现全球海域连续监视
	GLADIS	AIS 卫星和海上浮标等	
加拿大	Polar Epsilon	SAR 遥感卫星、AIS 卫星、通信卫星、LRIT 和陆基 AIS、雷达	海洋目标融合跟踪
欧盟	MARISS	陆基雷达、船舶检测/监视系统、星载 AIS 以及卫星遥感图像	非法海上活动监控
	DOLPHIN	星载 SAR、AIS、陆基雷达、陆基光电系统以及 SAR/MTI、被动双基地 ISAR 等	海洋边界监视、海上交通、渔业管理
	LIMES	GMES、SAR 和光学商业遥感卫星、星载 AIS、LRIT、通信卫星、Galileo 导航卫星等	地中海目标监视
	PMAR	星载 SAR、星载 AIS 和陆基 AIS	非洲海域安全航行
德国	ShipDect	SAR 遥感卫星、光学遥感卫星和 AIS 卫星	海洋目标监视和预警

美国研制了多个舰船检测和识别系统，美国全球海洋感知（Global Maritime Awareness, GMA）构想示意图如图 1-3 所示[155]，系统平台涵盖了 SAR 卫星、AIS 卫星、陆基雷达，以及基于 SAR 遥感卫星图像的 AKDEM（Alaska SAR Demonstration）处理系统、基于光学遥感卫星图像的 RAPIER 处理系统等。加拿大研制的海洋监视工作站（Ocean Monitoring Workbench, OMW）系统利用侦察机、船载 GPS、船舶交通管理系统（Vessel Traffic Management System, VTMS）、陆基高频表面波雷达、陆基 AIS 和 RadarSat-1 卫星 SAR 图像等信息对海洋目标进行融合跟踪，正在研制 OceanSuite/CSIAPS 等系统[157]，能够融合处理卫星 SAR 图像、卫星 AIS 数据、卫星 LRIT 数据、陆基 AIS 数据和陆基雷达数据，未来将融合光学遥感卫星、海岸巡逻机、无人机、巡逻艇等提供的数据。欧盟通过 IMPAST 项目和 DECLIMS

项目，研制了 VDS、SUMO（Search for Unidentified Maritime Objects）等舰船检测与识别系统。其他国家，如德国、法国、意大利、挪威、芬兰、日本等，也开展了相关技术研究和系统研制，融合处理遥感卫星、星载 AIS、通信卫星、Galileo 导航卫星、GPRS、机载雷达、陆基 AIS、陆基雷达等的数据。

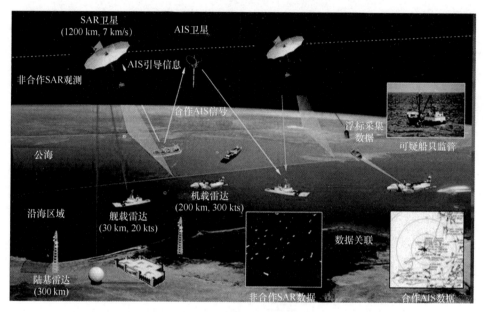

图 1-3　美国 GMA 构想示意图[155]

我国许多单位开展了多源遥感卫星海洋目标监视研究。中国科学院电子学研究所参加了欧盟的 DECLIMS 项目，自主研制了 ShipSurveillance 舰船目标检测系统，在 SAR 图像舰船检测识别和目标特征仿真等方面取得了显著成果[161]。国防科技大学开展了卫星图像与电子侦察信息融合的海洋目标识别和卫星遥感信息舰船目标关联技术研究，开发了 SARWAMS 舰船目标检测系统[162-163]。

卫星对海洋目标监视传感器、平台和数据处理的研究发展迅速，但仍然存在以下问题。

（1）对远海区域热点海域事件和海洋时敏目标的实时持续掌控能力仍然不足，卫星资源有限，受轨道、频谱、工作弧段和运载能力等因素的限制，难以通过增加卫星节点数量和提高单卫星节点能力来获得大范围海洋目标持续跟踪所需的时空覆盖范围，并且天基平台之间或者单独工作或者进行简单的配合工作，还不具备卫星动态组网协同探测能力。

（2）空间数据智能化处理水平滞后，海洋目标检测、识别和跟踪大多基于传统理论实现，以深度学习为代表的类脑智能计算理论在海洋目标监视信息处理应用中尚处于起步阶段，与实际应用需求还有较大的差距。

（3）星上在轨计算能力有限，大部分卫星只能实现在轨数据预处理，部分卫星具备了一定的海洋目标在轨检测能力，天基与陆基、空基之间的信息交互能力比较弱，空间信息网络分布式动态组网、协同计算仍处于理论研究阶段。

（4）多源空间信息融合处理能力不足，现有空间数据处理系统大多按照单一平台数据源设计，积累的海量空间数据没有充分处理，舰船目标识别特征、舰船目标行为规律以及海上态势威胁估计等高层次融合识别核心技术研究较少。

随着新型体制卫星传感器载荷和星上计算存储能力的提升，天基海洋目标监视未来将主要发生两个方面的转变。

（1）稀疏向连续转变。发展中高轨卫星和低轨小卫星星座，对海洋目标进行持续观测或者接力观测，从稀疏观测向连续监视转变，数据采样周期由小时级缩短至分钟级，提升天基系统对重要海域的连续时空覆盖能力，以及对海洋重要目标和突发事件的快速响应能力。

（2）人工向智能转变。天基海洋信息感知已经进入大数据时代，深度学习能获得大数据背后的深层次情报，揭示潜在规律，挖掘人类不能发现的新模式，借鉴生物认知和神经科学理论建立天基遥感大数据智能分析技术，能够极大地提高天基海洋监视数据的应用价值。

1.4　本书内容安排

本书以海面舰船目标为重点关注对象，基于可见光、SAR、AIS 等海洋目标监视手段，综合考虑低轨、中轨和高轨卫星，介绍和研究基于多源卫星信息的海洋目标融合检测、识别和跟踪方法。全书内容共分为 5 章。

第 1 章　概述。总结分析了卫星海洋目标探测技术和信息处理技术的国内外发展现状，并对目前存在的问题和未来的趋势进行了分析。

第 2 章　遥感卫星数据舰船目标检测与识别。研究了基于深度学习等智能理论的宽幅多通道低分辨率卫星遥感图像（多光谱和极化 SAR）舰船目标检测、高分辨率光学卫星遥感图像舰船目标精细识别与可信识别方法。

第 3 章　遥感卫星数据舰船目标跟踪。针对电子侦察卫星和静止轨道凝视光学遥感卫星对舰船目标监视的特点，探讨研究了引入辐射源特征和图像强度信息的改进传统多假设跟踪算法的舰船目标跟踪方法。

第 4 章　多源遥感卫星数据舰船目标关联。针对海洋目标多星协同监视应用场景，研究了基于低轨遥感卫星、高轨遥感卫星的光学遥感图像、SAR 遥感图像、AIS 数据等多源卫星信息的舰船目标航迹、点迹关联技术。

第 5 章　多源遥感卫星舰船目标数据在轨融合。针对海洋时敏舰船目标监视的应用场景，研究了基于深度学习的光学和 SAR 遥感卫星舰船目标在轨快速智能检测与分类、舰船目标在轨关联与运动预测等技术。

参考文献

[1]　何友，姚力波. 天基海洋目标信息感知与融合技术研究[J]. 武汉大学学报(信息科学版)，2017, 42(11): 1530-1536.

[2]　何友，姚力波，江政杰. 基于空间信息网络的海洋目标监视分析与展望[J]. 通信学报，2019, 40(4): 1-9.

[3]　黄汉文. 卫星海洋目标监视系统分析与发展设想[J]. 装备指挥技术学院学报，2004, 15(5): 44-48.

[4]　黄汉文. 海洋目标天基综合感知技术[J]. 航天电子对抗，2011, 27(6): 11-13, 48.

[5]　徐一帆，谭跃进，贺仁杰，等. 天基海洋目标监视的系统分析及相关研究综述[J]. 宇航学报，2010, 31(3): 628-640.

[6]　万敏，侯妍. 天基海洋监视系统的技术分析与发展研究[J]. 航天电子对抗，2019, 35(1): 44-48.

[7]　王志敏，王建斌，王长力. 卫星信息支持海域感知关键技术分析[J]. 电讯技术，2012, 52(5): 831-834.

[8]　邓云凯. 星载高分辨率宽幅 SAR 成像技术[M]. 北京：科学出版社，2020.

[9]　张庆君. 地球同步轨道合成孔径雷达导论[M]. 北京：国防工业出版社，2021.

[10] LI J W, QU C W, SHAO J Q. Ship detection in SAR images based on an improved faster R-CNN[C]//Proceedings of the 2017 SAR in Big Data Era: Models, Methods and Applications (BIGSARDATA). Piscataway: IEEE Press, 2017: 1-6.

[11] ZHANG T W, ZHANG X L, LI J W, et al. SAR ship detection dataset (SSDD): official release and comprehensive data analysis[J]. Remote Sensing, 2021, 13(18): 3690.

[12] 孙显, 王智睿, 孙元睿, 等. AIR-SARShip-1.0: 高分辨率 SAR 舰船检测数据集[J]. 雷达学报, 2019, 8(6): 852-862.

[13] WANG Y Y, WANG C, ZHANG H, et al. A SAR dataset of ship detection for deep learning under complex backgrounds[J]. Remote Sensing, 2019, 11(7): 765.

[14] WEI S J, ZENG X F, QU Q Z, et al. HRSID: a high-resolution SAR images dataset for ship detection and instance segmentation[J]. IEEE Access, 2020(8): 120234-120254.

[15] ZHANG T W, ZHANG X L, KE X, et al. LS-SSDD-v1.0: a deep learning dataset dedicated to small ship detection from large-scale Sentinel-1 SAR images[J]. Remote Sensing, 2020, 12(18): 2997.

[16] 徐从安, 苏航, 李健伟, 等. RSDD-SAR: SAR 舰船斜框检测数据集[J]. 雷达学报, 2022, 11(4): 581-599.

[17] HUANG L Q, LIU B, LI B Y, et al. OpenSARShip: a dataset dedicated to Sentinel-1 ship interpretation[J]. IEEE Journal of Selected Topics in Applied Earth Observations and Remote Sensing, 2018, 11(1): 195-208.

[18] LI B Y, LIU B, HUANG L Q, et al. OpenSARShip 2.0: a large-volume dataset for deeper interpretation of ship targets in Sentinel-1 imagery[C]//Proceedings of the 2017 SAR in Big Data Era: Models, Methods and Applications (BIGSARDATA). Piscataway: IEEE Press, 2017: 1-5.

[19] HOU X Y, AO W, SONG Q, et al. FUSAR-Ship: building a high-resolution SAR-AIS match-up dataset of Gaofen-3 for ship detection and recognition[J]. Science China Information Sciences, 2020, 63(4): 140303.

[20] 雷禹, 冷祥光, 孙忠镇, 等. 宽幅 SAR 海上大型运动舰船目标数据集构建及识别性能分析[J]. 雷达学报, 2022, 11(3): 347-362.

[21] LEI S L, LU D D, QIU X L, et al. SRSDD-v1.0: a high-resolution SAR rotation ship detection dataset[J]. Remote Sensing, 2021, 13(24): 5104.

[22] LIU Z K, YUAN L, WENG L B, et al. A high resolution optical satellite image dataset for ship recognition and some new baselines[C]//Proceedings of the Proceedings of the 6th International Conference on Pattern Recognition Applications and Methods. San Francisco: Science and Technology Publications, 2017: 324-331.

[23] GALLEGO A J, PERTUSA A, GIL P. Automatic ship classification from optical aerial images with convolutional neural networks[J]. Remote Sensing, 2018, 10(4): 511.

[24] RAINEY K, STASTNY J. Object recognition in ocean imagery using feature selection and compressive sensing[C]//Proceedings of the 2011 IEEE Applied Imagery Pattern Recognition Workshop (AIPR). Piscataway: IEEE Press, 2011: 1-6.

[25] RAINEY K, PARAMESWARAN S, HARGUESS J, et al. Vessel classification in overhead satellite imagery using learned dictionaries[C]//Proceedings of the SPIE Proceedings, Applications of Digital Image Processing XXXV. SPIE, 2012: 1-12.

[26] DI Y H, JIANG Z G, ZHANG H P, et al. A public dataset for ship classification in remote sensing images[C]//Proceedings of the Image and Signal Processing for Remote Sensing XXV. SPIE, 2019: 1-7.

[27] DI Y H, JIANG Z G, ZHANG H P. A public dataset for fine-grained ship classification in optical remote sensing images[J]. Remote Sensing, 2021, 13(4): 747.

[28] CHEN K Y, WU M, LIU J M, et al. FGSD: a dataset for fine-grained ship detection in high resolution satellite images[EB/OL]. arXiv preprint, 2020: arXiv: 2003.06832.

[29] ZHANG Z N, ZHANG L, WANG Y, et al. ShipRSImageNet: a large-scale fine-grained dataset for ship detection in high-resolution optical remote sensing images[J]. IEEE Journal of Selected Topics in Applied Earth Observations and Remote Sensing, 2021, 14: 8458-8472.

[30] 陈丽, 李临寒, 王世勇, 等. MMShip: 中分辨率多光谱卫星图像舰船数据集[J]. 光学精密工程, 2023, 31(13): 1962-1972.

[31] CHENG G, HAN J W, ZHOU P C, et al. Multi-class geospatial object detection and geographic image classification based on collection of part detectors[J]. ISPRS Journal of Photogrammetry and Remote Sensing, 2014, 98: 119-132.

[32] XIA G S, BAI X, DING J, et al. DOTA: a large-scale dataset for object detection in aerial images[C]//Proceedings of the 2018 IEEE/CVF Conference on Computer Vision and Pattern Recognition. Piscataway: IEEE Press, 2018: 3974-3983.

[33] LIU K, YU S T, LIU S D. An improved InceptionV3 network for obscured ship classification in remote sensing images[J]. IEEE Journal of Selected Topics in Applied Earth Observations and Remote Sensing, 2020, 13: 4738-4747.

[34] ZOU Z X, SHI Z W. Random access memories: a new paradigm for target detection in high resolution aerial remote sensing images[J]. IEEE Transactions on Image Processing: a Publication of the IEEE Signal Processing Society, 2018, 27(3): 1100-1111.

[35] ZHANG Y L, YUAN Y, FENG Y C, et al. Hierarchical and robust convolutional neural network for very high-resolution remote sensing object detection[J]. IEEE Transactions on Geoscience and Remote Sensing, 2019, 57(8): 5535-5548.

[36] LAM D, KUZMA R, MCGEE K, et al. xView: objects in context in overhead imagery[EB/OL]. arXiv preprint, 2018, arXiv: 1802.07856.

[37] 郭福成. 空间电子侦察定位原理[M]. 北京: 国防工业出版社, 2012.

[38] ERIKSEN T, HØYE G, NARHEIM B, et al. Maritime traffic monitoring using a space-based AIS receiver[J]. Acta Astronautica, 2006, 58(10): 537-549.

[39] HØYE G K, ERIKSEN T, MELAND B J, et al. Space-based AIS for global maritime traffic monitoring[J]. Acta Astronautica, 2008, 62(2/3): 240-245.

[40] 何友, 王国宏, 关欣, 等. 信息融合理论及应用[M]. 北京: 电子工业出版社, 2010.

[41] 徐文, 鄢社锋, 季飞, 等. 海洋信息获取、传输、处理及融合前沿研究评述[J]. 中国科学: 信息科学, 2016, 46(8): 1053-1085.

[42] 韩崇昭, 朱洪艳, 段战胜, 等. 多源信息融合[M]. 2 版. 北京: 清华大学出版社, 2010.

[43] 赵宗贵. 信息融合概念、方法与应用[M]. 北京: 国防工业出版社, 2012.

[44] 潘泉. 多源信息融合理论及应用[M]. 北京: 清华大学出版社, 2013.

[45] DABOV K, FOI A, KATKOVNIK V, et al. Image denoising with block-matching and 3D filtering[C]//Proceedings of the SPIE Proceedings, Image Processing: Algorithms and Systems, Neural Networks, and Machine Learning. SPIE, 2006: 1-2.

[46] RUDIN L I, OSHER S, FATEMI E. Nonlinear total variation based noise removal algorithms[C]//Eleventh International Conference of the Center for Nonlinear Studies on Experimental Mathematics. 1992: 259-268.

[47] 曹琼, 郑红, 李行善. 一种基于纹理特征的卫星遥感图像云探测方法[J]. 航空学报, 2007, 28(3): 661-666.

[48] TAN R T. Visibility in bad weather from a single image[C]//Proceedings of the 2008 IEEE Conference on Computer Vision and Pattern Recognition. Piscataway: IEEE Press, 2008: 1-8.

[49] 张振. 高分辨率可见光遥感图像港口及港内目标识别方法研究[D]. 合肥: 中国科学技术大学, 2009.

[50] HONG Z L, DONG H L, WANG S R. Fast ship detection based on multi-threshold image segmentation[J]. Computer Science, 2006, 33(S11): 273-275.

[51] 肖利平, 曹炬, 高晓颖. 复杂海地背景下的舰船目标检测[J]. 光电工程, 2007, 34(6): 6-10.

[52] JANG J H, HONG K S. Fast line segment grouping method for finding globally more favorable line segments[J]. Pattern Recognition, 2002, 35(10): 2235-2247.

[53] THEILER J, HARVEY N, DAVID N A, et al. Approach to target detection based on relevant metric for scoring performance[C]//Proceedings of the 33rd Applied Imagery Pattern Recognition Workshop (AIPR'04). Piscataway: IEEE Press, 2004: 184-189.

[54] UIJLINGS J R R, SANDE K E A, GEVERS T, et al. Selective search for object recognition[J]. International Journal of Computer Vision, 2013, 104(2): 154-171.

[55] 章新. 目标候选区域算法的研究及其应用[D]. 合肥: 安徽大学, 2017.

[56] CHENG G, HAN J W. A survey on object detection in optical remote sensing images[J]. ISPRS Journal of Photogrammetry and Remote Sensing, 2016, 117: 11-28.

[57] GUO G D, WANG H, DAVID A B, et al. KNN model-based approach in classification[C]//2003 "On The Move" (OTM) Federated Conference. 2003: 986-996.

[58] 李蓉, 叶世伟, 史忠植. SVM-KNN分类器: 一种提高SVM分类精度的新方法[J]. 电子学报, 2002, 30(5): 745-748.

[59] GIRSHICK R, DONAHUE J, DARRELL T, et al. Rich feature hierarchies for accurate object detection and semantic segmentation[C]//Proceedings of the 2014 IEEE Conference on Computer Vision and Pattern Recognition. Piscataway: IEEE Press, 2014: 580-587.

[60] GIRSHICK R. Fast R-CNN[C]//Proceedings of the 2015 IEEE International Conference on Computer Vision (ICCV). Piscataway: IEEE Press, 2015: 1440-1448.

[61] REN S Q, HE K M, GIRSHICK R, et al. Faster R-CNN: towards real-time object detection with region proposal networks[J]. IEEE Transactions on Pattern Analysis and Machine Intelligence, 2017, 39(6): 1137-1149.

[62] DAI J, LI Y, HE K, et al. R-FCN: Object detection via region-based fully convolutional networks[C]//Advances in Neural Information Processing Systems. 2016: 379-387.

[63] LIU W, ANGUELOV D, ERHAN D, et al. SSD: single shot MultiBox detector[C]//European Conference on Computer Vision. Cham: Springer, 2016: 21-37.

[64] REDMON J, DIVVALA S, GIRSHICK R, et al. You only look once: unified, real-time object detection[C]//Proceedings of the 2016 IEEE Conference on Computer Vision and Pattern Recognition (CVPR). Piscataway: IEEE Press, 2016: 779-788.

[65] SHAIFEE M J, CHYWL B, LI F, et al. Fast YOLO: a fast you only look once system for real-time embedded object detection in video[EB/OL]. arXiv preprint, 2017, arXiv: 1709.05943.

[66] SIMON M, MILZ S, AMENDE K, et al. Complex-YOLO: an euler-region-proposal for real-time 3D object detection on point clouds[C]//European Conference on Computer Vision. Cham: Springer, 2019: 197-209.

[67] 李健伟, 曲长文, 彭书娟, 等. 基于卷积神经网络的 SAR 图像舰船目标检测[J]. 系统工程与电子技术, 2018, 40(9): 1953-1959.

[68] KANG M, JI K F, LENG X G, et al. Contextual region-based convolutional neural network with multilayer fusion for SAR ship detection[J]. Remote Sensing, 2017, 9(8): 860.

[69] LIN Z, JI K F, LENG X G, et al. Squeeze and excitation rank faster R-CNN for ship detection in SAR images[J]. IEEE Geoscience and Remote Sensing Letters, 2019, 16(5): 751-755.

[70] JIAO J, ZHANG Y, SUN H, et al. A densely connected end-to-end neural network for multiscale and multiscene SAR ship detection[J]. IEEE Access, 2018(6): 20881-20892.

[71] LI J, QU C, SHAO J. A ship detection method based on cascade CNN in SAR images. control and decision[J]. Kongzhi Yu Juece, 2019, 34(10): 2191-2197.

[72] WANG Y Y, WANG C, ZHANG H, et al. Automatic ship detection based on RetinaNet using multi-resolution Gaofen-3 imagery[J]. Remote Sensing, 2019, 11(5): 531.

[73] SCHWEGMANN C P, KLEYNHANS W, SALMON B P, et al. Synthetic aperture radar ship detection using capsule networks[C]//Proceedings of the IGARSS 2018 - 2018 IEEE International Geoscience and Remote Sensing Symposium. Piscataway: IEEE Press, 2018: 725-728.

[74] ZHANG S F, WEN L Y, LEI Z, et al. RefineDet: single-shot refinement neural network for object detection[J]. IEEE Transactions on Circuits and Systems for Video Technology, 2021, 31(2): 674-687.

[75] ZHAO J P, ZHANG Z H, YU W X, et al. A cascade coupled convolutional neural network guided visual attention method for ship detection from SAR images[J]. IEEE Access, 2018(6): 50693-50708.

[76] TANG J X, DENG C W, HUANG G B, et al. Compressed-domain ship detection on spaceborne optical image using deep neural network and extreme learning machine[J]. IEEE Transactions on Geoscience and Remote Sensing, 2015, 53(3): 1174-1185.

[77] LIU W C, MA L, CHEN H. Arbitrary-oriented ship detection framework in optical remote-sensing images[J]. IEEE Geoscience and Remote Sensing Letters, 2018, 15(6): 937-941.

[78] YANG X, SUN H, FU K, et al. Automatic ship detection in remote sensing images from Google Earth of complex scenes based on multiscale rotation dense feature pyramid networks[J]. Remote Sensing, 2018, 10(1): 132.

[79] YANG X, SUN H, SUN X, et al. Position detection and direction prediction for arbitrary-oriented ships via multitask rotation region convolutional neural network[J]. IEEE Access, 2018(6): 50839-50849.

[80] WANG J Z, LU C H, JIANG W W. Simultaneous ship detection and orientation estimation in SAR images based on attention module and angle regression[J]. Sensors, 2018, 18(9): 2851.

[81] 李健伟. 基于卷积神经网络的 SAR 图像舰船目标检测与识别技术研究[D]. 烟台: 中国人民解放军海军航空大学, 2019.

[82] JIANG Y Y, ZHU X Y, WANG X B, et al. R2CNN: rotational region CNN for orientation robust scene text detection[EB/OL]. arXiv preprint, 2017, arXiv: 1706.09579.

[83] DING J, XUE N, LONG Y, et al. Learning ROI transformer for oriented object detection in aerial images[C]//Proceedings of the 2019 IEEE/CVF Conference on Computer Vision and Pattern Recognition (CVPR). Piscataway: IEEE Press, 2019: 2844-2853.

[84] LIU W C, MA L, CHEN H. Arbitrary-oriented ship detection framework in optical remote-sensing images[J]. IEEE Geoscience and Remote Sensing Letters, 2018, 15(6): 937-941.

[85] DRIGGERS R G. National imagery interpretation rating system and the probabilities of detection, recognition, and identification[J]. Optical Engineering, 1997, 36(7): 1952.

[86] LOWE D G. Distinctive image features from scale-invariant keypoints[J]. International Journal of Computer Vision, 2004, 60(2): 91-110.

[87] BEAMER L J, CARROLL S F, EISENBERG D. The BPI/LBP family of proteins: a structural

analysis of conserved regions[J]. Protein Science, 1998, 7(4): 906-914.

[88] 蒋定定, 许兆林, 李开端. 应用基本遗传算法进行水面舰船目标识别研究[J]. 中国工程科学, 2004, 6(8): 79-81.

[89] 李娜, 刘方. 基于模糊聚类视区划分的 SAR 目标识别方法[J]. 电子学报, 2012, 40(2): 394-399.

[90] 石文君, 汪小平, 王登位. 基于 D-S 证据理论的近岸舰船目标识别[J]. 电光与控制, 2009, 16(11): 87-91.

[91] 张旭. 基于模板匹配和深度学习的港口舰船检测识别方法[J]. 信息技术与信息化, 2019(4): 59-63.

[92] 李文武, 李智勇, 粟毅. 一种联合灰度和纹理特征的光学图像舰船目标检测方法[C]//第十四届全国图象图形学学术会议论文集, 2008.

[93] LAN J H, WAN L L. Automatic ship target classification based on aerial images[C]//Proceedings of the SPIE Proceedings, 2008 International Conference on Optical Instruments and Technology: Optical Systems and Optoelectronic Instruments. SPIE, 2008: 1-10.

[94] NIU X, ZHAO H, CHEN X. Target recognition in naval battle field based on information entropy and PNN[J]. Electronics Optics Control, 2010, 17(4): 83-84.

[95] DU C, SUN J X, LI Z Y, et al. Method for ship recognition using optical remote sensing data[J]. Journal of Image & Graphics, 2012, 17(4): 591-592.

[96] SHUAI T, SUN K, SHI B H, et al. A ship target automatic recognition method for sub-meter remote sensing images[C]//Proceedings of the 2016 4th International Workshop on Earth Observation and Remote Sensing Applications (EORSA). Piscataway: IEEE Press, 2016: 153-156.

[97] SUI H G, SONG Z N. A novel ship detection method for large-scale optical satellite images based on visual lbp feature and visual attention model[J]. The International Archives of the Photogrammetry, Remote Sensing and Spatial Information Sciences, 2016, XLI-B3: 917-921.

[98] GUO Z H, ZHANG L, ZHANG D, et al. Hierarchical multiscale LBP for face and palmprint recognition[C]//Proceedings of the 2010 IEEE International Conference on Image Processing. Piscataway: IEEE Press, 2010: 4521-4524.

[99] LIN H P, SONG S L, YANG J. Ship classification based on MSHOG feature and task-driven dictionary learning with structured incoherent constraints in SAR images[J]. Remote Sensing, 2018, 10(2): 190.

[100]HE K M, ZHANG X Y, REN S Q, et al. Deep residual learning for image recognition[C]//Proceedings of the 2016 IEEE Conference on Computer Vision and Pattern Recognition (CVPR). Piscataway: IEEE Press, 2016: 770-778.

[101]LIN T Y, ROYCHOWDHURY A, MAJI S. Bilinear CNN models for fine-grained visual

recognition[C]//Proceedings of the 2015 IEEE International Conference on Computer Vision (ICCV). Piscataway: IEEE Press, 2015: 1449-1457.

[102]FU J L, ZHENG H L, MEI T. Look closer to see better: recurrent attention convolutional neural network for fine-grained image recognition[C]//Proceedings of the 2017 IEEE Conference on Computer Vision and Pattern Recognition (CVPR). Piscataway: IEEE Press, 2017: 4476-4484.

[103]CHEN Y, BAI Y L, ZHANG W, et al. Destruction and construction learning for fine-grained image recognition[C]//Proceedings of the 2019 IEEE/CVF Conference on Computer Vision and Pattern Recognition (CVPR). Piscataway: IEEE Press, 2019: 5152-5161.

[104]SHI Q Q, LI W, TAO R. 2D-DFrFT based deep network for ship classification in remote sensing imagery[C]//Proceedings of the 2018 10th IAPR Workshop on Pattern Recognition in Remote Sensing (PRRS). Piscataway: IEEE Press, 2018: 1-5.

[105]SHI Q Q, LI W, TAO R, et al. Ship classification based on multifeature ensemble with convolutional neural network[J]. Remote Sensing, 2019, 11(4): 419.

[106]LI J W, QU C W, PENG S J. Ship classification for unbalanced SAR dataset based on convolutional neural network[J]. Journal of Applied Remote Sensing, 2018, 12(3): 1.

[107]RAINEY K, STASTNY J. Object recognition in ocean imagery using feature selection and compressive sensing[C]//Proceedings of the 2011 IEEE Applied Imagery Pattern Recognition Workshop (AIPR). Piscataway: IEEE Press, 2011: 1-6.

[108]李文超, 邹焕新, 雷琳, 等. 目标数据关联技术综述[J]. 计算机仿真, 2014, 31(3): 1-5, 10.

[109]鹿强, 吴琳, 陈昭, 等. 海上目标多源轨迹数据关联综述[J]. 地球信息科学学报, 2018, 20(5): 571-581.

[110]刘城霞. 数据融合系统中航迹关联和属性关联的研究[D]. 西安: 西安电子科技大学, 2002.

[111]占荣辉, 张军. 特征辅助数据关联研究综述[J]. 系统工程与电子技术, 2011, 33(1): 35-41.

[112]康少单. 基于电子侦察和光学成像侦察的目标综合识别算法研究[D]. 长沙: 国防科学技术大学, 2003.

[113]曾昊. 基于星载异类传感器的舰船编队目标数据关联方法研究[D]. 长沙: 国防科学技术大学, 2008.

[114]张昌芳. 阵群目标信息相关技术研究[D]. 长沙: 国防科学技术大学, 2009.

[115]卢春燕. 基于卫星电子信息与成像遥感信息的舰船目标关联[D]. 长沙: 国防科学技术大学, 2012.

[116]赵帮绪, 杨宏文. 利用编成及队形特征的阵群目标数据关联算法[J]. 电光与控制, 2012, 19(6): 32-35.

[117]赵志. 基于星载SAR与AIS综合的舰船目标监视关键技术研究[D]. 长沙: 国防科学技术大学, 2013.

[118]邓婉霞. 基于卫星图像信息与电子信息的舰船目标关联[D]. 长沙: 国防科学技术大学, 2016.

[119]唐宏美. 基于电子与光学传感器目标关联技术研究[D]. 哈尔滨: 哈尔滨工业大学, 2013.

[120]尉强, 刘忠. 一种粗-精结合的航天侦察航迹关联算法[J]. 雷达科学与技术, 2017, 15(1): 29-34.

[121]汤亚波, 徐守时. 基于 D-S 证据理论的多源遥感图像目标数据联合关联算法[J]. 中国科学技术大学学报, 2006, 36(5): 466-471.

[122]雷琳. 多源遥感图像舰船目标特征提取与融合技术研究[D]. 长沙: 国防科技大学, 2008.

[123]雷琳, 蔡红苹, 唐涛, 等. 基于MSA特征的遥感图像多目标关联算法[J]. 遥感学报, 2008, 12(4): 586-592.

[124]李晖晖, 滑立, 杨宁, 等. 基于MSA特征和模拟退火优化的遥感图像多目标关联算法[J]. 吉林大学学报(工学版), 2015, 45(4): 1353-1359.

[125]刘平, 周滨, 赵键. 基于相对性状上下文的低分辨率遥感影像阵群目标关联算法[J]. 计算机科学, 2013, 40(3): 305-309.

[126]王继阳, 陆军, 粟毅. 一种基于目标属性特征的多假设关联算法[J]. 计算机仿真, 2005, 22(1): 76-79, 83.

[127]雷琳, 李智勇, 粟毅. 基于 ROI 特征匹配融合的图像多目标跟踪算法[J]. 中国图象图形学报, 2008, 13(3): 580-585.

[128]雷琳, 李智勇, 粟毅. 利用多特征融合匹配实现遥感图像多目标关联[J]. 信号处理, 2009, 25(3): 454-459.

[129]YANG T, WANG X W, YAO B W, et al. Small moving vehicle detection in a satellite video of an urban area[J]. Sensors, 2016, 16(9): 1528.

[130]吴佳奇, 张过, 汪韬阳, 等. 结合运动平滑约束与灰度特征的卫星视频点目标跟踪[J]. 测绘学报, 2017, 46(9): 1135-1146.

[131]YANG J, YANG J Y, ZHANG D, et al. Feature fusion: parallel strategy vs. serial strategy[J]. Pattern Recognition, 2003, 36(6): 1369-1381.

[132]孙权森, 曾生根, 王平安, 等. 典型相关分析的理论及其在特征融合中的应用[J]. 计算机学报, 2005, 28(9): 1524-1533.

[133]LAI P L, FYFE C. Canonical correlation analysis using artificial neural networks[C]//The European Symposium on Artificial Neural Networks. 1998: 363-367.

[134]AKAHO S. A kernel method for canonical correlation analysis[J]. In Proceedings of the International Meeting of the Psychometric Society, 2006, 40(2): 263-269.

[135]SUN T K, CHEN S C. Locality preserving CCA with applications to data visualization and pose estimation[J]. Image and Vision Computing, 2007, 25(5): 531-543.

[136]HARDOON D, TAYLOR J. Sparse canonical correlation analysis (technical report)[J]. Mach Learn, 2011(83): 331-353.

[137]SUN T K, CHEN S C, YANG J Y, et al. A novel method of combined feature extraction for recognition[C]//Proceedings of the 2008 Eighth IEEE International Conference on Data Mining. Piscataway: IEEE Press, 2008: 1043-1048.

[138]LEE S H, CHOI S. Two-dimensional canonical correlation analysis[J]. IEEE Signal Processing Letters, 2007, 14(10): 735-738.

[139]杨慧军, 敬忠良, 赵海涛. 张量典型相关分析[J]. 上海交通大学学报, 2008, 42(7): 1124-1128.

[140]雷刚, 蒲亦菲, 张卫华, 等. 张量典型相关分析及其在人脸识别中的应用[J]. 电子科技大学学报, 2012, 41(3): 435-440.

[141]BAEK J, KIM M. Face recognition using partial least squares components[J]. Pattern Recognition, 2004, 37(6): 1303-1306.

[142]孙权森. 基于相关投影分析的特征提取与图像识别研究[D]. 南京: 南京理工大学, 2006.

[143]ROSIPAL R, TREJO L J. Kernel partial least squares regression in reproducing kernel Hilbert space[J]. Journal of Machine Learning Research, 2001, 2: 97-123.

[144]孙宁, 冀贞海, 邹采荣, 等. 基于2维偏最小二乘法的图像局部特征提取及其在面部表情识别中的应用[J]. 中国图象图形学报, 2007, 12(5): 847-853.

[145]CHUNG D, KELES S. Sparse partial least squares classification for high dimensional data[J]. Statistical Applications in Genetics and Molecular Biology, 2010, 9(1): 1-32.

[146]王科俊, 阎涛, 吕卓纹. 基于耦合度量学习的特征级融合方法及在步态识别中的应用[J]. 东南大学学报(自然科学版), 2013, 43(S1): 7-11.

[147]LONG B, YU P S, ZHANG Z M. A general model for multiple view unsupervised learning[C]//Proceedings of the Proceedings of the 2008 SIAM International Conference on Data Mining. Philadelphia, PA: Society for Industrial and Applied Mathematics, 2008: 913-924.

[148]李强. 手部特征识别及特征级融合算法研究[D]. 北京: 北京交通大学, 2006.

[149]SMEELEN M A, SCHWERING P B W, TOET A, et al. Semi-hidden target recognition in gated viewer images fused with thermal IR images[J]. Information Fusion, 2014, 18: 131-147.

[150]焦李成. 图像多尺度几何分析理论与应用: 后小波分析理论与应用[M]. 西安: 西安电子科技大学出版社, 2008.

[151]LEE T S, MUMFORD D, ROMERO R, et al. The role of the primary visual cortex in higher level vision[J]. Vision Research, 1998, 38(15/16): 2429-2454.

[152]LEE T S, MUMFORD D. Hierarchical Bayesian inference in the visual cortex[J]. Journal of the Optical Society of America A, 2003, 20(7): 1434-1448.

[153]AREL I, ROSE D C, KARNOWSKI T P. Deep machine learning - A new frontier in artificial intelligence research[research frontier][J]. IEEE Computational Intelligence Magazine, 2010, 5(4): 13-18.

[154]MITTERMAYER J, WOLLSTADT S, PRATS-IRAOLA P, et al. Bidirectional SAR imaging

mode[J]. IEEE Transactions on Geoscience and Remote Sensing, 2013, 51(1): 601-614.

[155]THOMAS G. Collaboration in space the silver bullet for global maritime awareness[J]. Canadian Naval Review, 2012, 8(1): 14-18.

[156]MARION E. International space-based AIS and data extraction backbone-high level requirements[R]. 2010.

[157]BUTLER M P J. Project polar epsilon: joint space-based wide area surveillance and support capability[C]//Proceedings of 2005 IEEE International Geoscience and Remote Sensing Symposium, 2005. IGARSS '05. Piscataway: IEEE Press, 2005: 1194-1197.

[158]GIOVANNI C. The LIMES and G-MOSAIC EC integrated projects to support security[C]//ISU 13th Annual Symposium, Strasbourg. 2009: 1-15.

[159]CAROLINA M. Pilot project for the integration of maritime surveillance on the mediterranean area and its atlantic approaches[R]. Italy, 2012.

[160]MARGARIT G, TABASCO A, GOMEZ C. Maritime situational awareness: the MARISS experience[R]. Italy, 2010.

[161]种劲松, 欧阳越, 朱敏慧. 合成孔径雷达图像海洋目标检测[M]. 北京: 海洋出版社, 2006.

[162]王壮, 樊昀, 王成, 等. 基于星载电子侦察与成像侦察的数据融合技术[J]. 电子学报, 2003, 31(S1): 2127-2130.

[163]赵志. 基于星载SAR与AIS综合的舰船目标监视关键技术研究[D]. 长沙: 国防科学技术大学, 2013.

第 2 章

遥感卫星数据舰船目标
检测与识别

2.1 引言

随着大数据时代的到来、计算机算力的提升和大规模图像数据集的构建，深度学习技术发展迅速，刷新了计算机视觉领域（如检测、分类与识别等）多项任务的纪录。以 Faster R-CNN、SSD、YOLO 等网络框架为代表的 CNN 方法在自然场景图像目标检测任务中展现出巨大优势。深度学习是一种数据驱动的算法，通常只需要准备好数据，即可自动学习图像特征并进行感兴趣目标检测和分类。深度学习应用于遥感图像目标检测领域的最初思路是将自然场景图像目标检测模式和模型迁移到遥感图像舰船目标检测任务中，采用常规的垂直矩形边界框实施舰船检测。但由于自然场景图像与遥感图像存在较大的差异，直接迁移后的模型检测结果往往不尽如人意，如何针对遥感图像的特点及任务需求将这些先进的检测模型迁移到遥感图像目标检测任务中，是目前遥感图像智能处理的一大研究热点，需要结合遥感图像与舰船目标的特点对模型进行重新设计和改进。

舰船目标识别旨在根据一定标准，如舰船职能等，对舰船类别进行判断，其核心是建立图像特征与高层语义的对应关系，舰船目标的图像特征是核心。随着大数据研究的深入，图像特征研究从特征提取、特征表达发展到了特征学习。特征学习通过设计深度学习网络结构以及各种学习规则，使得计算机从海量图像数据集中自动学习图像特征，而不再需要人工进行特征设计，能够将浅层学习的低层特征组合生成更加抽象的高层特征，而这种抽象特征更有利于揭示图像的本质，这种逐层特征学习方式也符合人类感知世界的方式，在自然场景图像识别的国际重大测评项目中远超其他方法，并逐渐应用到遥感图像目标检测、识别和跟踪任务中，深度学习代表着未来图像特征领域的研究方向。

本章介绍分析了光学和 SAR 遥感卫星舰船目标检测与分类识别方法，第 2.2 节研究了基于深度学习的多通道（极化 SAR 和多光谱光学）卫星遥感图像的舰船目标检测方法，第 2.3 节介绍了基于高分辨率光学卫星遥感图像的舰船目标分类与识别方法。

2.2　基于多通道卫星遥感图像的舰船目标检测

目前，基于深度学习的自然场景图像目标检测，针对的往往是单一类型的图像数据，但卫星遥感图像具有多尺度、多谱段、多极化（偏振）的特点，例如，光谱遥感图像可以获取目标的光谱特征，SAR 遥感图像获取的是目标的电磁散射特征和极化特征，红外遥感图像可以获取目标的反射和辐射特征。高分辨率遥感卫星通常是单波段、单极化工作模式，中低分辨率遥感卫星通常是多波段、多极化工作模式，相对于高分辨率卫星遥感图像，虽然中低分辨率卫星遥感图像上目标的几何、纹理等细节特征不够丰富，不能直接满足目标识别的要求，但是其具有幅宽大的特点，并且增加了光谱、极化等信息，多个通道之间的信息可以互补，也适用于大范围舰船目标监视。

2.2.1　基于二元级联卷积神经网络的极化 SAR 船只目标检测

基于 CNN 的目标检测算法在计算机视觉领域取得了令人瞩目的成就，但这些主流的 CNN 检测模型被运用到 SAR/PolSAR 舰船检测时，存在模型规模与所需的支撑数据集尺度不匹配的矛盾以及模型抵抗杂波干扰的脆弱性问题。受 SAR 系统成像机制影响产生的随机噪声、几何畸变等同样会增加 CNN 检测器对于虚警鉴别的难度。由于杂波干扰阻碍了基于单极化 SAR 幅值/能量检测器性能的提升，相比于单极化 SAR 数据仅幅值与纹理信息可以利用，PolSAR 数据能够提供目标的极化特性与物理散射信息，在提升舰船检测性能上拥有巨大的潜力，因此，从数据驱动的角度引入 PolSAR 极化特性来增强 CNN 检测器鉴别虚警的能力。但目前有标记 PolSAR 舰船数据样本相对较少，且基于极化特性驱动 CNN 算法的研究仍处在探索中。为了缓解有标记 PolSAR 样本短缺的问题，同时构建一种简洁高效的 CNN 结构专门用于 PolSAR 数据的特征挖掘，本节以 LSDNet 特征提取网络为原型[1]，提出了一种二元级联卷积神经网络（DCCNN）框架。

2.2.1.1　模型框架结构

DCCNN 模型整体流程如图 2-1 所示，其结构主要包含骨干特征提取网络和基于区域的全卷积头网络，骨干特征提取网络由平行的基础几何特征提取网络（BGFENet）、极化特征增强网络（PFENet）以及特征融合模块（Feature Fusion Module，FFM）构成。BGFENet 从单极化 SAR 幅值/能量数据中迁移目标几何知识，并通过有限 PolSAR 数据获取目标的几何稳健特征；极化特征增强网络则负责提取极化特征以增强对于虚警杂波的鉴别；特征融合模块将二者学习的特征进行深度多尺度融合以形成目标信息的完整表征。基于区域的全卷积头网络与 LSDNet 中的设计保持一致，基于 RPN 层产生的感兴趣区域与位置敏感得分特征图完成最后的分类与回归任务。

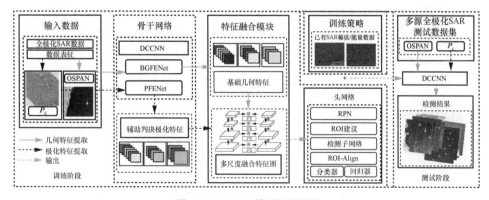

图 2-1　DCCNN 模型整体流程

DCCNN 模型结构如图 2-2 所示，包含了 BGFENet、PFENet、FFM、RPN 层、位置敏感（PS）ROI 池化层以及分类回归层。其中，BGFENet 以 LSDNet 的骨干特征提取网络为原型，其中所涉及的卷积模块（a）～（d）与 LSDNet 保持一致，BGFENet 依赖输入数据 OSPAN 提取 4 种不同分辨率的几何特征图；PFENet 作为辅助性的特征增强网络从极化矢量 P_6 中挖掘高层极化特征，为了获得足够轻量的模型且与 BGFENet 的特征图变化保持一致，PFENet 由 LSDNet 骨干特征提取网络通过剪枝而来，并且在其第 1～4 特征提取阶段拥有更少的卷积模块，其简单的网络层对于后续基于有限 PolSAR 数据实现高精度舰船检测有重要影响。

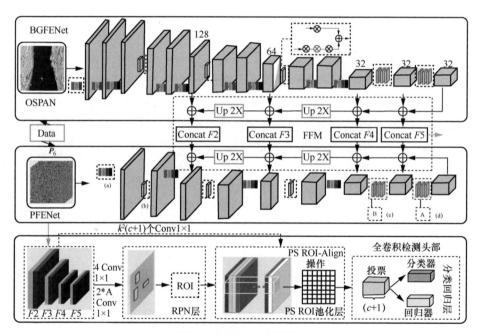

图 2-2　DCCNN 模型结构

PFENet 详细结构设计与参数设置如图 2-3 所示，其中 4 种不同的图形对应 LSDNet 出现的 4 种卷积模块（即（a）～（b）），为了简化展示，归一化层与激活层被隐藏。对于每一组初始极化数据 P_6，PFENet 产生 4 组不同尺度的极化特征图；BGFENet 产生的基础性几何特征与 PFENet 产生的辅助性极化特征在 FFM 中融合，FFM 中同样引入 FPN，牺牲有限的计算资源采用侧向连接，自顶向下，拼接整合两组特征的低层空间信息与高层语义信息以获得新的多尺度特征图，这里假设输入数据为 $O(\mathrm{OSPAN})$ 和 $P(\boldsymbol{P}_6)$ ，二者的大小分别为 $H_o \times W_o \times C_o$ 与 $H_o \times W_o \times C_P$ ，BGFENet 与 PFENet 产生的特征图分别表示为 $\mathcal{G}_\theta(O)_i \in \mathbb{R}^{H_i \times W_i \times C_i}$ 、 $\mathcal{P}_\delta(P)_i \in \mathbb{R}^{H_i \times W_i \times C_i}$ ，其中， $\mathcal{G}_\theta$ 表示含参数集 θ 的几何特征编码网络， $\mathcal{P}_\delta$ 表示含参数集 δ 的极化特征编码网络，这里 $i \in \{2,3,4,5,6\}$ 表示特征提取阶段， H_i 、 W_i 、 C_i 为第 i 个特征提取阶段输出特征图的大小，每一组特征图经过含 256 个卷积核的 1×1 卷积层进行通道信息交互，设 $\boldsymbol{G}_i$ 和 $\boldsymbol{P}_i$ 分别代表融合之前的第 i 个阶段的几何特征图与极化特征图， $\boldsymbol{G}_i$ 和 $\boldsymbol{P}_i$ 分别定义为：

$$
\begin{aligned}
&\boldsymbol{G}_6 = \mathcal{G}_\theta(O)_6, \boldsymbol{P}_6 = \mathcal{P}_\delta(P)_6 \\
&\boldsymbol{G}_5 = \langle \mathcal{G}_\theta(O)_5 \oplus \boldsymbol{G}_6 \rangle, \boldsymbol{P}_6 = \langle \mathcal{P}_\delta(P)_5 \oplus \boldsymbol{P}_6 \rangle \\
&\boldsymbol{G}_4 = \langle \mathcal{G}_\theta(O)_4 \oplus \boldsymbol{G}_5 \rangle, \boldsymbol{P}_4 = \langle \mathcal{P}_\delta(P)_4 \oplus \boldsymbol{P}_5 \rangle \\
&\boldsymbol{G}_3 = \langle \mathcal{G}_\theta(O)_3 \oplus \mathrm{UpSample}(\boldsymbol{G}_4) \rangle, \boldsymbol{P}_3 = \langle \mathcal{P}_\delta(P)_3 \oplus \mathrm{UpSample}(\boldsymbol{P}_4) \rangle \\
&\boldsymbol{G}_2 = \langle \mathcal{G}_\theta(O)_2 \oplus \mathrm{UpSample}(\boldsymbol{G}_3) \rangle, \boldsymbol{P}_2 = \langle \mathcal{P}_\delta(P)_2 \oplus \mathrm{UpSample}(\boldsymbol{P}_3) \rangle
\end{aligned}
\tag{2-1}
$$

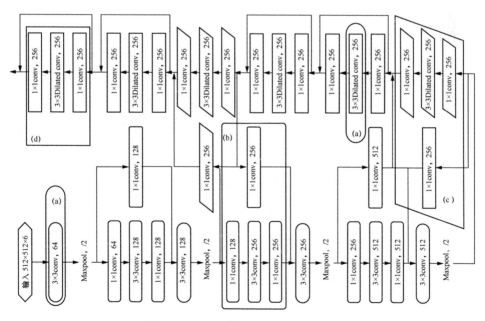

图 2-3　PFENet 详细结构设计与参数设置

其中，$\oplus$ 表示元素维度的加操作，UpSample 表示 2 倍上采样，经过 FFM，融合特征图 $\boldsymbol{F}_i$ 可以表示为 $\boldsymbol{F}_i = \boldsymbol{G}_i \odot \boldsymbol{P}_i$，$i \in \{2,3,4,5\}$，$\odot$ 表示通道维度的加操作，每一组融合后的特征图经过含 256 个卷积核的 3×3 卷积层以减少上采样造成的混叠效应，最终 DCCNN 骨干网络输出的 4 组融合特征图为 $\{\boldsymbol{F}_2,\boldsymbol{F}_3,\boldsymbol{F}_4,\boldsymbol{F}_5\}$，其分辨率分别为 $H_0/4 \times W_0/4 \times C_2$、$H_0/8 \times W_0/8 \times C_3$、$H_0/16 \times W_0/16 \times C_4$、$H_0/16 \times W_0/16 \times C_5$。RPN 层、PS ROI 池化层以及分类回归层在获得的融合特征图上进行进一步处理，这里，基于区域的全卷积头部设计以及所采用的损失函数与前述 LSDNet 模型保持一致。

2.2.1.2 数据集构建

为了弥补 PolSAR 舰船检测数据集的缺失，本节构建了一种全极化 SAR 舰船检测数据集（PolSAR Ship Detection Dataset, PSDD），其影像大部分采集自 C 波段多极化 SAR 遥感卫星 GF-3，以及 RadarSat-2 等 SAR 遥感卫星，以提高 PSDD 的数据多样性。整个 PSDD 由 119 景 GF-3 影像、5 景 RadarSat-2 影像和 3 景 AIRSAR 影像构成，并提供对应的原始数据与极化散射矩阵信息。PSDD 影像信息如表 2-1 所示，展示了 PSDD 中 SAR 影像的数量、极化方式、成像倾角、成像模式、分辨率以及产品类型等详细信息。所有影像均获取各自传感器的全极化（Full）成像模式以采集丰富的极化信息，其中 GF-3 选取距离分辨率与方向分辨率较高的全极化条带（QPS）Ⅰ，RadarSat-2 与 AIRSAR 选用 Strip-Map 模式。GF-3 与 RadarSat-2 影像为单视产品（SLC），AIRSAR 为多视产品（MLC）。在 PSDD 库中包含原始数据产品头文件，影像的详细信息（如成像时间、成像地点、影像大小）均可检索。

表 2-1 PSDD 影像信息

传感器	数量(景)	极化方式	成像倾角(°)	分辨率（m）	成像模式	产品类型
GF-3	119	Full	20～41	8×8	QPS Ⅰ	SLC
RadarSat-2	5	Full	10～60	3×8	Strip-Map	SLC
AIRSAR	3	Full	20～60	1.6×9	Strip-Map	MLC

PSDD 影像的成像区域覆盖了主要的海上交通要道，如我国内河航道（长江）、世界著名港口（韩国釜山、新加坡和中国上海等）、我国近海区域（中国香港、中国台湾南部）、我国远海区域（中国东海）以及印度洋，包含了多样化的场景以支

撑海上相关领域研究。PSDD 中部分影像的覆盖区域示意图如图 2-4 所示，以谷歌地球影像的形式展示了 PSDD 多景影像的覆盖区域示例。

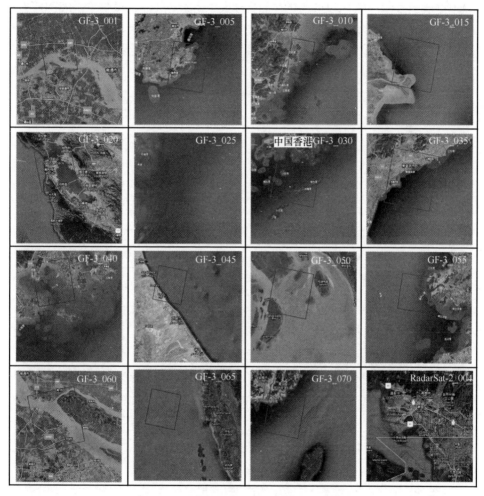

图 2-4　PSDD 中部分影像的覆盖区域示意图

　　PSDD 还提供对应成像区域的 AIS 信息以辅助舰船真值标签的生产，AIS 信息的覆盖时间为对应 SAR 成像时间前后的 30 min，每一条 AIS 信息包含了舰船识别号、呼号、船民、舰船类型以及当前的船身状态等信息。需要注意的是，由于 AIS 信息的延迟和一些舰船信号的缺失，在 PSDD 中，AIS 信息只作为舰船真值标签生产的标准之一。为了保证可靠性，标签的标注还依赖于专家知识和谷歌地球影像信息。

根据统计信息，忽略不具备分辨特征的小目标，PSDD 的 127 景影像共包含了 6960 个舰船目标，其中，64.2%的舰船目标大小小于 50 像素×50 像素。PSDD 与已发布的 SAR 舰船数据集尺度对比如图 2-5 所示，可以看出，PSDD 中大多为中小舰船目标，而 PSDD 构建的初衷也是面向大场景小尺寸的舰船目标检测任务，因此，PSDD 更加贴近实际应用场景。

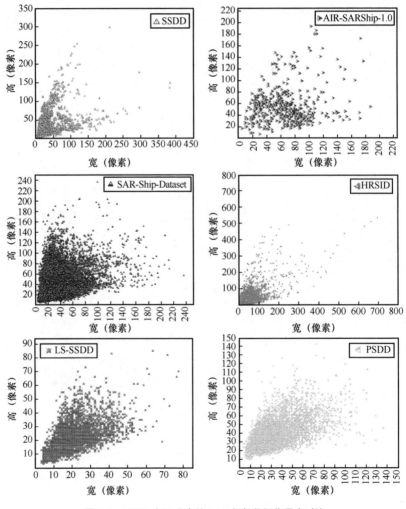

图 2-5　PSDD 与已发布的 SAR 舰船数据集尺度对比

PSDD 构建流程如图 2-6 所示，包含数据采集、数据处理、数据标注以及数据组织 4 个步骤。由于不同 SAR 遥感卫星在成像倾角、成像波段、成像模式上的差异性，以数据驱动的 CNN 检测器的性能很容易受到影响。PSDD 中的 SAR 数据分别来自中国国家卫星海洋应用服务中心与 Alaska 卫星服务网站。辅助判别信息主要指匹配的谷歌地球影像以及相应成像区域与成像日期的 AIS 序列信息。其中，谷歌地球图像包含成像区域内地物丰富的光谱信息，AIS 信息则记录了舰船目标的海上移动业务识别（MMSI）号、长度、宽度、类别代码以及当前舰船所处的纬度、经度、航向、速度和导航状态等信号。PSDD 采用 PolSARpro v6.0 与 MATLAB R 2019b 作为数据预处理工具，原始数据主要经过以下处理流程。

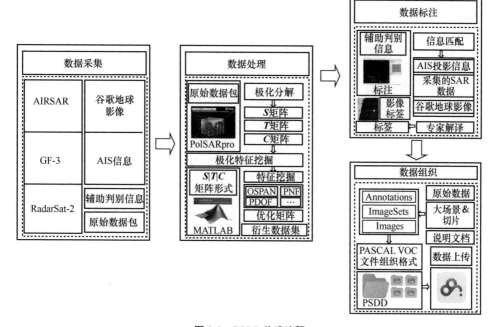

图 2-6　PSDD 构建流程

（1）原始数据经过极化分解获取极化散射矩阵 S、C、T。

（2）基于极化散射矩阵 S、C、T 挖掘极化特征，建立目标优化函数。

（3）通过目标优化函数构建相应极化特征（包括但不限于本节所涉及的极化特

征）的衍生数据集。

数据标注由领域专家参照 AIS 序列信息、几何校正的 SAR 影像以及谷歌地球影像完成。可视化图形标注工具 LABELIMG 记录标注的目标类别与边框四角点的空间位置参数，由于数据处理过程并不包含坐标变换的过程，因此，产生的标签可以作为统一的真值框架用于所有的衍生数据集。最终，PSDD 所有大场景与切片被组织成适用于 CNN 训练测试的 PASCAL VOC 文件格式，说明文件（ReadMe）中包含可用于检索原始数据的场景编号。

PSDD 文件组织预览如图 2-7 所示，其主要包含了 3 个主要文件。

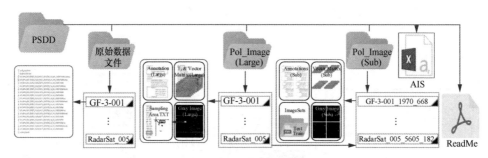

图 2-7　PSDD 文件组织预览

（1）原始数据文件以压缩包的形式存储了 127 景影像的原始数据信息。其中的元数据描述了每一个大场景的成像细节，KML 文件提供了覆盖的区域位置，RPC 数据用于 SAR 影像的几何校正。

（2）极化 SAR 大场景影像文件记录了出现在每个大型场景上的舰船目标真值的标记数据，用于极化特征挖掘研究的各场景极化相干矩阵，子区域采样 TXT 文本支持数据集重构以及 JPEG 格式的大场景灰度影像用于可视化。

（3）极化 SAR 切片影像文件，与大场景对应，具有相似的文件结构，降低输入信息量以便于常见的 CNN 训练和推理。此外，还涉及 ReadMe 文档和 AIS 序列消息，以提高 PSDD 的可用性。一幅大场景 Pauli 影像及其裁剪的灰度切片影像样本示例如图 2-8 所示。

相比于现有的 SAR 舰船检测数据集，所构建的 PSDD 具有以下几种属性。

（1）极化特性。考虑 SSDD、LS-SSDD 等数据集单个极化通道中幅值/强度信息仅描述舰船目标纹理特征和空间结构特征的不完整性，PSDD 记录了不同极化模式下发射和接收电磁波获取的地物极化散射特性，由于电磁波的极化对目标的表面粗糙度、介电常数和几何形状等物理性质异常敏感，因此，极化散射矩阵包含了丰富的目标信息。Sinclair 矩阵、极化相干矩阵和极化协方差矩阵从散射功率和散射机理的角度挖掘有利于目标解译的极化特征，可实现目标信息更为全面的表征。

图 2-8　大场景 Pauli 影像及其裁剪的灰度切片影像样本示例

（2）可扩展性。PSDD 是一个灵活且可扩展的舰船检测数据集，可供用户进行二次扩展。基于 PSDD 中原始数据和所提供的极化散射矩阵，相关研究人员能够采用统一的标注框架和区域采样来构建新的极化特征和衍生数据集，以驱动深度神经网络算法，使得 PSDD 的潜力最大化。

（3）大尺度场景与样本多样性。PSDD 面向大场景舰船检测任务，除了包含 127 景大尺度标注影像和 2917 个通过选择性采样生成的切片影像，还为重采样和更进一步的数据集扩展提供了便利。在规模上，PSDD 可以满足深度神经网络训练和推理的样本量要求。在样本多样性上，其覆盖了内河航道、海港和近海等具有各种背景杂波干扰的典型场景，以提高数据集的复杂性和多样性，这种复杂性和多样性在评估检测器泛化性能方面起着重要作用。

2.2.1.3　训练策略

DCCNN 的训练过程基于 LS-SSDD 与 PSDD 进行，而评估过程则只需 PSDD 全极化 SAR 数据，LS-SSDD 由 Zhang 等[2]构建用于大尺度场景舰船检测任务，总计包含 15 景 24000 像素×16000 像素的哨兵卫星影像，其成像极化方式为 VV 或者 VH，影像分辨率为 5 m×20 m（5 m 为距离向分辨率，20 m 为方位向分辨率），成像区域为东京、亚得里亚海等海域。文献[3]提供了一种极化方式的幅值影像，且为了便于训练 CNN 模型，将 15 景大场景裁剪为 9000 个 800 像素×800 像素的子切片，并以 PASCAL VOC 的格式组织。LS-SSDD 中包含了大量的无目标背景样本，对其进行筛选与重构，最终 LS-SSDD 训练集包含了 2000 张影像，测试集包含了 208 张影像，测试集中真值舰船目标数量为 850。

训练好一个 CNN 模型需要大量的标记样本，但充足的有标记全极化 SAR 舰船检测数据集是很难获取的。因此，根据所设计的 DCCNN 结构提出了一种适配于模型的三阶段训练策略，充分利用已有的单极化 SAR 幅值/能量舰船检测数据完成 DCCNN 的训练，从而有效缓解有标记全极化 SAR 数据短缺的问题。训练流程如图 2-9 所示，DCCNN 经历的 3 个训练阶段如下。

（1）BGFENet 预训练。使用单极化幅值/能量数据集 LS-SSDD 作为外源数据来训练 BGFENet，以初步学习目标的精细几何知识，获取 BGFENet 权值 W_1。

（2）网络权值优化。考虑 LS-SSDD 与全极化 SAR 产生的 OSPAN 数据的差异性，BGFENet 参数在 W_1 的基础上通过 PSDD 的 OSPAN 数据进一步优化，获取更新的权值 W_2，BGFENet 通过这样的方式不仅学习了精细的目标几何知识，而且降低了对于全极化 SAR 数据量的需求。

（3）PFENet 训练与全局微调。PSDD 构造的 OSPAN 与 P_6 全部被送入 DCCNN 训练，此时，为了避免破坏已经学习的几何特征，需要冻结 BGFENet 的权值 W_2 而单独训练 PFENet，待 PFENet 训练好后，再解冻 BGFENet 训练整个 DCCNN，微调参数以获得最终的 DCCNN 权值 W_3。

三阶段训练策略相比于从头开始训练 DCCNN，使用小部分全极化 SAR 数据引入极化信息，取得了很好的拟合效果，并从已有的单极化 SAR 幅值/能量集继承了目标的精细几何知识；相较于普通的迁移学习策略，所引入的极化特性为 DCCNN 带来的性能收益被最大化，而且全极化 SAR 数据量的需求完全由 PFENet 参数量决定，尽管训练过程重复，但 DCCNN 模型训练的难度被极大地降低。

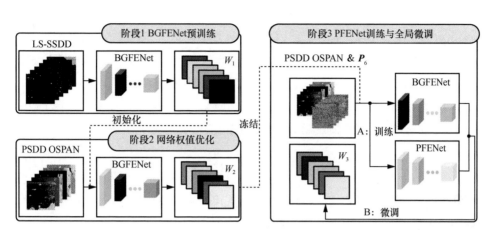

图 2-9　训练流程

从 PSDD 中选取少部分多源全极化 SAR 数据参与 DCCNN 的训练并测试其性能，这里选取 23 景均匀包含 GF-3、AIRSAR 以及 RadarSat-2 的全极化 SAR 影像，其中 3 景用于大场景与 CFAR 算法测试，剩余 20 景被裁切为 512 像素 × 512 像素的子图，总计 1112 张，90% 参与 DCCNN 训练，剩余用于测试。PSDD 中所选取的部分影像信息如表 2-2 所示。

表 2-2　PSDD 中所选取的部分影像信息

传感器	成像区域	大小	分辨率（Rg.Az）（m）	产品
RadarSat-2	美国旧金山	14416 像素×2823 像素	9.8 × 4.8	SLC
RadarSat-2	加拿大英吉利湾	7009 像素×3332 像素	8.1 × 4.8	SLC
RadarSat-2	荷兰马肯湖	12944 像素×2823 像素	9.8 × 4.8	SLC
GF-3	中国长江	4704 像素×6014 像素	8 × 8	SLC
GF-3	中国渤海	8070 像素×7882 像素	8 × 8	SLC
GF-3	中国半月湾	7173 像素×5829 像素	8 × 8	SLC
AIRSAR	中国台湾南部	15204 像素×2051 像素	1.6 × 2.5	MLC
AIRSAR	泰国巴拉扬湾	6547 像素×2483 像素	3.3 × 4.6	MLC
AIRSAR	日本广岛湾	4391 像素×2535 像素	3.3 × 4.6	MLC

2.2.1.4　实验结果与分析

在目标检测任务中，检测结果可以分为 4 类：TP（True Positive）、FP（False

Positive）、FN（False Positive）和 TN（True Negative），TP 表示正确检测到的真实目标，FP 表示检测到的虚假目标，FN 表示未被正确检测到的真实目标，TN 表示正确检测到的虚假目标。定量评价目标检测效果的指标包括如下几种。

（1）准确率（Precision），表示真实目标实际被正确检测到的概率，等于检测到的真实目标数目与检测到的目标总数目的比值。

$$Precision = \frac{TP}{TP + FP} \tag{2-2}$$

（2）召回率（Recall），又称查全率，表示实际真实目标被全部检测出的概率，等于检测到的真实目标数目与实际真实目标总数目的比值。

$$Recall = \frac{TP}{TP + FN} \tag{2-3}$$

（3）虚警率（False Alarm Rate, FAR），表示虚假目标的检测概率，等于检测到的虚假目标数目与检测到的目标总数目的比值。

$$FAR = \frac{FP}{TP + FP} \tag{2-4}$$

（4）漏检率（Missing Detection Rate, MDR），表示真实目标未被检测出的概率，等于未被检测出的真实目标与实际真实目标总数目的比值。

$$MDR = \frac{FN}{TP + FN} \tag{2-5}$$

（5）平均准确率（Average Precision, AP），由于噪声等干扰因素，准确率和召回率（虚警率和漏检率）不能同时获得最佳值，通常是在保证一定召回率（漏检率）的情况下，使得准确率最高（虚警率最低）。以 Precision 和 Recall 分别作为 x 和 y 轴坐标，选取不同阈值所对应的 Precision 值和 Recall 值就构成了 P-R 曲线，Precision 值越高，Recall 值越低。AP 值是 P-R 曲线包围区域的面积，通常一个分类器越好，其 AP 值就越高。有时也采用多个验证数据集的 AP 值的平均值，称之为 mAP（Mean Average Precision），mAP 的大小在[0,1]区间，其值越大越好。

为了评估所提算法性能，实施以下 3 组实验来验证：① 与 SOTA 卷积神经网络目标检测算法对比，与 RetinaNet[4]、YOLOv4[5]、Faster R-CNN[6]、R-FCN[7]、FCOS[8]

及 CenterNet[9]等代表性的单双阶段以及 Anchor-free 算法对比,以验证 DCCNN 的综合性能优势;② 消融实验组,分别验证 DCCNN 输入数据表征的合理性,以及训练策略与数据集尺度变化的影响;③ 与基于 CFAR 的 Rs、DBSP 进行对比,以验证 DCCNN 的实用性。

（1）DCCNN 与当前主流的 CNN 算法的性能进行对比实验

DCCNN 与对比算法采用的骨干网络、参数量、预训练以及 FPN 如表 2-3 所示,其中,DCCNN*表示以级联 ResNet50 作为骨干网络。全极化 SAR 两组输入数据表征之间的一一对应关系,不采用任何改变目标像素坐标的数据增强策略,且为了消除 LS-SSDD 所带来的影响,除了 DCCNN 与 DCCNN*,对比算法均采用 LS-SSDD 初始化模型以获得预训练权重,并在 PSDD 上微调。需要注意的是,这些对比算法的输入数据的维度被改变以保证算法可以接受 OSPAN 与 P_6 输入,将其组织为多维矢量数据包以保证算法对比的公平性。这里还可以看出,DCCNN 虽然在参数量上不具备优势,但是其对全极化 SAR 数据的需求在单极化 SAR 幅值/能量数据充足且可获取的条件下,只取决于 PFENet 特征提取网络的复杂度,且相较于 DCCNN*参数量减少了近一半。

表 2-3　DCCNN 与对比算法采用的骨干网络、参数量、预训练以及 FPN

算法	骨干网络	参数量（×10⁶）	预训练	FPN（PAN）
RetinaNet	ResNet50	36.35	√	√
YOLOv4	CSPDarknet	63.94	√	√
Faster R-CNN	VGG19	28.24	√	√
R-FCN	ResNet50	28.12	√	√
FCOS	ResNet50	25.16	√	√
CenterNet	ResNet50	32.67	√	√
DCCNN*	ResNet50	56.25	×	√
DCCNN	BGFENet/PFENet	30.11	×	√

在训练超参数设置上,DCCNN 的 3 个训练阶段包含 90 个 epoch,每个 epoch 迭代 1000 次,设置前 40 个 epoch 初始学习率为 0.001,最后的 50 个为 0.0005,批次、动量、学习率衰减分别设置为 1、0.9、0.0005,DCCNN*与其保持一致。RetinaNet、YOLOv4、Faster R-CNN、R-FCN、FCOS 以及 CenterNet 的训练周期数量与 DCCNN

一致，前 45 个周期设置初始学习率为 0.001，后 45 个周期设置为 0.0005，其他超参数与 DCCNN 保持一致。图 2-10 展示了算法性能，DCCNN 每个阶段的散点损失如图 2-10（a）所示，对比算法的 P-R 曲线如图 2-10（b）所示。

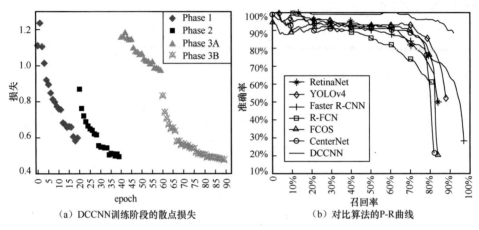

（a）DCCNN训练阶段的散点损失　　　　（b）对比算法的P-R曲线

图 2-10　算法性能

PSDD 所构造的测试集包含了 112 个影像切片，总计 356 个真值目标，DCCNN 与其他算法的检测指标对比如表 2-4 所示。从表 2-4 中可以看出，DCCNN 在召回率（Recall）、F1 分数（F1 Score）以及 AP 指标上都远远超过了其他算法，即使是准确率（Precision）指标，相较于 LSDNet 也提升明显，且 DCCNN 的 AP 明显高于其他算法也证明了其性能优越。

表 2-4　DCCNN 与其他算法的检测指标对比

算法	TP	FP	Recall	Precision	F1 Score	AP
RetinaNet	227	25	63.76%	90.08%	75%	76.38%
YOLOv4	163	14	45.79%	92.09%	61%	81.48%
Faster R-CNN	321	187	90.17%	63.19%	74%	83.93%
R-FCN	295	181	82.87%	61.97%	71%	71.87%
FCOS	250	29	70.22%	89.61%	79%	76.02%
CenterNet	233	26	65.45%	89.96%	76%	73.44%
DCCNN	328	48	92.13%	87.23%	90%	90.72%

　　此外，相比于在 LS-SSDD 上的表现，Faster R-CNN、R-FCN、CenterNet 等算法的 Recall 在 PSDD 构造的测试集上均有明显的提升，这在一定程度上归结于输入极化信息的影响，网络可以通过更丰富的信息来达到检出小目标的目的。在数据集规模进一步缩减的情形下，Faster R-CNN 在 Precision 与 Recall 上呈现出两极现象，最有可能的原因是算法在小规模数据集的支持下实现了局部拟合，算法的信息容量并没有被完全挖掘，相比之下，DCCNN 则表现出了良好的适应能力。DCCNN 与部分算法的舰船检测可视化结果如图 2-11 所示，展示了算法 YOLOv4、R-FCN、CenterNet 和 DCCNN 在 PSDD 构造的测试集上舰船检测的可视化结果（单阶段、双阶段、Anchor-free 算法类各选取一个以便节省空间）。其中，图 2-11（a）中绿色矩形框为舰船目标真实标注，图 2-11（b）～（e）中矩形框为算法的检出结果，红色与黄色椭圆分别代表漏检与虚警。所选择的测试切片影像包含多样化的场景，如近岸密集排列的船、远海受强杂波干扰的船以及处于复杂海况的目标分布场景。可见 DCCNN 的虚警更少，对于陆地背景干扰具有很好的抑制效果，对于似船目标以及幽灵船，其鉴别能力也非常出色。相反，其他算法结果鉴别能力较弱，特别是 R-FCN 与 CenterNet，其检测结果中出现了大量的漏检与虚假目标。以上结果分析证明，DCCNN 算法以 PolSAR 影像为支撑，对于提升复杂场景的舰船检测性能有显著的效果，极化信息的应用具有十分可期的前景与潜力。

　　（2）消融实验

　　这里验证数据表征的合理性以及训练策略与数据集尺度变化的影响，不同输入特征的性能对比如表 2-5 所示，列出了各种算法以不同特征表征为输入所取得的性能，同一算法不同输入特征的性能对比如图 2-12 所示，以直方图的形式直观地呈现了这一对比结果。其中，LSDNet 分别以 HV、SPAN、OSPAN 为输入，OSPAN 取得了最优性能，细微的性能差异性反映了输入特征的特性，例如，算法基于 SPAN 的 Recall 比 HV 高 1.12 个百分点，而 Precision 比 HV 低 3.08 个百分点，这可以归结于 SPAN 代表了所有通道的能量和便于检出目标，而 HV 具有更好的信杂比，容易鉴别目标。DCCNN 分别以 OSPAN + OSPAN 与 OSPAN + P_6 为输入，OSPAN 与 P_6 的组合明显具有更好的性能，充分证明了 P_6 所带来的性能收益，同时也说明了基于极化相干矩阵获得的 OSPAN 与 P_6 表征形式在引入更为完整的极化信息的同时，很好地保留了特征的通用性，这使得算法在多个场景下具有优秀的泛化性能。

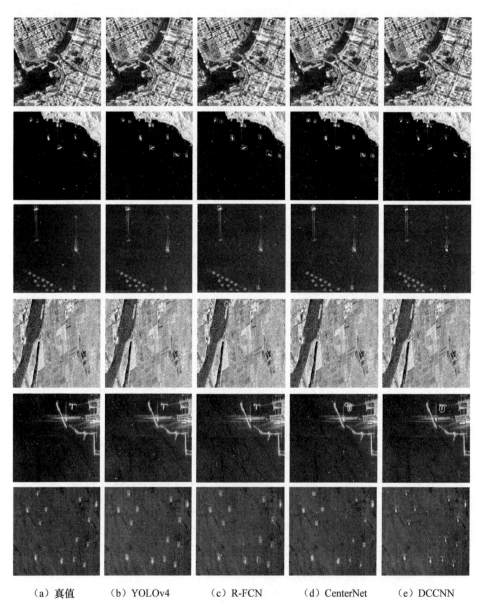

　　（a）真值　　　　（b）YOLOv4　　　　（c）R-FCN　　　　（d）CenterNet　　　　（e）DCCNN

图 2-11　DCCNN 与部分算法的舰船检测可视化结果

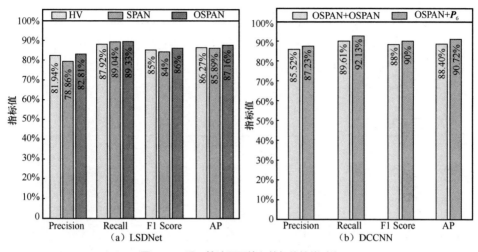

图 2-12　同一算法不同输入特征的性能对比

表 2-5　不同输入特征的性能对比

算法	输入	Recall	Precision	F1 Score	AP
LSDNet	HV	87.92%	81.94%	85%	86.27%
	SPAN	89.04%	78.86%	84%	85.89%
	OSPAN	89.33%	82.81%	86%	87.16%
	OSPAN+P_6	90.45%	83.85%	87%	88.19%
DCCNN*	OSPAN+P_6	82.58%	67.43%	74%	76.47%
DCCNN	OSPAN+OSPAN	89.61%	85.52%	88%	88.40%
	OSPAN+P_6	92.13%	87.23%	90%	90.72%

训练策略与数据集尺度变化的影响量化如图 2-13 所示。图 2-13（a）展示了 DCCNN 在不同训练策略下的性能对比，可见，所设计的二元级联结构与训练策略相结合可以有效地缓解 PolSAR 数据短缺的问题，普通策略指常规的迁移学习策略，即前 20 个周期采用以 LS-SSDD 为输入的 BGFENet 预训练，后 70 个周期采用以 PSDD 为输入的 DCCNN 微调，分别对比两种训练策略下 DCCNN 所取得的 Precision、Recall、F1 Score、AP 指标。可见，三阶段训练策略实现了 5.66 个百分点的 Precision 以及 1.4 个百分点的 Recall 提升，DCCNN 的参数量不算小，这里所设计的训练策略将 BGFENet 与 PFENet 的特征提取过程分离，使得 BGFENet 的训练不受小规模 PolSAR 样本限制，而 PFENet 足够轻量，很容易在现有的 PolSAR 数据量支持下完成训练而使得 DCCNN 取得不错的拟合效果。

图 2-13（b）展示了 DCCNN 在不同数据集规模下的性能，实线与虚线分别代表 LSDNet 与 DCCNN 在全极化 SAR 数据集分别衰减至原来的 3/4、2/4 和 1/4 时所取得 F1 Score 与 AP 指标，很容易观察到数据集的尺度衰减对于 LSDNet 有显著的影响，而 DCCNN 性能则下降缓慢，在 PolSAR 样本短缺的条件下也能取得很好的鲁棒性。

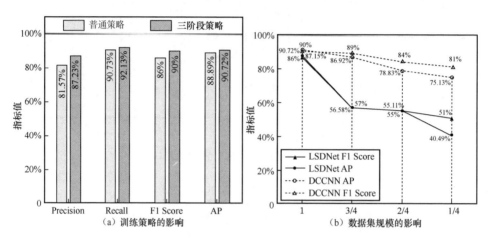

图 2-13　训练策略与数据集尺度变化的影响量化

（3）DCCNN 与基于 CFAR 的 DBSP、Rs 的对比实验

传统的 CFAR 算法在 PolSAR 舰船检测中应用最为广泛，将 DCCNN 与基于 CFAR 的 DBSP[10] 以及 Rs[11] 在 3 个全极化 SAR 大场景影像上进行性能比较。测试场景包含了远海高海况场景、近岸港口场景以及近岸强杂波干扰场景。基于 CFAR 的 DBSP、Rs 以及 DCCNN 的 3 个测试场景检测指标对比如表 2-6 所示，统计了基于 CFAR 的 DBSP、Rs 及 DCCNN 在 3 个场景的检测指标 Recall、Precision、F1 Score。其中，中国北海、中国台湾南部、阿曼湾分别包含了 11、94、136 个真实舰船目标，3 种测试场景的舰船检测可视化结果如图 2-14 所示，其中红色与黄色椭圆表示漏检与虚警，其他为检出目标。

从表 2-6 可以看出，基于 CFAR 的 DBSP 与 Rs 在中国北海与中国台湾南部两个测试场景上表现出了显著的差异性，基于 CFAR 的 DBSP 在中国北海场景表现相对较好，在检测弱目标上具有优势，然而遇到密集排列的舰船目标分布场景时，性能下降显著，其 Recall 仅为 58.51%。相比之下，基于 CFAR 的 Rs 在中国台湾南部获得了相当不错的结果，但在中国北海上则出现了过多的虚警，其准确率极低，仅为 28.57%。两种基于 CFAR 的算法在阿曼湾场景性能都很不错，而 DCCNN 在 3 种测试场景的综合指标 F1 Score 最高，这也充分证明了 DCCNN 有更好的场景适应性，且 DCCNN 不需要经历陆地背景掩膜、统计建模、滑动窗口等预处理流程，其检测效率也更高。

表 2-6　基于 CFAR 的 DBSP、Rs 以及 DCCNN 的 3 个测试场景检测指标对比

测试场景	算法	掩膜	Recall	Precision	F1 Score
中国北海	DBSP	—	72.73%	100%	84.21%
	Rs	—	**90.91%**	28.57%	43.48%
	DCCNN	—	81.82%	**100%**	**90.00%**
中国台湾南部	DBSP	√	58.51%	**100%**	73.82%
	Rs	√	91.49%	95.56%	93.48%
	DCCNN	×	**94.68%**	97.80%	**96.21%**
阿曼湾	DBSP	√	93.38%	98.45%	95.84%
	Rs	√	92.65%	**100%**	96.18%
	DCCNN	×	**97.06%**	97.78%	**97.42%**

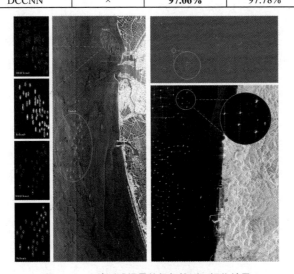

图 2-14　3 种测试场景的舰船检测可视化结果

从可视化检测结果来看，无论是远海还是近岸，DCCNN 都取得了令人满意的结果，对于弱目标的检测，几乎没有虚警，一些漏检的目标也属于淹没在杂波背景中的类型；对于密集排列的小目标以及受强杂波干扰的目标的检测，DCCNN 能够有效地限制虚警并获得较为精确的预测锚框位置。对于基于 CFAR 的 DBSP 与 Rs，两组采

样的切片检测结果表明了 DBSP 的漏检过多以及 Rs 的模型拟合相对较差。CFAR 算法的特征选取与统计建模过程易受到复杂多变的海洋环境影响，特别是在一些高海况下，杂波分布模型的选取往往具有局限性，目前尚不能找到一种杂波分布模型来描述所有场景，这也从侧面说明了 DCCNN 的优势，其在复杂多样化的场景中具有优于 CFAR 类算法的实用性。

2.2.2　基于互学习的多光谱多方向舰船目标融合检测模型

多光谱遥感图像是一类重要的卫星遥感数据，但受其空间分辨率限制，目标细节较模糊，检测精度相对较低，很少单独用于目标检测中，对多光谱遥感图像目标检测的研究也相对较少。但是，光谱信息在一定程度上能够弥补空间信息的不足，图像融合技术为提高多光谱图像检测精度提供了有效途径。在自然场景图像的目标检测中，可见光图像与红外图像优势互补，常常配合用于目标检测。可见光相机和红外相机同时拍摄同一场景的图像可以认为是多通道图像，针对这类多通道图像目标检测，研究人员提出了一些有效的融合策略。例如，Liu 等[12]利用 CNN 同时提取可见光波段与红外波段图像特征，采用输入融合、前期融合、中期融合、后期融合等策略，将 CNN 不同阶段的特征融合起来，并利用融合特征进行检测；Li 等[13]根据可见光和红外图像各自的优势，设计了一个根据光照条件自适应确定权重的模块来对可见光图像和红外图像的检测结果进行加权融合；Osin 等[14]则进一步设计了更具体的多通道融合规则用于检测。这些工作都提高了多通道图像目标检测的精度，为多光谱图像目标检测提供了启发，但总的来说，融合策略比较简单，提升效果有限。

多光谱图像各通道描述的是同一时间下的同一场景，有许多共同的信息，但不同波段各有特点，因此也存在一些差异甚至互补信息，如何最大限度地应用光谱间的这些信息是提高多光谱图像目标检测精度的关键。本节提出了一种基于互学习的多光谱多方向舰船目标融合检测模型，利用多光谱图像的光谱优势来弥补空间信息不足引起的检测精度降低问题。

2.2.2.1　模型整体框架

在利用多光谱图像光谱信息时，常规做法是选取其中某 3 个通道合成彩色图像，或将多个通道降维至 3 个通道，但是这两种做法均会造成信息损失。本节在互学习的基础上，提出了光谱子通道特征融合和子波段互学习两种融合范式，分别实现了对光谱信息的显式和隐式利用。

模型互学习（Mutual Learning）[15]的设计思想源于模型知识蒸馏（Knowledge Distillation）[3,16]。知识蒸馏引入训练好的复杂度高但推理性能强的教师网络（Teacher Network）引导复杂度低的学生网络（Student Network）的训练，从而实现教师网络到学生网络的知识迁移，即通过增加软目标（Soft Target）来辅助实现硬目标（Hard Target，即模型的最终目的，如分类）。互学习则探索了让两个或多个未训练的学生网络在联合训练中相互学习，在监督学习硬目标的基础上，增加了减小模型间的 K-L 散度这一软目标，在整体损失中添加额外的模仿损失（Mimic Loss）使模型更好地训练，从而提升分类网络的精度[15]。

受以上工作启发，在多光谱目标检测中，各通道可以通过特征融合的策略实现信息共享，并通过设置额外的软目标辅助各通道子网络的独立训练，实现光谱特征的隐式利用。因此本节提出基于互学习的多光谱多方向舰船目标融合检测模型，充分利用多光谱图像的光谱信息来提高多光谱图像、多方向舰船目标的检测精度。基于互学习的多光谱多方向舰船目标融合检测模型架构如图 2-15 所示，以四通道多光谱图像为例，在此融合架构中，多光谱图像各通道相对独立地进行目标检测，其中子波段融合体现在两个位置：一是特征提取网络中的多通道特征融合部分，实现光谱信息的交融；二是训练中针对多通道检测结果设置的模仿损失，实现光谱信息的隐式利用。

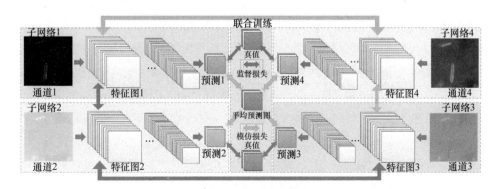

图 2-15　基于互学习的多光谱多方向舰船目标融合检测模型架构

2.2.2.2 光谱特征融合

特征融合已被广泛应用于多通道图像的目标检测中，其有效性得到了充分的验证。现有工作的融合方法主要包括输入融合、前期融合、中期融合、后期融合 4 种融合架构，现有特征融合方法结构如图 2-16 所示[1]。其中，$C1 \sim C6$ 代表卷积模块，不同的特征通过串联或并联的方式进行融合。

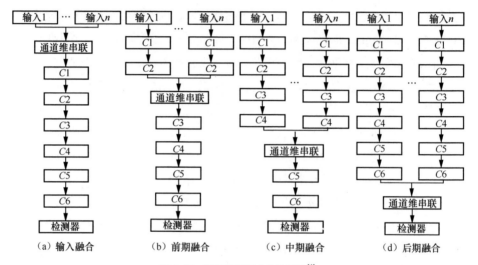

图 2-16　现有特征融合方法结构[1]

本节提出一种新的光谱特征融合方法，以第一通道的融合过程为例进行说明，框架如图 2-17 所示。与现有融合方法不同的是，首先，现有融合方法通常只对两个输入通道（可见光图像与红外图像）进行融合，将可见光 3 个波段视为一个图像，而本节方法对 4 个光谱通道训练的特征进行融合；其次，现有融合方法的融合目的是"合而为一"，将多个分支融合到一个分支里，而本节方法则保持了 4 个分支的独立性，融合是为了获取来自其他通道的信息，融合后，4 个分支仍相互独立地进行训练。

若参与特征融合的子网络分别为 S_1、S_2、S_3、S_4，以 S_1 处的特征融合为例进行说明。首先，来自其余 3 个子网络的特征图在通道维度进行连接，然后通过 1×1 卷积将通道数调整为 S_1 对应特征图的通道数，将调整后的融合特征图与 S_1 特征图在通道维进行连接，并再次通过 1×1 卷积将通道数调整为 S_1 原来的通道数。这样，来自其他 3 个子网络的信息被添加到 S_1 中，同时还保持了 S_1 原通道信息的主体地位。图 2-17 中，对第二个卷积模块的特征进行融合。所提的融合方法可以在任意位置进行，最佳融合位置将在实验中进行验证。

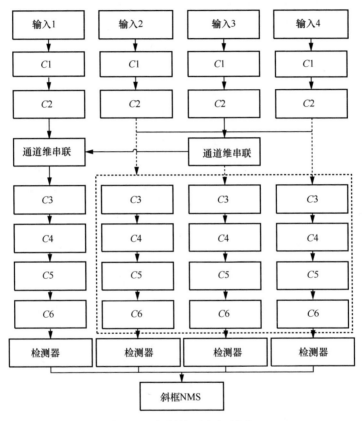

图 2-17　光谱特征融合方法框架

2.2.2.3　模仿损失

由于多光谱图像各通道之间存在差异，各自训练的网络检测结果也会有差异。但是，它们描述的场景是一样的，检测结论也应该是一致的。为了使模型的鲁棒性更高，设计"模仿损失"作为软目标加入模型整体损失中，引导各通道训练的子网络进行互学习，减小子网络检测结论的 L1 距离，尽量得出统一的检测结论。各子网络"模仿"的对象为全部子网络的"平均"检测结果。

假设对于子网络 $S_i(i=1,2,3,4)$，其预测输出为中心点预测图 $\widehat{Y}_i$、中心点偏移预测图 $\widehat{O}_i$ 以及斜框尺寸方向预测图 $\widehat{P}_i$，则平均中心点预测图 $\overline{Y}$、平均中心点偏移预测图 $\overline{O_{p_{\text{off}}}}$ 以及平均斜框尺寸方向预测图 $\overline{P_{\overline{w},\overline{h},\overline{\theta}}}$ 定义为：

$$\overline{Y}=\frac{1}{C}\sum_{i=1}^{C}\widehat{Y}_i \tag{2-6}$$

$$\overline{O_{p_{\text{off}}}}=\frac{1}{C}\sum_{i=1}^{C}\widehat{O}_{\widehat{p}_{i\_\text{off}}} \tag{2-7}$$

$$\overline{P_{\overline{w},\overline{h},\overline{\theta}}}=\frac{1}{C}\sum_{i=1}^{C}\widehat{P}_{i\_\widehat{w},\widehat{h},\widehat{\theta}} \tag{2-8}$$

其中，$\overline{w},\overline{h},\overline{\theta}$ 分别表示 n 个光谱通道预测的检测框的宽、高、角度的平均值，C 是多光谱图像的通道数。模仿损失定义为各子网络预测图与平均预测图的 L1 损失之和。

$$L_{\text{m}}=L_{\text{m\_c}}+L_{\text{m\_o}}+L_{\text{m\_s}} \tag{2-9}$$

$$L_{\text{m\_c}}=\frac{1}{C}\sum_{i}\left(\left|\widehat{Y}_i-\overline{Y}\right|\right) \tag{2-10}$$

$$L_{\text{m\_o}}=\frac{1}{N}\sum_{p}\left(\left|\widehat{p}_{i\_\text{off}\_x}-\overline{p}_{\text{off}\_x}\right|+\left|\widehat{p}_{i\_\text{off}\_y}-\overline{p}_{\text{off}\_y}\right|\right) \tag{2-11}$$

$$L_{\text{m\_s}}=\frac{1}{N}\sum_{p}\left(\left|\widehat{w}_i-\overline{w}\right|+\left|\widehat{h}_i-\overline{h}\right|+\left|\widehat{\theta}_i-\overline{\theta}\right|\right) \tag{2-12}$$

其中，与模型 Z 中的中心点偏移预测损失 L_{off}、斜框参数预测损失 L_{size} 一样，$L_{\text{m\_o}}$ 和 $L_{\text{m\_s}}$ 也仅在包含目标中心点的位置对训练产生影响。这样，模型的训练不仅受检测损失的影响，还受以上模仿损失约束，增加了学习目标，减小了各子通道检测结果的差异，实现了对光谱信息的"隐式"利用，从而提高各子通道检测结果的鲁棒性，提高模型整体检测精度。

整个模型的训练损失为多光谱图像各子通道的检测损失与模仿损失之和。

$$L_{\text{whole}}=\sum_{i=1}^{C}L_{\text{det}}+\lambda_{\text{m}}L_{\text{m}} \tag{2-13}$$

其中，λ_m 为模仿损失权重。

在测试中，采用斜框的非极大值抑制（NMS）算法对重叠检测框进行取舍，对各子通道的检测结果进行融合以避免重复检测。定义两个斜框的交并比（IOU），斜框 IOU 如图 2-18 所示，定义为：

$$\mathrm{IOU}_{B_1,B_2} = \frac{S_{B_1 \cap B_2}}{S_{B_1 \cup B_2}} = \frac{S_2}{S_1 + S_2 + S_3} \tag{2-14}$$

其中，B_1、B_2 代表两个斜框，S 代表图 2-18（a）中对应区域的面积。

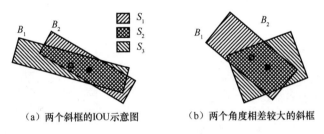

（a）两个斜框的IOU示意图　　　　（b）两个角度相差较大的斜框

图 2-18　斜框 IOU

根据 NMS 算法原理，只要两个检测框的 IOU 大于一定阈值，即认为二者对应的是同一个目标，需要通过一定规则舍弃其中一个检测框。但是如图 2-18（b）所示，当两个矩形框的方向差别比较大时，即使两个斜框的 IOU 较大，也不能认为检测的是同一目标。因此，设计斜框 NMS 规则如下：设置 IOU 阈值 ϕ_{IOU}、角度差阈值 ϕ_θ，对于两个存在重叠区域的检测框，先计算其交并比，如果交并比大于 ϕ_{IOU}，计算其方向角度差值，如果差值小于 ϕ_θ，则舍弃中心点概率预测得分较低的目标框。

2.2.2.4　实验结果与分析

本节利用自主构建的多光谱图像舰船目标检测数据集 MSSDD（Multi-Spectral Ship Detection Dataset）验证基于中心点的多方向舰船目标检测模型[18]（以下称为模型 Z）与本节所提基于互学习的多光谱多方向舰船目标融合检测模型的有效性。

（1）数据集介绍与实验设置

下面对本节构建的 MSSDD 进行详细介绍。目前很多卫星平台都可以提供多光谱数据，但针对舰船目标检测的带有舰船位置标签的多光谱数据集鲜有相关工作。

选取 GF-1、GF-2 卫星拍摄的含有舰船目标的多光谱图像进行标注，构建了一个新的多光谱舰船目标检测数据集 MSSDD。数据集主要选取国内外港口图像，并将图像裁剪为 256 像素×256 像素的切片，选取其中有舰船目标的切片图像进行标注，共计 2280 张图片。多光谱图像共有 4 个波段，分别为蓝光（B）波段、绿光（G）波段、红光（R）波段、近红外（NIR）波段，各通道图像保存为 ".tiff" 格式文件。图像空间分辨率分别为 4 m（GF-2）和 8 m（GF-1），成像场景主要包括水面舰船、靠岸舰船两大类，成像天气分为无云、少云、多云，光照条件多样。MSSDD 部分典型场景的图像样例如图 2-19 所示，其中从左到右依次为蓝光、绿光、红光、近红外波段。

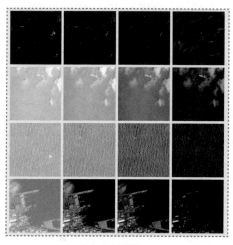 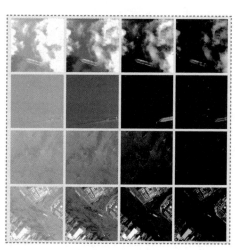

（a）GF-1图像   （b）GF-2图像

图 2-19　MSSDD 部分典型场景的图像样例

对数据集中共计 4172 个舰船实例进行标注，采用有向目标边框（OBB）标注方法，文件给出了舰船目标最小外接矩形的 4 个顶点坐标。每张图像对应一个标签文件，文件格式为 ".xml"。MSSDD 标注信息示意图如图 2-20 所示。

MSSDD 数据集的特点如下。

① 保留了多光谱遥感图像的光谱信息。目前大部分光学遥感图像目标检测数据集都由全色图像或可见光彩色图像构成，而 MSSDD 全部由四波段多光谱图像构成，各波段图像可单独提取出来，可以利用光谱信息辅助舰船目标的检测。

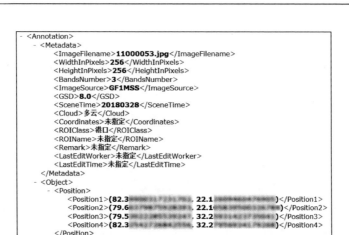

图 2-20　MSSDD 标注信息示意图

② 数据集具有多样性。该数据集包含多场景、多海况、多光照环境、多天气条件下的图像，图像中的舰船目标数量、排列分布、尺度等各不相同。数据集的多样化有助于训练鲁棒性更好的深度学习模型。

③ 图像空间分辨率相对较低。与其他遥感图像目标检测数据集相比，MSSDD空间分辨率相对较低。但是，光谱信息在一定程度上能够弥补空间信息的不足。

在测试集与训练集划分上，MSSDD 随机选择 500 张图像作为测试集，其余 1780 张图像作为训练集，测试集与训练集比例约为 1:4。在训练中，需要将训练图像空间大小调整为 512 像素×512 像素。

实验平台为搭载了 64 位 Ubuntu 16.04 操作系统的计算机，显卡型号为 NVIDIA GTX2080Ti，使用 CUDA10.0 和 cuDNN7.0 进行加速。编程语言为 Python，并使用 PyTorch 深度学习框架编写代码。在实验中，中心点预测分支中逻辑回归损失惩罚系数 α 、 β 的设置参考文献[17]中常规目标检测模型 CenterNet 的实验设置，取 $\alpha = 2$ 、 $\beta = 4$ 。参数 R 代表原图到预测图的降采样率， R 取值小有利于密集目标检测，但计算负担大；取值大能够减少计算量，但降低了检测精度。为平衡检测效率与精度，本实验取 $R = 4$ 。此外，训练中迭代次数设为 300 次，初始学习率设为 0.001，每迭代 50 次学习率下降 50%。

本节采用的检测模型为模型 Z，首先测试适合 MSSDD 的最佳网络参数设置，然后利用模型简化测试验证本节所提模型中两部分融合方法的有效性，最后将本节所提模型与其他公开的融合检测方法进行对比。

（2）模型参数对检测结果的影响

首先，验证模型 Z 的两类参数（卷积核尺度以及 3 类损失的相对权重）对检测结果的影响，从而确定适合 MSSDD 数据的参数并验证模型 Z 的有效性。本组实验中，不对多光谱图像进行融合，直接将四通道图像整体输入检测网络中。

① 损失权重参数分析

模型 Z 中共有 3 类损失：中心点判别损失、中心点偏移损失以及斜框参数预测损失，3 类损失之间的比重通过中心点偏移损失权重 λ_{off}、斜框参数损失权重 λ_{size} 调节。本组实验固定检测分支的卷积核大小为 $k = 3$，选取 7 种典型损失比例进行实验，3 类损失权重比分别为：1:1:1（$\lambda_{\text{off}} = \lambda_{\text{size}} = 1$）、2:1:1（$\lambda_{\text{off}} = \lambda_{\text{size}} = 0.5$）、1:2:1（$\lambda_{\text{off}} = 2, \lambda_{\text{size}} = 1$）、1:1:2（$\lambda_{\text{off}} = 1, \lambda_{\text{size}} = 2$）、1:2:2（$\lambda_{\text{off}} = 2, \lambda_{\text{size}} = 2$）、2:1:2（$\lambda_{\text{off}} = 0.5, \lambda_{\text{size}} = 1$）、2:2:1（$\lambda_{\text{off}} = 1, \lambda_{\text{size}} = 0.5$），7 种设置下 3 类损失比重可视化如图 2-21 所示，不同损失权重设置下的检测结果如表 2-7 所示。

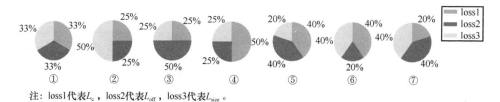

注：loss1 代表 L_{c}，loss2 代表 L_{off}，loss3 代表 L_{size}。

图 2-21　7 种设置下 3 类损失比重可视化

表 2-7　不同损失权重设置下的检测结果

序号	参数设置	Precision	Recall	AP
①	$\lambda_{\text{off}} = 1, \lambda_{\text{size}} = 1$	0.6992	0.7413	0.6286
②	$\lambda_{\text{off}} = 0.5, \lambda_{\text{size}} = 0.5$	0.7088	0.7265	0.6360
③	$\lambda_{\text{off}} = 2, \lambda_{\text{size}} = 1$	0.7122	0.7303	0.6261
④	$\lambda_{\text{off}} = 1, \lambda_{\text{size}} = 2$	0.6836	0.6831	0.5751
⑤	$\lambda_{\text{off}} = 2, \lambda_{\text{size}} = 2$	**0.7152**	0.6618	0.5544
⑥	$\lambda_{\text{off}} = 0.5, \lambda_{\text{size}} = 1$	0.6896	0.7252	0.6249
⑦	$\lambda_{\text{off}} = 1, \lambda_{\text{size}} = 0.5$	0.7038	**0.7434**	**0.6404**

注：最佳结果加粗表示。

从表 2-7 可以看出，7 种设置中，设置⑦取得了最高的 AP 值与召回率，与其他设置相比，此权重设置下，斜框参数预测损失所占的比重最小，而与中心点生成相关的两类损失所占比重比较大。此外，设置②取得了次优的 AP 值，此设置下，同样是斜框参数预测损失比重相对较小。AP 值最差的为设置⑤，此设置下，中心点判别损失所占比重最低。原因归结为两方面：首先，中心点的准确检测是整个模型准确检测的基础，因此，与中心点生成相关的两类损失所占比重应当大一些，对应地，斜框参数预测损失的比重应当适量减小；其次，训练中斜框参数预测损失的数值要大于中心点判别损失与中心点偏移损失，此时，若对斜框参数预测损失赋予太大权重，会导致网络过于关注斜框参数预测而忽略中心点生成，从而影响整个网络的检测精度。因此，检测损失权重设为第 7 种设置方式。

② 检测分支卷积核大小对检测的影响

设置 $\lambda_{\text{off}} = 1$、$\lambda_{\text{size}} = 0.5$，然后分别将检测分支卷积核大小设置为 3、5、7，测试不同卷积核尺度下的检测效果。检测分支不同卷积核设置下的检测结果如表 2-8 所示。

表 2-8　检测分支不同卷积核设置下的检测结果

卷积核设置	Precision	Recall	AP
$k = 3$	0.7038	**0.7434**	0.6404
$k = 5$	**0.7136**	0.7285	**0.6480**
$k = 7$	0.7122	0.7285	0.6216

注：最佳结果加粗表示。

从表 2-8 中可以看出，当 $k=5$ 时，模型取得了最高的 AP 值、准确率；当 $k=3$ 时，模型取得了最高的召回率；而 $k=7$ 时，整体效果最差，说明对 MSSDD 中的目标来说，检测分支的卷积核感受野不宜太大，因此，取 $k=5$。

（3）融合模型简化测试

从上组实验（卷积核实验）可以看出，直接在多光谱图像数据集上进行舰船目标检测，取得的最高 AP 值仅为 64.80%，精度并不理想。在接下来的实验中，在模型 Z 的基础上添加第 2.2.2.2 节所提光谱特征融合方法，来验证所提特征融合方法的效果。实验采用模型简化测试的思想，分别测试特征融合方法与模仿损失的效果。其中，本组实验中模仿损失的权重 λ_{m} 设为 1。首先，建立通道融合的基准模型用于效果比较。基准模型的通道融合思想是利用多光谱图像的 4 个通道，分别独立地训练 4 个检测子网络，然后对 4 个子网络的检测结果通过斜框 NMS 算法进行融合，测试融合结果的检测精度。然后，在基准模型基础上，加入模仿损失，测试模型的检测精度；在基准模型特征提取网络的不同位置（$C2$、$C3$、$C4$）依次加入特征融合方法进行训练，测试模型的检测精度；此外，还将不同位置的特征融合方法与模仿损失联合起来训练模型，测试模型的检测精度。需要说明的是，在进行特征融合时，不仅在一个节点处进行融合，还测试了两个节点同时融合（$C2+C3$、$C3+C4$）的检测效果。融合网络简化模型的检测结果如表 2-9 所示。

表 2-9　融合网络简化模型的检测结果

模型序列	融合位置	模仿损失	Precision	Recall	AP
1	—	×	52.66%	72.41%	49.52%
2	—	√	63.26%	79.80%	61.43%
3	$C2$	×	70.58%	74.90%	62.03%
4	$C2$	√	**71.96%**	**81.46%**	**72.68%**
5	$C3$	×	69.82%	75.28%	61.56%
6	$C3$	√	71.60%	81.30%	71.92%
7	$C4$	×	65.08%	72.69%	55.15%
8	$C4$	√	70.18%	80.01%	65.29%
9	$C2+C3$	×	62.94%	75.14%	56.85%
10	$C2+C3$	√	69.80%	76.38%	68.20%
11	$C3+C4$	×	50.62%	67.96%	44.82%
12	$C3+C4$	√	56.88%	70.18%	50.28%

注：最佳结果加粗表示。

　　分析实验结果可以看出，对于基准模型，与前文不采用融合的方法相比，整体 AP、召回率、准确率都下降了，原因在于 4 个子通道会得到不同的检测结果，简单将其融合起来，不能很好地"去伪存真"，导致准确率下降，受模型最大检测数量的限制，召回率并没有提高。基准模型中加入模仿损失后，检测精度提升很明显，AP 值提升了 11.91 个百分点，召回率提升了 7.39 个百分点，而与上组实验不采用融合的结果相比，召回率的提升也比较明显，但 AP 值并没有得到很好的提升。特征融合方法的加入也能提高基准模型的检测精度，其中 $C2$、$C3$ 位置的融合检测效果要优于 $C4$ 处的融合，单位置融合的效果要明显优于双位置融合。所提的特征融合方法在 $C2$ 处取得了最佳的检测 AP 值（62.03%）。特别地，当模仿损失与特征融合同时使用时，检测精度明显较单独使用其中一项提升明显。取得最高检测精度的模型使用了模仿损失与 $C2$ 处的特征融合，AP 值达到 72.68%，召回率为 81.46%。这说明，特征融合与模仿损失更适合配合使用，此外，特征融合更适合在特征提取网络的前端进行。

（4）融合模型参数分析

本组实验主要对本节所提模型中的参数——模仿损失与检测损失的相对权重 λ 进行讨论。在下面的实验中，特征融合均在 $C2$ 处进行，并使用模仿损失。模仿损失的权重分别设置为 0.2、0.5、1、2、5，不同模仿损失权重的检测结果如表 2-10 所示。从检测结果可以看出，模仿损失的权重不大于检测损失权重时，能够取得更好的检测结果。其中，当 $\lambda=0.5$ 时，得到最佳检测效果，其中 AP 值为 72.71%，召回率达 82.35%，相对于不采用光谱融合的模型，本节所提检测精度有了明显的提升。

表 2-10　不同模仿损失权重的检测结果

λ 设置	Precision	Recall	AP
0.2	72.38%	81.75%	72.13%
0.5	**72.56%**	**82.35%**	**72.71%**
1	71.96%	81.46%	72.68%
2	60.52%	47.96%	45.61%
5	55.81%	32.58%	28.52%

注：最佳结果加粗表示。

（5）融合方法与其他融合方法比较

本组实验将第 2.2.2.2 节所提的融合方法与已有的多通道图像融合策略进行对比，进一步分析所提融合方法的效果。其中，参与对比的方法有如图 2-16 所示的输入融合、前期融合、中期融合以及后期融合。这几种融合方法训练的模型测试结果与所提方法的最佳融合结果列于表 2-11 中。同时，还将这几类模型的运行速度即平均单张图像的训练和测试时间进行了比较。

从表 2-11 结果可以看出，图 2-16 所示的 4 种融合方法表现相差不大，其中前期融合的检测效果最好。与这些方法相比，第 2.2.2.2 节所提方法在召回率与 AP 指标下有明显的优势，其中 AP 比前期融合方法提高了 7 个百分点，召回率提高了 9.45 个百分点。但是由于所提方法中需要训练 4 个光谱子网络，不可避免地降低了方法的运行速度，其训练时间和测试时间是这几类方法中最长的。因此，所提方法需要进一步优化，如考虑采用轻量化的结构来提高方法运行的速度。

表 2-11　不同融合方法的检测结果

融合方法	Precision	Recall	AP	训练时间（ms）	测试时间（ms）
输入融合	71.37%	72.85%	64.80%	**102.2**	**37.5**
前期融合	**73.88%**	72.90%	65.71%	192.6	65.3
中期融合	72.52%	71.63%	63.65%	244.5	83.5
后期融合	73.68%	72.58%	65.42%	315.6	102.8
所提方法	72.56%	**82.35%**	**72.71%**	373.1	143.2

注：最佳结果加粗表示。

（6）与其他检测模型的比较

本组实验将模型 Z、本节所提模型与其他公开的多方向舰船目标检测模型进行对比，来验证所提模型的效果。其中参与比较的模型有 AMAR-SDD[19]、M-R2CNN[20]、R-DFPN[21] 及基于 YOLO 模型的 AO-SDF[22]。由于这些方法不是针对多光谱数据的，因此将其输入改为 4 通道来适应多光谱数据。各方法取文献中提到的取得最佳效果的设置方法。除了检测精度，还对各模型检测速度进行对比。不同方法检测结果列于表 2-12 中。

表 2-12　不同方法检测结果

模型	Precision	Recall	AP	训练时间（ms）	测试时间（ms）
AO-SDF	61.72%	55.62%	42.61%	**101.3**	**28.3**
AMAR-SDD	70.56%	54.89%	54.90%	206.7	71.4
M-R2CNN	70.28%	66.15%	61.26%	361.8	154.3
R-DFPN	71.81%	59.02%	58.62%	358.1	148.5
模型 Z	71.37%	72.85%	64.80%	102.2	37.5
本节所提模型	**72.56%**	**82.35%**	**72.71%**	373.1	143.2

注：最佳结果加粗表示。

从结果中可以看出，本节所提模型在这几类检测模型中有着明显的精度优势，但训练时间最长，测试时间也很长。说明本节所提模型能够较大提升检测精度，但同时也影响了检测的速度。因此，本节所提模型更适合对实时性要求不高的应用场景。

（7）检测结果展示与失败案例分析

下面对部分使用本节所提模型得到的多光谱图像舰船目标检测结果进行展示。

为更直观地显示效果，选取多光谱图像 4 个通道中的 3 个通道合成彩色图像，并将检测结果与对应的真值同时显示在图像中。为了展示多光谱图像的光谱信息，将目标真值边界框显示在由通道 1、通道 2、通道 3 合成的彩色图像中，将检测结果边界框显示在由通道 1、通道 2、通道 4 合成的彩色图像中。由于第 3 通道与第 4 通道的光谱差异，两类彩色图像目视效果不同。选取了海面舰船、靠岸舰船、稀疏分布舰船以及密集排列舰船等多场景，不同场景下检测结果样例如图 2-22 所示。

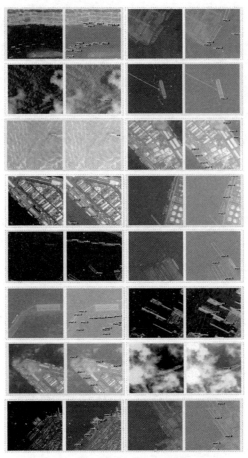

注：红框表示真值，绿框表示检测结果。

图 2-22　不同场景下检测结果样例

从图 2-22 中可以看出，本节所提模型对多种场景下多尺度多方向的舰船目标都有较精确的检测结果。但是与单波段高分辨率光学图像舰船目标检测相比，在多光谱图像舰船目标检测中，存在相对更多的失败案例。部分典型检测失败样例如图 2-23 所示。

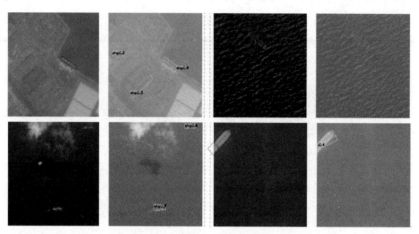

注：红框表示真值，绿框表示检测结果。

图 2-23　部分典型检测失败样例

从图 2-23 中可以看出，检测失败的案例主要有以下几种情况：第一列中误将陆上目标检测成舰船，第二列和第三列中云层干扰导致目标漏检，第四列中对舰船目标框角度、尺度回归不准确等。所提模型在特征表征、目标框精确回归等方面仍须改进。

2.3　基于卫星遥感图像的舰船目标分类与识别

2.3.1　基于属性与多级局部特征的卫星遥感图像舰船目标精细识别

2.3.1.1　模型整体框架

舰船目标识别旨在通过提取图像中的舰船目标空间特征，建立图像与舰船类别高级语义信息之间的联系，识别任务越精细，语义信息越复杂，对特征表征能力的要求越高。目标类间相似、类内差异是自然场景图像目标细粒度识别面临的主要挑战，而这一问题在卫星遥感图像舰船目标中尤为突出。高分辨率光学卫星遥感图像舰船样例如图 2-24 所示，在遥感图像的第三人称视角下，一般各类别舰船都有相似的形状，类间差异较小；但是，舰船的表面颜色、工作状态等属性因素却是多变的，即使同一类舰船，由于涂料不同，表面颜色会有较大的差异，同一艘船满载与空载状态下也会呈现出不同特征，因此，舰船的类内差异较大。对某些类别，如航母与渔船，仅利用尺度、长宽比、几何形态等简单的全局特征即可完成区分；但是对于护卫舰、驱逐舰，某些重点区域的局部细节特征是识别的关键。因此，对于舰船目标精细识别来说，全局特征和局部特征都是非常重要的。

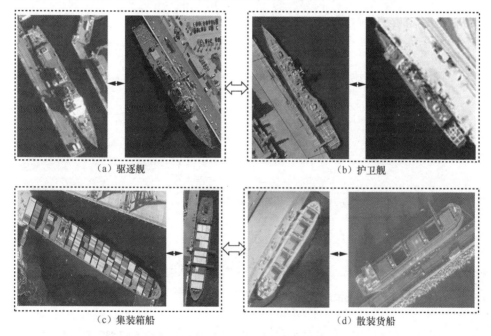

（a）驱逐舰　　　　　　　　　　　　　（b）护卫舰

（c）集装箱船　　　　　　　　　　　　（d）散装货船

图 2-24　高分辨率光学卫星遥感图像舰船样例

针对高分辨率光学卫星遥感图像舰船目标精细识别问题，本节提出了基于属性特征预测、多级局部特征增强的精细识别模型，模型框架如图 2-25 所示，图 2-25 中以 VGG16 为基准网络进行说明。尺度、长宽比、形状等全局几何特征可视为舰船目标的固有属性，不会随着舰船位置、拍摄环境、工作状态的改变而改变，本节称之为属性特征；但对于某些类间差异小的舰船，需要提取更高级、抽象的语义特征，而这也正是 CNN 模型所提取的深度卷积特征的优势[23-25]。属性特征可作为深度卷积特征的辅助信息，共同用于舰船精细识别。模型设置了两个 CNN 分支，其中属性特征预测分支负责预测舰船目标的长宽比属性，并以最后一个全连接层输出的特征向量为属性特征；多级局部特征增强分支主要处理特征提取网络所提取的深度卷积特征并将其作为视觉特征。最后，将属性特征与视觉特征联合用于后续的目标精细识别。

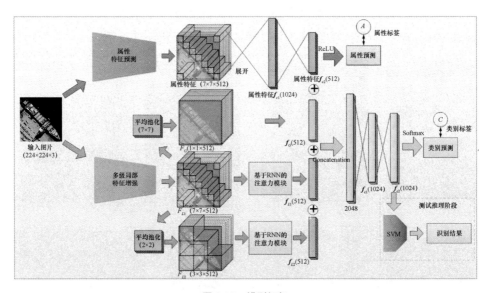

图 2-25　模型框架

2.3.1.2　属性特征预测分支

舰船目标的一些内在属性（如尺度、长宽比等）能够作为对视觉特征的有效信息补充，从而增强特征表征。研究人员在训练特征提取网络时采用了自监督学习的思想[26-27]，对图像进行旋转，并仅用旋转角度作为标签，训练网络预测图像的旋转角度，最终网络依然能够提取出具有较强分类能力的卷积特征。受此启发，若以舰船的某些属性为标签，训练网络预测该属性，则这样提取出的特征对精细识别也是有帮助的。在舰船目标的诸多属性中，尺度特征受图像分辨率影响大，形状特征不好统一描述，而长宽比特征不受图像空间分辨率影响，用一个数值即可说明，便于网络进行预测，此外，长宽比特征可以方便地通过多方向舰船目标斜框检测算法获取。因此，选用舰船的长宽比作为监督信息，训练网络提取目标属性特征。

图 2-25 中上方的属性特征预测分支负责属性预测及属性特征提取，该分支由 5 个卷积模块构成，结构类似于 VGG 网络，属性特征预测分支结构如图 2-26 所示。

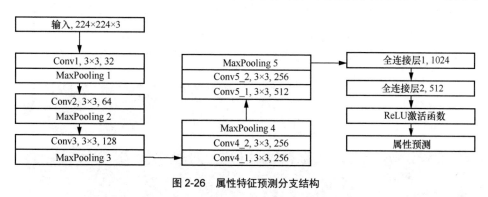

图 2-26　属性特征预测分支结构

分支的输入亦为整个网络的输入，即统一了尺度的图像，经过 5 个由 3×3 卷积算子、池化层共同构成的卷积模块后，输入两个全连接层，然后经过 ReLU 激活函数 $F(\boldsymbol{w}^{\mathrm{T}}\boldsymbol{x}+b)$，如式（2-12）所示，输出单数值的属性预测，各层的通道数（维度）如图 2-26 所示。由于最后一个全连接层输出的特征向量 $\boldsymbol{f}_{\mathrm{attr}}^{512}$ 被直接用于属性的预测，其中蕴含着几何属性信息，因此将 $\boldsymbol{f}_{\mathrm{attr}}^{512}$ 作为属性特征，与另一个分支提取的视觉特征进行融合，得到用于精细识别的特征表征。

$$F(\boldsymbol{w}^{\mathrm{T}}\boldsymbol{x}+b) = \max(0, \boldsymbol{w}^{\mathrm{T}}\boldsymbol{x}+b) \qquad (2\text{-}15)$$

属性特征预测分支的训练采用 L1 损失函数，得到属性预测损失，如式（2-13）所示。

$$L_{\mathrm{attr}} = |\hat{p}_a - p_a| \qquad (2\text{-}16)$$

其中，$\hat{p}_a$ 为网络预测的属性，p_a 为真实属性标签。通过梯度下降法反向传播实现本分支的训练。此外，由于属性特征参与了最终的类别预测，本分支的训练还受网络整个类别预测损失函数的影响。

2.3.1.3　多级局部特征增强分支

局部特征在舰船目标类别鉴定中起着重要的作用，有些特定区域甚至可以成为某类舰船的独特标志。不同类别舰船目标的不同显著性区域如图 2-27 所示，"红十字"是医疗船的象征；而集装箱船与散装货船同属货船，有着相似的船形，它们的区别主要是船上结构以及所承载货物类别的不同。与其他区域相比，这些"特色"区域对舰船精细识别来说更为重要，应该受到更多的关注。此外，对不同图像来说，"重要"区域的位置、大小都是不同的，因此，需要引导网络提取不同尺度的区域特征并对特征进行自动加权，实现增强重点区域特征、抑制非重要区域特征的目的。

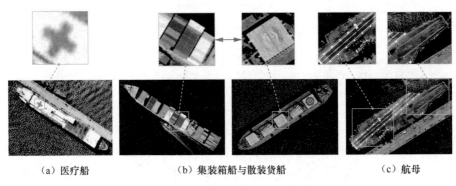

（a）医疗船　　　　　　（b）集装箱船与散装货船　　　　　　（c）航母

图 2-27　不同类别舰船目标的不同显著性区域

传统 CNN 框架中最后一个卷积层的高级卷积特征通常会以连接全连接层或者全局池化的方式，将卷积特征转换为特征向量并作为识别的特征表征。由于该特征向量的生成与全部卷积特征都有关，感受野为整幅图像，因此，可将其视为带有高级语义信息的全局特征向量。但是，该向量不能很好地表征局部特征，因此模型还要提取多尺度局部特征。下面以 VGG16 特征提取网络为例，说明多级局部特征的提取过程。VGG16 网络的输入为 224 像素×224 像素×3 大小的图像，经过 5 个卷积模块和一系列池化降采样操作后，输出 7 像素×7 像素×512 大小的特征图。此特征图可视为由一系列 512 维局部特征向量构成的集合：$F_{L1} = \{v_1^{512}, v_2^{512}, \cdots, v_{7\times7}^{512}\}$，其中，$v_i^{512}$ 代表图像对应位置的局部特征向量，将其视为第一级局部特征向量集合。接下来通过对 F_{L1} 进行 2×2 的平均池化操作，可以得到第二级局部特征向量集合

$F_{L2} = \{w_1^{512}, w_2^{512}, \cdots, w_{3 \times 3}^{512}\}$。进一步地，对 F_{L1} 进行 7×7 的平均池化操作，得到第三级特征也是全局特征向量 $F_{L3} = f_G^{512}$。以三级表征为例，多级局部特征表征与原图对应区域示意图如图 2-28 所示，将各特征向量对应的区域在原图中直观地显示出来，可见，多级局部特征向量能够表示舰船各级重点区域的特征，但是不同局部的特征向量在识别中的贡献是不同的。接下来，基于循环神经网络（Recurrent Neural Network, RNN）[28]的注意力机制来对局部特征向量进行加权。

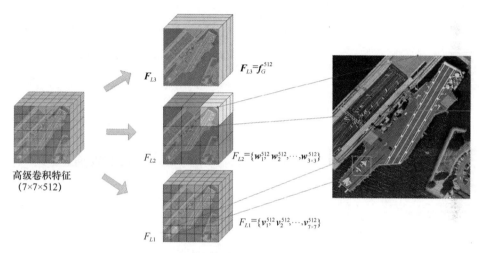

图 2-28 多级局部特征表征与原图对应区域示意图

当人在浏览一幅图像时，目光逐行扫过图上内容，结合上下文信息，将更快地比较出显著区域并给予更多关注。基于这一现象，前面得到的逐行或逐列排列的局部特征向量可以视为一组序列，且相邻排列的两个序列之间有空间上下文的联系。循环神经网络可以很好地处理序列数据，在此，利用 RNN 中的门控循环单元（Gated Recurrent Unit, GRU）[29]对特征序列加权。首先介绍 GRU 结构，GRU 输入输出结构与普通 RNN 是相同的，GRU 结构示意图如图 2-29 所示，输入包括当前特征 f_t、上一节点传递的隐状态（Hidden State）h_{t-1}，输出为本节点的隐状态 h_t。可见前面节点的状态与本节点的输入将共同影响本节点的输出，而在节点内部，f_t 和 h_{t-1} 可影响两个门控状态：更新门 z_t 和重置门 r_t，计算式如下。

$$z_t = \sigma(W_{fz}f_t + W_{hz}h_{t-1} + b_z) \tag{2-17}$$

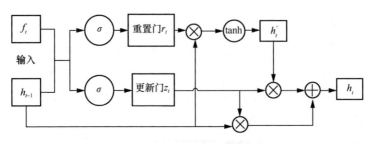

图 2-29　GRU 结构示意图

$$r_t = \sigma(W_{fr} f_t + W_{hr} h_{t-1} + b_r) \tag{2-18}$$

其中，σ 代表 Sigmoid 函数，W_{fz}、W_{hz}、W_{fr}、W_{hr} 分别为 z_t 与 r_t 的权重，b_z、b_r 为偏置系数。z_t 与 r_t 则进一步影响本节点隐藏态。

$$h_t' = \tanh(W_{fg} f_t + r_t \otimes W_{hg} h_{t-1} + b_g) \tag{2-19}$$

$$h_t = (1 - z_t) \otimes h_t' + z_t \otimes h_{t-1} \tag{2-20}$$

其中，b_g 表示该节点卷积核偏置系数，$\otimes$ 代表逐元素相乘，tanh 代表 tanh 函数，计算式如下。

$$\tanh(x) = \frac{\mathrm{e}^x - \mathrm{e}^{-x}}{\mathrm{e}^x + \mathrm{e}^{-x}} \tag{2-21}$$

基于 GRU 的局部特征增强模型如图 2-30 所示。对于第 i 级局部特征图 $F_{Li} = \{f_1^{512}, f_2^{512}, \cdots, f_k^{512}\}$，其中的 k 个局部特征向量被依次输入 GRU 结构中，每个节点输出的状态量为 $H = \{h_1, h_2, \cdots, h_k\}$，可被认为是感知过图像上下文信息的经过修正的局部特征向量。

然后将 H 接入两个全连接层，得到局部特征向量权重图 $A_i = \{a_1, a_2, \cdots, a_k\}$。将特征图 F_{Li} 与权重图 A_i 对应相乘，得到修正后的特征图 F_{Li}'。

$$F_{Li}' = \{f_j'\} = \{a_1 \times f_1^{512}, a_2 \times f_2^{512}, \cdots, a_k \times f_k^{512}\} \tag{2-22}$$

对 F_{Li}' 中的特征向量进行相加，即可得到增强过的局部特征向量 f_{Li}^{512}。

$$f_{Li}^{512} = \sum_{j=1}^{k} f_j' = \sum_{j=1}^{k} a_j \times f_j^{512} \tag{2-23}$$

利用以上方法分别对 F_{L1} 和 F_{L2} 进行处理，可以分别得到增强后的局部特征向量

f_{L1}^{512}、f_{L2}^{512}，然后与前面的全局特征向量 f_G^{512} 一起形成三级局部特征向量表征：$\{f_G^{512}, f_{L1}^{512}, f_{L2}^{512}\}$。它们将与属性特征 f_{attr}^{512} 进行融合。

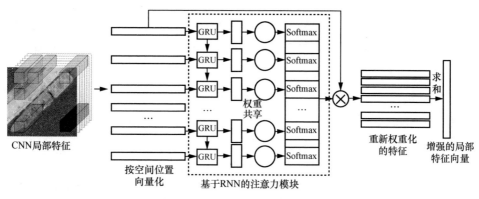

图 2-30　基于 GRU 的局部特征增强模型

2.3.1.4　模型训练与测试

将以上两分支输出的特征向量 f_{attr}^{512} 与 $\{f_G^{512}, f_{L1}^{512}, f_{L2}^{512}\}$ 串联融合，输入两个全连接层进行进一步的特征提取与降维，最终得到一个 1024 维的特征向量 f_{class}^{1024} 用于精细识别。

在训练中，将 f_{class}^{1024} 输入 Softmax 函数中得到预测结果，采用交叉熵损失函数进行监督训练，得到分类损失。

$$L_{\text{cat}} = -\sum_{c=1}^{M} y_c \log\left(\hat{p}_c\right) \tag{2-24}$$

其中，y_c 为真值标签，$\hat{p}_c$ 为预测标签。整个网络的训练损失为分类损失与属性预测损失的加权和。

$$L = L_{\text{cat}} + \lambda L_{\text{attr}} \tag{2-25}$$

其中，λ 为权重，在本节实验中取 1。

模型训练好后，在测试中，以分类能力更强的分类器线性支持向量机（SVM）取代训练中的分类 Softmax 函数。以模型输出的 f_{class}^{1024} 为特征，训练一个线性 SVM 分类器用于测试中的目标识别。实验将对 SVM 与 Softmax 函数的分类能力进行对比。所提模型可实现端到端的训练与测试。

2.3.1.5　实验结果与分析

本节首先对构建的高分辨率光学卫星遥感图像精细识别舰船数据集 FGSC-23（Fine-Grained Ship Collecton-23）进行介绍，然后通过实验验证所提方法的有效性。所有实验均在 FGSC-23 数据集上进行，采用模型简化测试的方式分别验证两个识别分支的有效性，并将算法与经典的卷积神经网络模型、细粒度识别算法、舰船识别算法等进行对比。

（1）FGSC-23 数据集介绍

目前公开文献中，基于深度学习的舰船目标识别算法较少，其中一个重要原因是受到相关标注数据的限制。因此，首先介绍目前可用于遥感图像舰船目标识别研究的数据集构建工作。目前公开文献中的遥感图像舰船目标识别数据集信息如表 2-13 所示。

表 2-13　公开文献中的遥感图舰船目标识别数据集信息

数据集名称	来源	图像类型	图像数量（张）	类别数	识别任务级别	样本数是否均衡	舰船方向
MASATI	微软 Bing 地图	彩色图像	6212	2/7	Level-1	不均衡	任意方向
BT1000	欧洲光-电侦察卫星（EO）	灰度图像	2000	2	Level-2	均衡	任意方向
CCT250	欧洲光-电侦察卫星（EO）	灰度图像	750	3	Level-2	均衡	任意方向
BCCT200	欧洲光-电侦察卫星（EO）	灰度图像	800	4	Level-2	均衡	任意方向
BCCT200-Resize	欧洲光-电侦察卫星（EO）	灰度图像	800	4	Level-2	均衡	固定方向
OpenSARShip	上海交通大学	SAR 图像	11346	17	Level-3	不均衡	任意方向

Gallego 等[30]构建的 MASATI（Maritime Satellite Imagery）数据集将海面场景卫星图像分成有船、无船两大类，进一步又将这两类图像分为单舰船场景、多舰船场景、舰船细节图、港口、水面、陆地、岛屿 7 类场景；BT1000 数据集[31]将 2000 张卫星全色遥感图像分为散装货船和油轮两类，CCT250[31]将 750 张舰船图像分为货船、集装箱船、油轮 3 类，而 BCCT200 数据集在 CCT250 的基础上又增加了驳船这一类别。针对 BCCT200 数据集,还进一步将图像大小固定为 300 像素×150像素，并将原数据集中方向任意的舰船目标调整到一个方向中，称为

BCCT200-Resize。此外，还有针对 SAR 舰船目标识别的样本集 OpenSARShip[32]，该样本集给出了图像较细的类别标签，但存在严重样本不均衡现象，大量样本集中在其中某几个类别中。

目前基于深度学习的遥感图像舰船目标识别工作大多是基于以上几类数据集展开的。可见，多数数据集的舰船目标类别相对较少，不适合舰船目标精细识别算法的研究；而 OpenSARShip 数据集虽然标注的舰船类别较多，但存在较严重的样本不均衡现象，此外，该数据集使用的 SAR 图像分辨率较低，舰船样本边界模糊、缺乏细节信息，这些因素都不利于舰船精细识别研究。由人工判读归纳的经验可知，舰船的精细识别对遥感图像分辨率有较高的要求，通常分辨率优于 4.5 m 的遥感图像才可能实现精细识别。因此，本节构建了一个以高分辨率光学图像为主的舰船目标精细识别样本集。该样本集收集谷歌地球图像、GF-2 卫星全色图像，并将其中的舰船样本切片切割出来，借助其他源信息辅助，通过人工判读的方式对舰船类别进行标注，最后形成一个包含 23 类目标的精细识别舰船 FGSC-23 数据集。

FGSC-23 数据集中图像分辨率为优于 2 m，共包含 4052 个舰船切片，分为 23 类，其中包括 1 类状似舰船的非舰船目标和 22 类舰船目标，分别为非船、航母、驱逐舰、登陆舰、护卫舰、圣安东尼奥级两栖船坞运输舰、巡洋舰、奥斯汀级船坞登陆舰、两栖攻击舰、指挥舰、潜艇、医疗船、战斗艇、军辅船、集装箱船、滚装船、气垫船、散装货船、油船、渔船、客船、液化气体船以及驳船。FGSC-23 舰船类别样例及其对应的序号如图 2-31 所示。每个样本保存成".jpg"格式图像。FGSC-23 各类别样本数目如表 2-14 所示，可以看出，数据集中各个类别样本数目并不均衡。

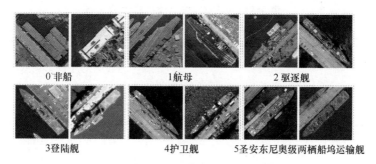

图 2-31　FGSC-23 舰船类别样例及其对应的序号

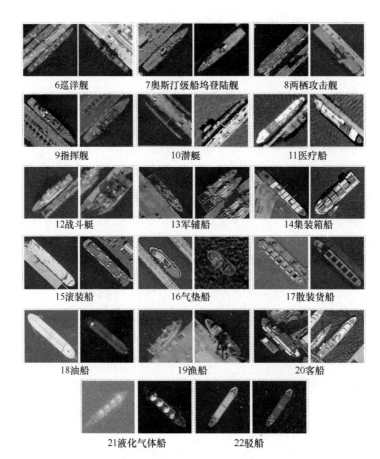

图 2-31　FGSC-23 舰船类别样例及其对应的序号（续）

表 2-14　FGSC-23 各类别样本数目

类别序号	数量（张）	类别序号	数量（张）
0	416	12	143
1	167	13	225
2	542	14	114
3	108	15	72
4	295	16	116
5	90	17	344
6	293	18	165
7	88	19	102

续表

类别序号	数量（张）	类别序号	数量（张）
8	154	20	88
9	89	21	94
10	266	22	54
11	27	总数	4052

对于每个样本切片，除给出舰船的类别信息外，数据集还对舰船的两个属性进行了标注，分别为舰船的长宽比和舰船方向（舰船中心轴线与水平轴的夹角）。FGSC-23 数据集属性标签示意图如图 2-32 所示。其中，长宽比属性为舰船长度与宽度之比，并进行取整，均为[1,13]的整数（数据集中舰船最大长宽比为 13），方向角度用[0, 180]的角度值表示，同样进行取整操作。舰船类别和属性标签信息体现在切片图像的命名中。例如，对于类别 3 中某图像命名为"3_20225_8_91.jpg"，第一个数字"3"代表舰船类别标签，第二个数字"20225"代表图像编号，第三个数字"8"代表舰船长宽比，最后一个数字"91"表示舰船的方向角度。

（a）属性标签1：舰船长宽比　　　　　　（b）属性标签2：舰船方向角

图 2-32　FGSC-23 数据集属性标签示意图

FGSC-23 数据集有以下特点。

① 类别多样性。本数据集对图像中的舰船样本进行了精细分类。例如，对于货船这个大类别，将其细分为集装箱船、散装货船、滚装船、油船、液化气体船 5 个细粒度类别。与目前公开的舰船目标识别数据集相比，本数据集包含类别最多的高分辨率舰船图像。

② 图像多样性。数据集中包含了全色图像、合成彩色图像,成像天气条件、光照条件多样,舰船背景有离岸、靠岸等,舰船方向也不尽相同。此外,数据集中图像分辨率不固定。数据的多样性一方面在一定程度上增加了识别的难度,但是另一方面,又有助于训练出泛化能力更强的识别模型。

③ 标签多样性。大部分目标识别数据集仅有目标的类别标签。数据集除了目标类别标签,还给出了舰船的长宽比、方向这两个属性标签。因此,除了舰船目标识别任务,FGSC-23 数据集还可以用于目标长宽比预测、分布方向估计等多学习任务。

④ 类别不均衡。从表 2-14 可以看出,数据集仍然存在样本不均衡的问题。在现实世界中,各类舰船的数量也是不均衡的,一些特种舰船(如医疗船)的数量相对少,图像更难获取,样本不均衡问题暂时也是不可避免的,后续仍需改进。

(2)实验设置与评价指标

下面主要介绍实验设置的一些细节,包括实验数据训练集测试集的划分、图像预处理方法、实验环境平台以及识别结果的评价指标等。

① 训练集、测试集划分

将 FGSC-23 数据集划分为训练集与测试集,划分的原则是:随机选取各类别中20%的图像作为实验测试集,其余图像为训练集。而对于医疗船这一类别,由于图像数量太少,随机选取 10 张作为测试数据,其余 17 张图像为训练数据。由于数据集存在严重的样本不均衡现象,在训练中采用数据增强的方式对训练集进行扩充。扩充原则是:从训练集里图像数量少于 200 张的类别中随机选出若干图像进行数据增强,将该类别的训练图像数量扩充到 200。数据增强方法包括图像亮度改变(将图像乘以[0.5, 1.5]内的随机数)、将图像在[0.8, 1.2]内进行尺度扩张缩放、随机裁剪以及随机翻转等。最终,测试集中包含 825 个切片样本,训练集中 3256 个切片被扩充到了 5165 个样本。FGSC-23 数据集各类别训练集、测试集数量如表 2-15 所示。

表 2-15 FGSC-23 数据集各类别训练集、测试集数量

类别序号	测试集数量(张)	扩充前训练集数量(张)	扩充后训练集数量(张)	类别序号	测试集数量(张)	扩充前训练集数量(张)	扩充后训练集数量(张)
0	97	387	387	12	29	114	200
1	34	132	200	13	45	180	200
2	108	434	434	14	20	81	200

续表

类别序号	测试集数量（张）	扩充前训练集数量（张）	扩充后训练集数量（张）	类别序号	测试集数量（张）	扩充前训练集数量（张）	扩充后训练集数量（张）
3	22	86	200	15	14	58	200
4	59	236	236	16	24	96	200
5	18	72	200	17	69	274	274
6	59	234	234	18	33	132	200
7	18	70	200	19	20	82	200
8	31	123	200	20	18	70	200
9	18	71	200	21	20	74	200
10	48	190	200	22	11	43	200
11	10	17	200	总数	825	3256	5165

② 图像预处理方法

大部分 CNN 模型在训练时需要将输入图像的大小调整到统一的尺度，如本节实验中，模型输入大小需调整为 224 像素×224 像素×3。通常做法[33-34]是采用下采样或各类插值方法直接将图像尺度变换到固定尺度，但是对于长宽不等长的图像，显然会改变图像中目标的长宽比，导致数据集中的长宽比属性标签不再准确。针对这个问题，提出一种新的图像尺度调整方法：补零法。操作过程是，首先将图像的长边通过下采样或上采样插值法调整到 224 像素，然后对图像短边进行同样倍率的缩放或放大，对于图像不满 224 像素×224 像素的部分进行补零处

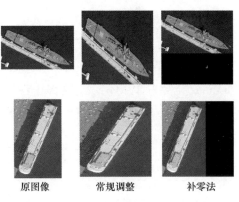

原图像　　　　常规调整　　　　补零法

图 2-33　补零法与通用尺度调整方法效果对比

理，从而能够保持图像中舰船长宽比特征不变。补零法与通用尺度调整方法效果对比如图 2-33 所示。可以看出，补零法保留了舰船的长宽比、形状特征，不会造成目标"变形"。在实验中，对这两种图像预处理方法进行了对比。

③ 评价指标与实验环境

实验评价采用的客观指标包括各类别的准确率（Accuracy Rate，AR）、整体准

确率（Overall Accuracy，OA）以及混淆矩阵（Confusion Matrix，CM）[35]，各类别的 AR 指被正确分类的样本占该类别的总数的比例，OA 指测试集整体被正确分类的样本数与测试集总数的比值，CM 则是对分类结果更为详细的可视化描述。假设要分类的类别共有 S 类，则 CM 是一个大小为 $S×S$ 的矩阵，其中矩阵中元素 a_{ij} 表示实际为第 i 个类别，但被识别为第 j 类的比例。因此，CM 中对角线元素表示各类别被正确分类的比例。此外，CM 还能表示识别中的错误分类分布情况。

实验计算机配置为 8 块 i7-6970K 型号 CPU、1 块 GPU 型号为 NVIDIA RTX 2080Ti，搭载 Ubuntu 16.06 系统，采用 Python 编程语言，并使用 Keras 深度学习框架编写程序，各模型均训练 100 回合（epoch），初始学习率设为 0.0001。

（3）模型简化实验

1① 基准模型的建立

第 2.3.1 节所提方法能够应用于大部分的 CNN 模型。在此，选择经典的 VGG16 与 ResNet50 作为特征提取的基准网络模型来验证算法的有效性。本组实验主要比较 Softmax 函数与线性 SVM 的分类能力以及常规图像尺度处理方法（以下简称常规法）与所提的补零法的效果，从而确定实验中的基准模型。由于 FGSC-23 数据集规模相对较小，使用 ImageNet 上的预训练参数对 VGG16 或 ResNet50 进行初始化。在预处理中，分别使用常规法与补零法调整输入图像的大小；在测试中，依次使用 Softmax 函数与 SVM 分类器进行分类识别。各基准模型识别结果如表 2-16 所示，基准方法模型 CM 可视化如图 2-34 所示。

表 2-16　各基准模型识别结果

网络	常规法	补零法	Softmax	SVM	OA
VGG16	√	—	√	—	77.82%
	√	—	—	√	81.09%
	—	√	√	—	79.64%
	—	√	—	√	**81.95%**
ResNet50	√	—	√	—	81.21%
	√	—	—	√	84.00%
	—	√	√	—	83.03%
	—	√	—	√	**84.60%**

注：最佳结果加粗表示。

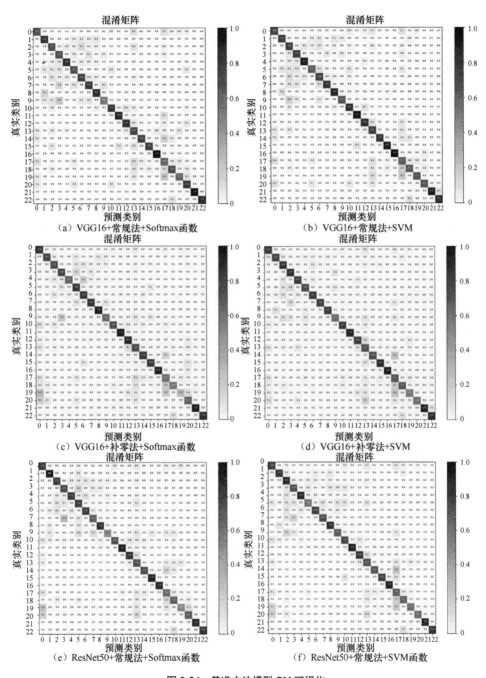

图 2-34　基准方法模型 CM 可视化

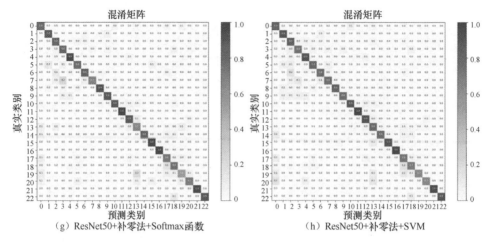

（g）ResNet50+补零法+Softmax函数　　　　（h）ResNet50+补零法+SVM

图 2-34　基准方法模型 CM 可视化（续）

从实验结果中可以看出，在相同的图像预处理方法下，SVM 的分类效果在两个基准模型上均优于 Softmax 函数；而在同样分类器下，补零法的识别精度均高于常规法。因此，在后续的实验中，均采用补零法对图像进行预处理，使用 SVM 作为测试分类器进行目标识别。同样，选择补零法+VGG16+SVM、补零法+ResNet50+SVM 组合的模型作为用于对比的基准模型，分别称为基准模型 1、基准模型 2。基准模型 2 的总体分类精度比基准模型 1 高 2.65 个百分点，反映出 ResNet50 比 VGG16 网络有更强的特征表征能力。

② 属性特征预测分支的效果验证

本组实验主要验证属性特征预测分支对识别结果的影响，分别在基准模型 1、基准模型 2 的基础上添加属性特征预测分支，然后记录各类别的识别 AR 与 OA。不同模型的识别结果如表 2-17 所示，其中基准模型+属性的 CM 可视化如图 2-35 所示，展示了加入属性特征预测分支的两个基准模型识别结果的混淆矩阵。

表 2-17　不同模型的识别结果

指标	基准模型 1	基准模型 1+属性	基准模型 2	基准模型 2+属性
AR_0	84.54%	84.54%	85.57%	**88.66%**
AR_1	90.74%	85.29%	**91.18%**	85.29%
AR_2	83.33%	**93.52%**	87.96%	**93.52%**
AR_3	**90.91%**	86.36%	77.27%	86.36%

续表

指标	基准模型 1	基准模型 1+属性	基准模型 2	基准模型 2+属性
AR_4	91.53%	84.75%	**93.22%**	91.53%
AR_5	66.67%	72.22%	**83.33%**	77.78%
AR_6	81.36%	**83.05%**	79.66%	**83.05%**
AR_7	**88.89%**	**88.89%**	77.78%	**88.89%**
AR_8	87.10%	87.10%	83.87%	**96.77%**
AR_9	**72.22%**	66.67%	**77.78%**	61.11%
AR_{10}	87.50%	87.50%	**89.58%**	**89.58%**
AR_{11}	90.00%	**100.00%**	**100.00%**	**100.00%**
AR_{12}	82.76%	**93.10%**	**93.10%**	86.21%
AR_{13}	77.78%	77.78%	**82.22%**	80.00%
AR_{14}	80.00%	**90.00%**	80.00%	**90.00%**
AR_{15}	85.71%	78.57%	**92.86%**	**92.86%**
AR_{16}	**100%**	95.83%	**100%**	**100%**
AR_{17}	71.01%	72.46%	**75.36%**	72.46%
AR_{18}	60.61%	**78.79%**	72.73%	**78.79%**
AR_{19}	60.00%	55.00%	**65.00%**	55.00%
AR_{20}	55.56%	**66.67%**	**66.67%**	61.11%
AR_{21}	90.00%	95.00%	**100%**	95.00%
AR_{22}	**90.91%**	**90.91%**	**90.91%**	**90.91%**
OA	81.95%	83.88%	84.60%	**85.46%**

注：最佳结果加粗表示。

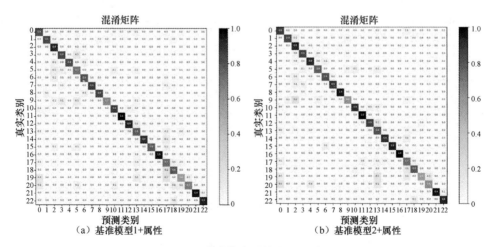

（a）基准模型1+属性　　　　　（b）基准模型2+属性

图 2-35　基准模型+属性的 CM 可视化

从以上结果中可以看出，属性特征预测分支的加入，将基准模型 1 与基准模型 2 的 OA 分别提升了 1.93 和 0.86 个百分点，有一定的效果，且对基准模型 1 的识别精度提升更加明显，提升了 23 类目标中 10 类目标的 AR，一定程度上缩小了 VGG16 与 ResNet50 特征提取网络在舰船精细识别中的差距。

③ 多级局部特征增强效果验证

本组实验主要验证多级局部特征增强方法的有效性。特别地，验证了方法中使用的局部特征级别数对识别的影响。实验共考虑了 4 级局部特征。其中，第 1 级局部特征表征仅包含全局特征，即第 2.3.1.3 节中的 f_G^{512}；第 2 级局部特征除了全局特征，还包括 3×3 子区域局部特征向量，即第 2.3.1.3 节的 f_{L2}^{512}；第 3 级局部特征增加了 7×7 子区域局部特征向量，即第 2.3.1.3 节中的 f_{L1}^{512}；第 4 级局部特征额外增加了一组 14×14 子区域局部特征向量，其来自特征提取网络倒数第 2 个卷积模块输出的卷积特征。这 4 级局部特征被应用于基准模型 1、基准模型 2，然后记录模型的识别结果，基准模型 1、基准模型 2+多级局部特征识别结果分别如表 2-18、表 2-19 所示。各模型+多级局部特征的 CM 可视化如图 2-36 所示。

表 2-18　基准模型 1+多级局部特征的识别结果

指标	基准模型 1+第 1 级	基准模型 1+第 2 级	基准模型 1+第 3 级	基准模型 1+第 4 级
AR_0	77.32%	87.63%	90.72%	91.75%
AR_1	91.18%	**94.12%**	88.24%	94.12%
AR_2	89.81%	95.37%	**96.30%**	94.44%
AR_3	**90.91%**	81.82%	86.36%	81.82%
AR_4	86.44%	94.912%	**96.61%**	93.22%
AR_5	**88.89%**	83.33%	83.33%	72.22%
AR_6	86.44%	**89.83%**	88.13%	84.75%
AR_7	83.33%	83.33%	83.33%	**88.88%**
AR_8	90.32%	90.32%	**93.55%**	**93.55%**
AR_9	72.22%	72.22%	**83.33%**	66.67%
AR_{10}	87.50%	93.75%	93.75%	93.75%
AR_{11}	**100.00%**	**100.00%**	**100.00%**	**100.00%**
AR_{12}	93.10%	93.10%	**96.55%**	**96.55%**
AR_{13}	73.3%	80.00%	**91.11%**	77.78%
AR_{14}	80.00%	90.00%	**95.00%**	90.00%
AR_{15}	92.86%	92.86%	92.86%	**100.00%**

续表

指标	基准模型 1+第 1 级	基准模型 1+第 2 级	基准模型 1+第 3 级	基准模型 1+第 4 级
AR_{16}	95.83%	**100.00%**	**100.00%**	**100.00%**
AR_{17}	71.01%	78.26%	**86.96%**	81.16%
AR_{18}	69.70%	78.79%	**84.85%**	78.79%
AR_{19}	55.00%	40.00%	**75.00%**	70.00%
AR_{20}	66.67%	77.78%	**83.33%**	77.78%
AR_{21}	95.00%	**100.00%**	95.00%	**100.00%**
AR_{22}	**100.00%**	90.91%	100.00%	90.91%
OA	83.15%	87.64%	**91.15%**	88.48%

注：最佳结果加粗表示。

表 2-19 基准模型 2+多级局部特征的识别结果

指标	基准模型 2+第 1 级	基准模型 2+第 2 级	基准模型 2+第 3 级	基准模型 2+第 4 级
AR_0	86.60%	91.75%	**92.78%**	**92.78%**
AR_1	88.24%	91.18%	**94.12%**	**94.12%**
AR_2	87.96%	96.30%	**99.07%**	95.37%
AR_3	77.27%	77.27%	**86.36%**	77.27%
AR_4	89.83%	**96.61%**	**96.61%**	94.92%
AR_5	66.67%	**83.33%**	72.22%	77.78%
AR_6	81.36%	88.13%	88.13%	**89.83%**
AR_7	77.78%	**88.89%**	83.33%	83.33%
AR_8	93.55%	90.32%	**96.77%**	**96.77%**
AR_9	72.22%	**77.78%**	**77.78%**	66.67%
AR_{10}	91.67%	93.75%	**95.83%**	**95.83%**
AR_{11}	**100.00%**	**100.00%**	**100.00%**	**100.00%**
AR_{12}	89.66%	86.21%	**96.55%**	**96.55%**
AR_{13}	71.11%	80.00%	**86.67%**	77.78%
AR_{14}	85.00%	**90.00%**	80.00%	**90.00%**
AR_{15}	92.86%	**100.00%**	92.86%	**100.00%**
AR_{16}	**100.00%**	**100.00%**	**100.00%**	**100.00%**
AR_{17}	71.01%	79.71%	**82.61%**	**82.61%**
AR_{18}	75.76%	**87.88%**	78.79%	78.79%
AR_{19}	55.00%	55.00%	65.00%	**80.00%**
AR_{20}	72.22%	77.78%	77.78%	**83.33%**
AR_{21}	**100.00%**	**100.00%**	**100.00%**	**100.00%**
AR_{22}	**90.91%**	**90.91%**	**90.91%**	**90.91%**
OA	83.52%	88.97%	**90.30%**	89.82%

注：最佳结果加粗表示。

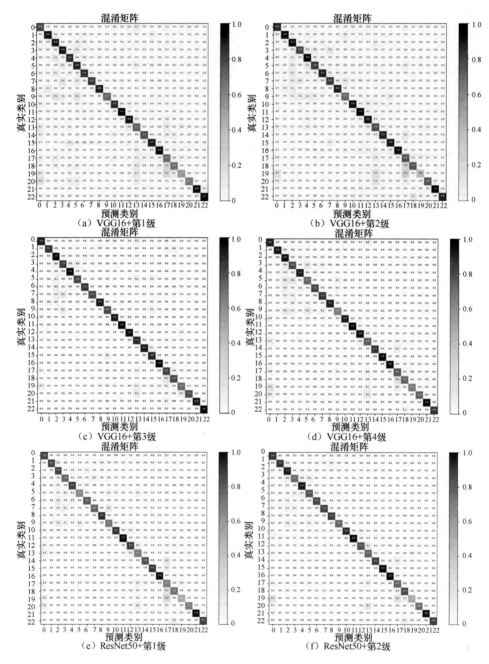

图 2-36　各模型+多级局部特征的 CM 可视化

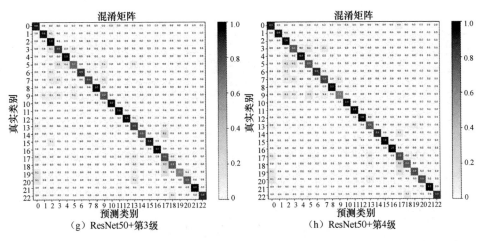

（g）ResNet50+第3级　　　　　　（h）ResNet50+第4级

图 2-36　各模型+多级局部特征的 CM 可视化（续）

第 1 级局部特征实际与常规的 CNN 模型类似，因此，仅使用第 1 级局部特征的模型识别结果也类似于基准模型。随着多级增强的局部特征的加入，两个基准模型的识别精度显著提升，其中，第 3 级局部特征在两个基准模型上都取得了最高的 OA，分别达到 91.15%（基准模型 1）和 90.30%（基准模型 2）。在第 4 级局部特征中，虽然提取了更精细的局部区域的特征，但由于使用了部分较浅卷积层的特征，没有进一步提升识别精度。因此，在后续的实验中，选择第 3 级局部特征用于目标精细识别。值得注意的是，这时，基准模型 1 的 OA 甚至超过了基准模型 2。

④　属性特征预测与多级局部特征的联合影响

下面将所提的属性特征预测与多级局部特征增强在基准模型上联合使用，验证其对舰船目标精细识别的共同影响。所提方法联合使用时的识别结果如表 2-20 所示。为了更好地显示对比效果，单独使用属性特征或第 3 级局部特征的模型识别结果也列于表 2-20 中，B1、B2 分别代表基准模型 1、基准模型 2，S1、S2 分别代表属性特征、第 3 级局部特征。

表 2-20　所提方法联合使用时的识别结果

指标	B1	B1+S1	B1+S2	B1+S1+S2	B2	B2+S1	B2+S2	B2+S1+S2
AR_0	84.54%	84.54%	90.72%	**98.97%**	85.57%	88.66%	92.78%	97.94%
AR_1	90.74%	85.29%	88.24%	**94.12%**	91.18%	85.29%	**94.12%**	94.12%

续表

指标	B1	B1+S1	B1+S2	B1+S1+S2	B2	B2+S1	B2+S2	B2+S1+S2
AR_2	83.33%	93.52%	96.30%	**99.07%**	87.96%	93.52%	**99.07%**	98.15%
AR_3	90.91%	86.36%	86.36%	**90.91%**	77.27%	86.36%	86.36%	77.27%
AR_4	91.53%	84.75%	96.61%	94.92%	93.22%	91.53%	**96.61%**	**96.61%**
AR_5	66.67%	72.22%	83.33%	83.33%	83.33%	77.78%	72.22%	**94.44%**
AR_6	81.36%	83.05%	88.13%	88.98%	79.66%	83.05%	88.13%	**89.83%**
AR_7	**88.89%**	**88.89%**	83.33%	**88.89%**	77.78%	**88.89%**	83.33%	83.33%
AR_8	87.10%	87.10%	93.55%	93.55%	83.87%	96.77%	96.77%	**100.00%**
AR_9	72.22%	66.67%	83.33%	83.33%	77.78%	61.11%	77.78%	**88.89%**
AR_{10}	87.50%	87.50%	93.75%	**95.83%**	89.58%	89.58%	**95.83%**	95.83%
AR_{11}	90.00%	**100.00%**	100.00%	100.00%	100.00%	100.00%	100.00%	100.00%
AR_{12}	82.76%	93.10%	96.55%	96.55%	93.10%	86.21%	96.55%	**100.00%**
AR_{13}	77.78%	77.78%	**91.11%**	86.67%	82.22%	80.00%	86.67%	**91.11%**
AR_{14}	80.00%	90.00%	95.00%	**100.00%**	80.00%	90.00%	80.00%	85.00%
AR_{15}	85.71%	78.57%	92.86%	92.86%	92.86%	92.86%	92.86%	**100.00%**
AR_{16}	**100.00%**	95.83%	100.00%	100.00%	100.00%	100.00%	100.00%	100.00%
AR_{17}	71.01%	72.46%	86.96%	**91.30%**	75.36%	72.46%	82.61%	89.86%
AR_{18}	60.61%	78.79%	84.85%	**87.88%**	72.73%	78.79%	78.79%	84.85%
AR_{19}	60.00%	55.00%	**75.00%**	70.00%	65.00%	55.00%	65.00%	70.00%
AR_{20}	55.56%	66.67%	83.33%	**88.89%**	66.67%	61.11%	77.78%	83.33%
AR_{21}	90.00%	95.00%	95.00%	**100.00%**	100%	95.00%	**100.00%**	95.00%
AR_{22}	90.91%	90.91%	**100.00%**	90.91%	90.91%	90.91%	90.91%	90.91%
OA	81.95%	83.88%	91.15%	93.58%	84.60%	85.46%	90.30%	93.09%

注：最佳结果加粗表示。

从以上结果中可以看出，对于基准模型 1，属性特征、多级局部特征增强方法分别将整体准确率提高了 1.93 个百分点、9.2 个百分点，当二者联合使用时，整体识别准确率提升了 11.63 个百分点；对于基准模型 2，加上 S1、S2、S1+S2 后的 3 个模型的整体准确率分别提升了 0.86 个百分点、5.7 个百分点和 8.49 个百分点。显然，当 S1 与 S2 共同使用时，对基准模型 OA 的提升都超过了单独使用 S1、S2 所获得的 OA 提升值之和，这说明 S1 与 S2 相得益彰，更适合一起使用。S1、S2 共同使用时的识别结果混淆矩阵如图 2-37 所示。

此外，值得注意的是，这些模型中，表现出最佳性能的是 VGG16 与本节方法的组合，在上组实验中也有这种情况，使用增强的第 3 级局部特征时，VGG16 网络的表现也优于 ResNet50，尽管 VGG16 网络本身识别效果要差于 ResNet50。本节方法对 VGG16 网络的提升能力要大于 ResNet50。分析其原因，ResNet50 的结构要比 VGG16 复杂，而本节方法又进一步增加了模型的复杂性，但是 FGSC-23 数据集规模相对较小，不能很好地训练过于复杂的模型。因此，使用了本节方法的 VGG16 网络更适用于对本数据集的舰船目标精细识别任务。

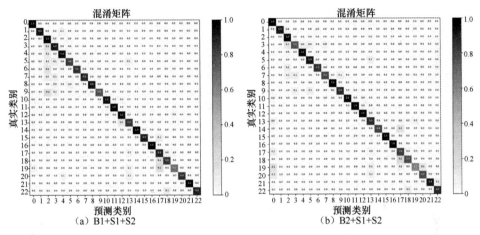

图 2-37　S1、S2 共同使用时的识别结果混淆矩阵

（4）与其他识别方法的比较

下面将所提方法与其他经典的识别模型进行对比。参与对比的模型包括以下几类：经典 CNN 识别模型，包括 Inception-v3[36]、DenseNet121[37]、MobileNets[38]及 Xception[39]；经典光学卫星遥感图像识别模型，包括 FDN[40]、ME-CNN[40]；经典精细识别模型，包括 B-CNN[41]与 DCN[42]模型。对于前 4 个 CNN 模型，通过调参获得在 FGSC-23 数据集上的最佳识别效果，后 4 个模型分别采用各自文献中的最佳设置进行实验。所提方法与其他对比模型识别结果如表 2-21 所示，对比模型 CM 可视化如图 2-38 所示。

表 2-21　所提方法与其他对比模型识别结果

指标	Inception-v3	DenseNet121	MobileNets	Xception	FDN	ME-CNN	B-CNN	DCN	所提方法
AR_0	87.63%	86.60%	84.54%	89.69%	85.57%	93.81%	84.54%	93.81%	**98.97%**
AR_1	91.18%	82.35%	88.24%	88.24%	88.24%	91.18%	91.18%	**94.12%**	**94.12%**
AR_2	89.81%	89.81%	88.89%	91.67%	85.19%	87.04%	86.11%	97.22%	**99.07%**

续表

指标	Inception-v3	DenseNet121	MobileNets	Xception	FDN	ME-CNN	B-CNN	DCN	所提方法
AR_3	77.27%	72.73%	86.36%	81.82%	81.82%	63.64%	**90.91%**	86.36%	**90.91%**
AR_4	91.53%	84.75%	88.16%	**96.61%**	89.83%	86.44%	89.83%	94.92%	94.92%
AR_5	83.33%	77.78%	77.78%	**88.89%**	77.78%	77.78%	83.33%	83.33%	83.33%
AR_6	76.27%	72.88%	86.44%	86.44%	81.36%	76.27%	76.27%	86.44%	**88.98%**
AR_7	**94.44%**	77.78%	83.33%	83.33%	72.22%	66.67%	83.33%	83.33%	88.89%
AR_8	100.00%	100.00%	100.00%	90.32%	77.42%	83.87%	96.77%	100.00%	93.55%
AR_9	55.56%	77.78%	77.78%	**94.44%**	66.67%	83.33%	77.78%	88.89%	83.33%
AR_{10}	89.58%	93.75%	91.67%	93.75%	87.50%	**100.00%**	91.67%	93.75%	95.83%
AR_{11}	100.00%	100.00%	90.00%	100.00%	90.00%	100.00%	100.00%	100.00%	100.00%
AR_{12}	93.10%	93.10%	93.10%	82.76%	93.10%	93.10%	93.10%	**96.55%**	**96.55%**
AR_{13}	68.89%	75.56%	75.56%	77.78%	77.78%	82.22%	73.33%	84.44%	**86.67%**
AR_{14}	80.00%	85.00%	80.00%	85.00%	75.00%	85.00%	80.00%	90.00%	**100.00%**
AR_{15}	92.86%	100.00%	92.86%	92.86%	85.71%	100.00%	100.00%	100.00%	92.86%
AR_{16}	100.00%	100.00%	100.00%	100.00%	100.00%	100.00%	100.00%	100.00%	100.00%
AR_{17}	76.81%	75.36%	75.36%	76.81%	73.91%	78.26%	72.46%	81.16%	**91.30%**
AR_{18}	66.67%	78.79%	69.70%	81.82%	72.73%	81.82%	75.76%	**87.88%**	**87.88%**
AR_{19}	40.00%	55.00%	45.00%	**70.00%**	45.00%	60.00%	55.00%	55.00%	**70.00%**
AR_{20}	72.22%	66.67%	55.56%	77.78%	77.78%	66.67%	61.11%	83.33%	**88.89%**
AR_{21}	90.91%	**100.00%**	100.00%	100.00%	100.00%	100.00%	100.00%	95.00%	**100.00%**
AR_{22}	87.63%	90.91%	90.91%	90.91%	90.91%	**100.00%**	90.91%	90.91%	90.91%
OA	83.88%	84.00%	84.24%	87.76%	82.30%	85.58%	84.00%	90.66%	93.58%

注：最佳结果加粗表示。

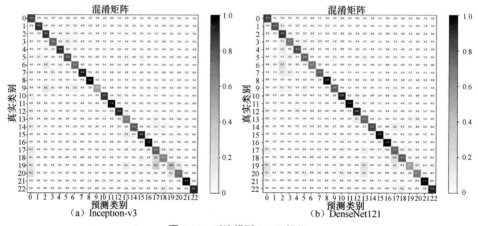

图 2-38　对比模型 CM 可视化

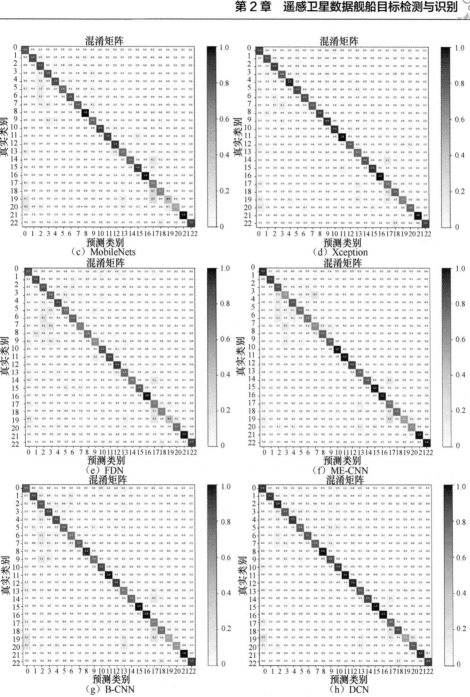

图 2-38　对比模型 CM 可视化（续）

在 4 类 CNN 模型中，Xception 模型融合了 ResNet 和 Inception 的优势，取得了最佳分类结果，为 87.76%；在经典光学卫星遥感图像识别模型与精细识别模型中，DCN 取得了最佳分类结果，为 90.66%。与这两个模型相比，所提方法的识别准确率分别提高了 5.82 个百分点、2.92 个百分点，取得了最佳识别结果，在 23 个类别中，有 15 个类别取得了最高的识别准确率，这都充分体现了所提方法的优越性。

（5）模型运算速度分析

下面主要对所提方法的运算速度进行分析。由于在原模型的基础上额外添加了属性特征预测与局部特征增强分支，增加了模型的复杂度，因此，不可避免地会减慢模型的运算速度。在此，统计了在基准模型 1、基准模型 2 中，应用所提方法（包括 S1、S2）的模型每轮训练时长及测试总时长，并计算平均每张图像的训练和测试时间，各模型训练、测试时间比较如表 2-22 所示。从表 2-22 可以看出，对于基准模型 1，应用所提方法后，训练时间增加了约 77%，测试时间增加了约 39%；对于基准模型 2，所提方法的训练时间和测试时间分别增加了约 58% 和 18%。此外，属性特征预测分支比多级特征增强分支增加的复杂度更高。若看平均每张图像测试时间，应用所提方法后，与基准模型 1、基准模型 2 相比分别增加了 2.01 ms、1.15 ms。在实际应用中对算法实时性要求不高时，所提方法带来的精度提升明显，速度可以接受。

表 2-22　各模型训练、测试时间比较

模型	每轮训练总时长（ms）	平均每张图像训练时长（ms）	每轮测试总时长（ms）	平均每张图像测试时间（ms）
B1	31474.22	6.08	4156.35	5.09
B1+S1	53406.17	10.34	4781.14	5.86
B1+S2	34056.72	6.59	4813.35	5.90
B1+S1+S2	55576.31	10.79	5791.28	7.10
B2	35530.31	6.88	5122.36	6.28
B2+S1	55007.25	10.65	5620.42	6.89
B2+S2	36870.86	7.13	5685.98	6.97
B2+S1+S2	56169.38	10.88	6060.37	7.43

2.3.2　基于可解释注意力网络的卫星遥感图像舰船目标可信识别

现有的研究主要利用深度学习模型和统计学习框架发现和识别目标，其本质是对海量数据用统计学习的处理方法来寻找规律，无法对最终预测模型提供透明和合理的推理过程，导致识别结果不具有可解释性，决策者"只知其然，不知其所以然"，决策者与智能识别模型的协作缺乏信任桥梁。利用智能模型对目标进行识别时，应该更侧重于从可解释性的角度入手，把用于支撑最终识别结果的各个证据链条清晰地陈列在决策者面前，供决策者进行综合权衡，而不是把识别结果强行塞给决策者。本节提出了因果多头注意力模型，设计了新的卷积核内聚机制来解析目标关键区域的贡献度，实现了遥感图像舰船识别决策过程的可视化。

本节使用深度卷积神经网络提取输入图像 X 的高层特征，其网络框架如图 2-39 所示。以卷积骨干网络 VGG16[43]为例，输入图像首先经过裁剪统一到大小为 224 像素×224 像素的图像后输入网络中，经过一系列的卷积和池化操作后从卷积层 Conv4 中输出高层特征图 F^{l-1}。然后将 F^{l-1} 送入因果多头注意力模型生成多个注意力图 A。再将 F^{l-1} 和 A 通过乘法和加法操作进行融合后输入卷积层 Conv5 中。接着利用滤波器聚合机制使得 Conv5 中每个滤波器组输出图像中目标的特定区域，得到可解释的特征表示。

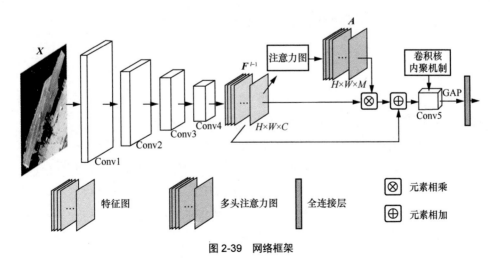

图 2-39　网络框架

2.3.2.1　因果多头注意力模型

建立因果多头注意力模型的目的是探索并建立注意力图和预测结果之间真正的因果关系，构建因果图以显示注意力图 A、输入图像 X 和预测标签 Y 之间的因果关系。

（1）路径 $X \to A$：图像 X 作为输入，注意力图 A 由基于 CNN 的多头注意力模型生成。

（2）路径 $X \to Y(A) \leftarrow A$：最终的预测标签 $Y(A)$ 同时受到输入图像 X 和注意力图 A 的影响。

传统的深度网络可以看作一个关联模型，利用观测数据去拟合一个函数，这些模型只关注模型与观测数据之间的匹配程度，而忽略了观测数据和最终预测结果之间的因果关系[44]。本节网络用来根据因果推理研究的结果，模仿具有反事实思维的人类做出决策。此外，基于构建的因果图，如图 2-40 所示，开发了反事实因果推理来探索注意图对预测标签的真实影响。生成的多个错误注意力图 $\tilde{A}$ 作为反事实注意图，并得到它们对应的预测标签 $Y(\tilde{A})$。通过计算 $Y(A)$ 和 $Y(\tilde{A})$ 之间的差值来获得注意力区域对真实预测结果 Y_{true} 的影响。

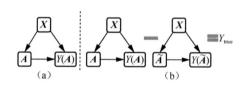

图 2-40　因果图

基于反事实操作设计了因果多头注意力模型。给定一幅输入图像 X，首先用 CNN 提取图像的高层特征，再将 Conv4 输出的特征图表示为 $F^{l-1} \in \mathbb{R}^{W \times H \times C}$，其中 W、H 和 C 分别表示特征图的权重、高度和通道数。第一步，利用卷积函数得到 M 个注意力图 $A = \psi(F^{l-1})$，$A = \{A_1, A_2, \cdots, A_M\} \in \mathbb{R}^{W \times H \times M}$，其中 ψ 和 M 表示核大小为 1×1 的卷积函数和注意图的数量，因果多头注意力模型如图 2-41 所示。$A_m \in A$ 表示网络所关注的一个判别性图像区域。在第二步中，通过将特征图 F^{l-1} 和注意力图 A 按元素相乘来生成区域特征图。采用全局平均池（GAP）产生区域特征表示 $p = \{p_1, p_2, \cdots, p_M\}$。

$$p_m = \varphi(F^{l-1} \odot A_m) \tag{2-26}$$

其中，$\odot$ 表示两个张量的元素乘法。φ 表示 GAP。局部特征 f_{local} 的计算方式如下。

$$f_{\text{local}} = \sum_{m=1}^{M} p_m = \sum_{m=1}^{M} \varphi\left(F^{l-1} \odot A_m\right) \tag{2-27}$$

然后在该模型中设计了一个由全卷积层和批量归一化层组成的分类器。采用交叉熵作为损失函数，表示为 L_{self}。分类器的输出表示如下。

$$Y_A(F^{l-1}) = \Gamma(f_{\text{local}}) = \Gamma\left(\sum_{m=1}^{M} \varphi(F^{l-1} \odot A_m)\right) \tag{2-28}$$

基于因果推理的反事实的实质是"与事实相反"[44]。因此，采用错误注意图 $\widetilde{A}$ 作为反事实注意图，通过随机生成一些注意力图实现。反事实注意力图中每个位置集合的向量遵循零均值的均匀分布。因此，由式（2-29）获得反事实局部特征 $\tilde{f}_{\text{local}}$。

$$\tilde{f}_{\text{local}} = \sum_{m=1}^{M} \tilde{p}_m = \sum_{m=1}^{M} \varphi(F^{l-1} \odot \tilde{A}_m) \tag{2-29}$$

经过反事实运算后，式（2-30）计算的预测结果可表示为：

$$Y_{\tilde{A}}(F^{l-1}) = \Gamma(\tilde{f}_{\text{local}}) = \Gamma\left(\sum_{m=1}^{M} \varphi(F^{l-1} \odot \tilde{A}_m)\right) \tag{2-30}$$

根据反事实操作的因果图，通过计算观察到的预测 $Y_A(F^{l-1})$ 和它的反事实结果 $Y_{\tilde{A}}(F^{l-1})$ 之间的差异，可以求出网络所关注的区域对最终预测的实际影响。

$$Y_{\text{true}} = Y_A(F^{l-1}) - Y_{\tilde{A}}(F^{l-1}) \tag{2-31}$$

其中，Y_{true} 表示注意力图对预测标签的真实影响。在因果多头注意力模型中，利用注意力损失函数 Loss_{att} 引导网络的注意力学习过程：

$$\text{Loss}_{\text{att}} = L_{\text{CE}}(Y_{\text{true}}, y) + L_{\text{self}} \tag{2-32}$$

其中，y 表示分类标签，L_{CE} 表示交叉熵损失。

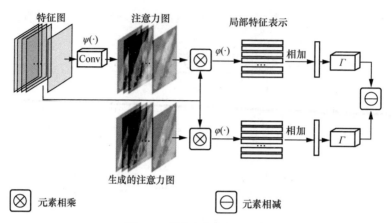

图 2-41　因果多头注意力模型

2.3.2.2　卷积核内聚机制

为了解析每个区域对网络最终决策的贡献度，需要保证每组卷积核过滤器输出特定类别语义信息的一致性。将所有最后一层卷积层的卷积核 $\Omega = \{1, 2, \cdots, d\}$ 划分为 K 组 $G = \{G_1, G_2, \cdots, G_K\}$，其中，$G_1 \bigcup G_2 \bigcup \cdots \bigcup G_K = G$，$G_i \bigcap G_j = \varnothing$。利用过滤器损失函数让同组卷积核关注相同的目标区域，不同组的卷积核激活目标的不同区域，即卷积核内聚机制（FAM），如图 2-42 所示。

将注意力图作为最后一层卷积层输入得到特征图 $\boldsymbol{F}^l$。相似的输出过滤器计算如下。

$$s_{ij} = C(\boldsymbol{F}_i^l, \boldsymbol{F}_j^l) = \rho_{ij} + 1 \frac{\mathrm{cov}(\boldsymbol{F}_i^l, \boldsymbol{F}_j^l)}{\sigma_i \sigma_j} + 1 \geqslant 0 \qquad (2\text{-}33)$$

其中，$\boldsymbol{F}_i^l$ 和 $\boldsymbol{F}_j^l$ 表示第 i 个过滤器和第 j 个过滤器输出的特征图。C 代表函数的相似性度量方法。ρ_{ij} 表示皮尔逊相关系数。过滤器损失函数计算如下。

$$\mathrm{Loss}_{\mathrm{filter}} = -\sum_{k=1}^{K} \frac{S_k^{\mathrm{within}}}{S_k^{\mathrm{all}}} \qquad (2\text{-}34)$$

其中，S_k^{within} 和 S_k^{all} 分别表示组内卷积核相似度和组间卷积核相似度，它们计算方式如下。

$$S_k^{\text{within}} = \sum_{i,j \in G_k} s_{ij} = \sum_{i,j \in G_k} C\left(\boldsymbol{F}_i^l, \boldsymbol{F}_j^l\right) \tag{2-35}$$

$$S_k^{\text{all}} = \sum_{i \in G_k, j \in \Omega} s_{ij} = \sum_{i \in G_k, j \in \Omega} C\left(\boldsymbol{F}_i^l, \boldsymbol{F}_j^l\right) \tag{2-36}$$

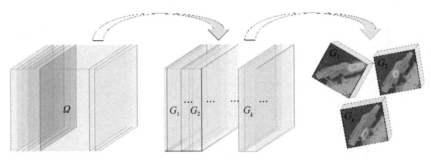

图 2-42　卷积核内聚机制

2.3.2.3　损失函数

首先最后一个卷积层的特征图通过 GAP 进行聚合。然后将它们送到全连接层（FC）以进一步对特征进行分类。采用交叉熵损失函数作为分类损失，为可解释注意力学习过程提供监督信息。可解释的注意力网络的总损失函数如式（2-37）所示，包括注意力损失 Loss_{att}、滤波器损失 $\text{Loss}_{\text{filter}}$ 和分类损失 $\text{Loss}_{\text{class}}$。

$$\text{Loss}_{\text{total}} = \left(\frac{1}{\text{epoch}+1}\right)\text{Loss}_{\text{att}} + \left(1 - \frac{1}{\text{epoch}+1}\right)\text{Loss}_{\text{filter}} + \left(1 - \frac{1}{\text{epoch}+1}\right)\lambda\text{Loss}_{\text{class}} \tag{2-37}$$

本部分提出的网络通过总损失函数监督，能够快速聚焦于目标区域，并引导网络的其他部分进行训练。注意力损失在初始训练阶段占很大比例，在剩余训练阶段逐渐减少。λ 表示超参数，添加该参数是为了平衡滤波器损失 $\text{Loss}_{\text{filter}}$ 和分类损失 $\text{Loss}_{\text{class}}$ 之间的权重。

2.3.2.4　实验对比与分析

采用两个公开数据集 FGSC-23 和 FGSCR-42[45] 来训练和评估所提出的网络的有

效性。对于 FGSC-23 数据集，随机选择每个类 80%的图像用于训练，而剩余 20%的图像用于测试。随机分割 FGSCR-42 数据集中每个舰船类别的一半图像用于训练，其余图像用于测试。考虑两个数据集上不同类别的舰船数量差异较大，采用图像翻转、不同层次改变图像光照、随机裁剪和旋转等数据增强策略对训练集中的部分类别图像样本进行了补充。所有图像的大小都调整为 224 像素×224 像素。采用两个主流卷积主干（在 ImageNet 上预先训练）从输入图像中提取高级特征，包括 VGG16 和 ResNet50。每个类别的 AR、OA 和总识别率 AU(PRC) 是用于评估所提出网络的识别效率的 3 个主要度量。所有模型进行 100 个周期训练，采用随机梯度下降（SGD）优化算法对模型进行小批量训练，初始学习率为 0.001。实验均基于 PyTorch 深度学习框架，使用 Ubuntu 16.04、32 GB RAM、8 个 Intel（R）Core（TM）i76770 K CPU 和 NVIDIA RTX 2080 Ti 实现。

（1）数据描述

FGSC-23 数据集：第一个公共细粒度舰船目标识别数据集。它由 4080 个舰船切片和 22 个细粒度类别组成。所有图像源于 GF-1 卫星和谷歌地球影像。这些图像大小为 40 像素×40 像素到 800 像素×800 像素，FGSC-23 数据集样例如图 2-43 所示。

FGSCR-42 数据集：第一个大型细粒度舰船目标识别数据集。数据集包括 9320 张图像，大小为 50 像素×50 像素至 500 像素×1500 像素。它被划分为 42 个细粒度的舰艇等级，FGSCR-42 数据集样例如图 2-44 所示。

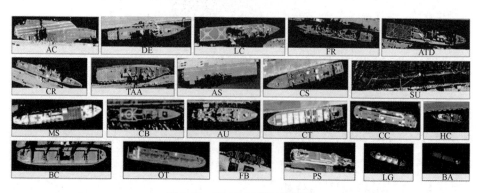

图 2-43　FGSC-23 数据集样例

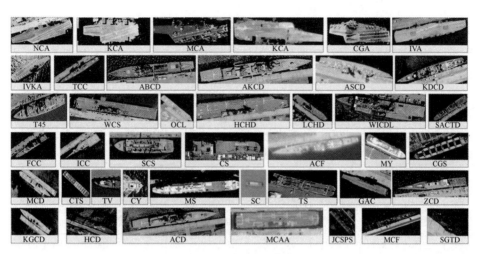

图 2-44 FGSCR-42 数据集样例

（2）因果多头注意力模型（CMAM）有效性

在两个数据集上进行消融研究以验证所提出的因果多头注意力模型的有效性。研究结果表明，ResNet50 在大多数类别下的性能均优于 VGG16。因果多头注意力模型在相同的卷积网络框架下显著提高了识别精度。即使某些类别的图像表现出较大的类内变化和较小的类间差异，与骨干相比，所提方法也获得了有竞争力的识别结果。这是因为提出的 CMAM 有助于网络关注对象的区分，并探索注意力区域和识别结果之间的真正因果关系。

在 FGSC-23 和 FGSCR-42 数据集上的识别结果分别如表 2-23、表 2-24 及表 2-25 所示，可见，提出的因果多头注意力模型显著提高了识别精度。在 FGSC-23 数据集中，在 VGG16 和 ResNet50 框架下加入 CMAM 后 OA 分别提高 9.71 和 7.97 个百分点。该模型在 VGG16 和 ResNet50[46]框架下 AU 也分别提高 4.69 和 4.35 个百分点。在 FGSCR-42 数据集中，该模型能分别在 VGG16 和 ResNet50 框架下提供 12.67 和 9.29 个百分点的 OA 性能提升，以及 6.73 和 6.44 个百分点的 AU 性能提升。

利用梯度加权类激活映射（Grad-CAM）[47]方法来可视化网络如何影响类特定特征的学习，直观地显示用于因果多头注意力模型训练的注意力特征的区分性和可靠性。选择 ResNet50 和 ResNet50+CMAM 的顶部卷积层进行可视化，注意力图可视化结果如图 2-45 所示，前两行为 FGSC-23 数据集图像的热图，后两行为FGSCR-42数据集的实验结果。与传统的卷积骨干网络ResNet50相比，ResNet50+CMAM能更好地捕捉舰船目标的区域，并忽略图像中其他不相关的部分。

表 2-23　FGSC-23 数据集中 AR 结果

模型	VGG16	VGG16+CMAM	ResNet50	ResNet50+CMAM	模型	VGG16	VGG16+CMAM	ResNet50	ResNet50+CMAM
AR_1	91.26%	**94.08%**	90.99%	**95.54%**	AR_{12}	81.05%	**100.00%**	94.31%	**95.02%**
AR_2	82.28%	**96.20%**	86.09%	**98.94%**	AR_{13}	78.05%	**90.98%**	81.22%	**85.06%**
AR_3	91.26%	**95.01%**	78.13%	**91.03%**	AR_{14}	81.32%	**96.05%**	82.73%	**92.54%**
AR_4	90.29%	**95.99%**	94.10%	**95.95%**	AR_{15}	84.05%	**86.88%**	91.02%	**93.05%**
AR_5	67.21%	**95.82%**	84.38%	**95.10%**	AR_{16}	100.00%	**100.00%**	100.00%	**100.00%**
AR_6	82.85%	**90.02%**	79.98%	**89.85%**	AR_{17}	73.25%	**91.15%**	74.01%	**90.24%**
AR_7	87.05%	**88.10%**	76.32%	**82.11%**	AR_{18}	61.20%	**84.88%**	73.54%	**78.10%**
AR_8	87.68%	87.52%	83.85%	**100.00%**	AR_{19}	61.56%	**78.13%**	66.87%	**76.81%**
AR_9	71.18%	**79.28%**	75.18%	**87.11%**	AR_{20}	56.87%	**93.01%**	67.08%	**89.08%**
AR_{10}	88.85%	**96.72%**	88.70%	**96.32%**	AR_{21}	91.52%	**96.21%**	100.00%	**100.00%**
AR_{11}	91.11%	**91.11%**	99.54%	**100.00%**	AR_{22}	91.85%	**89.91%**	93.85%	**100.00%**

表 2-24　FGSCR-42 数据集中 AR 结果

指标	VGG16	VGG16+CMAM	ResNet50	ResNet50+CMAM	指标	VGG16	VGG16+CMAM	ResNet50	ResNet50+CMAM
AR_1	82.08%	**88.42%**	86.15%	**92.24%**	AR_{22}	74.36%	**88.03%**	82.02%	**88.69%**
AR_2	79.25%	**90.25%**	89.15%	**92.36%**	AR_{23}	76.36%	**84.36%**	88.02%	**98.26%**
AR_3	80.25%	**91.02%**	84.12%	**87.42%**	AR_{24}	79.87%	**86.84%**	86.24%	**88.96%**
AR_4	72.35%	**94.85%**	92.02%	**98.02%**	AR_{25}	80.57%	**92.65%**	82.01%	**92.84%**
AR_5	84.24%	**97.88%**	**93.11%**	90.36%	AR_{26}	40.25%	**78.38%**	60.12%	**96.32%**
AR_6	84.02%	**92.02%**	86.03%	**97.82%**	AR_{27}	77.02%	**90.41%**	84.13%	**94.26%**
AR_7	75.36%	**94.68%**	88.23%	**96.36%**	AR_{28}	**80.65%**	80.12%	85.02%	**96.32%**
AR_8	80.14%	**90.74%**	87.02%	**92.38%**	AR_{29}	42.25%	**69.82%**	52.56%	**94.25%**
AR_9	69.26%	**96.24%**	90.81%	**96.28%**	AR_{30}	49.36%	**66.14%**	58.21%	**96.98%**
AR_{10}	68.12%	**88.02%**	81.01%	**86.04%**	AR_{31}	88.25%	**90.02%**	89.02%	**96.25%**

续表

指标	VGG16	VGG16+CMAM	ResNet50	ResNet50+CMAM	指标	VGG16	VGG16+CMAM	ResNet50	ResNet50+CMAM
AR_{11}	79.25%	**96.32%**	88.45%	**96.38%**	AR_{32}	74.25%	**79.36%**	62.23%	**88.75%**
AR_{12}	78.25%	**89.24%**	85.12%	**96.25%**	AR_{33}	84.25%	**89.35%**	88.02%	**90.25%**
AR_{13}	85.26%	**98.65%**	90.63%	**98.98%**	AR_{34}	85.36%	**88.12%**	**90.00%**	86.42%
AR_{14}	86.26%	**94.36%**	91.02%	**94.02%**	AR_{35}	86.36%	**98.12%**	88.26%	**94.26%**
AR_{15}	75.36%	**88.12%**	84.01%	**96.28%**	AR_{36}	79.32%	**86.32%**	92.02%	**98.64%**
AR_{16}	78.25%	**92.31%**	80.88%	**96.02%**	AR_{37}	77.69%	**94.21%**	92.25%	**92.35%**
AR_{17}	60.23%	**94.25%**	82.25%	**98.26%**	AR_{38}	86.02%	**92.55%**	94.02%	**94.25%**
AR_{18}	69.25%	**86.36%**	85.15%	**92.36%**	AR_{39}	84.36%	**90.02%**	88.12%	**92.26%**
AR_{19}	78.25%	**96.32%**	87.44%	**94.02%**	AR_{40}	82.02%	**84.36%**	80.02%	**96.88%**
AR_{20}	84.25%	**94.23%**	95.87%	**96.34%**	AR_{41}	79.02%	**84.25%**	89.28%	**96.08%**
AR_{21}	90.02%	**92.02%**	91.02%	**94.25%**	AR_{42}	75.21%	**94.15%**	90.12%	**94.26%**

表 2-25　两个数据集中 OA 与 AU 结果

数据集	模型	OA	AU
FGSC-23	VGG16	81.43%	91.34%
	VGG16+CMAM	**91.14%**	**96.03%**
	ResNet50	84.05%	91.86%
	ResNet50+CMAM	**92.02%**	**96.21%**
FGSCR-42	VGG16	76.71%	87.95%
	VGG16+CMAM	**89.38%**	**94.68%**
	ResNet50	84.77%	91.19%
	ResNet50+CMAM	**94.06%**	**97.63%**

（3）卷积核内聚机制有效性

可视化最后一个卷积层每组卷积核的激活部分，以验证所提出的 FAM 的有效性，对医疗船、驱逐舰、两栖运输舰、濒海战斗舰的注意力图可视化结果如图 2-46 所示。图 2-46（a）～（b）表示 FGSC-23 数据集图像的可视化结果，图 2-46（c）～（d）

表示 FGSCR-42 数据集的实验结果。除输入图像之外的每列中的图像表示来自同一组卷积核的特征图中的激活区域。对同一类别的不同图像的分析表明，每组卷积核都被对象的某个区域激活。同一组卷积核表示目标相似的特定视觉信息，而不同组表示目标的不同视觉信息。如组 1、组 2 和组 3 分别表示后甲板区域、上层建筑/船中部区域和前甲板区域被激活。传统神经网络模型的特征表示混乱，严重影响了对决策过程的理解，限制了模型的应用。此外，FAM 为每一组过滤器提供有意义的视觉信息，帮助用户理解网络在对舰船进行识别时所关注的区域，赢得用户信任。可见，清晰的特征表示有助于量化不同对象区域对后续实验中最终预测的贡献。

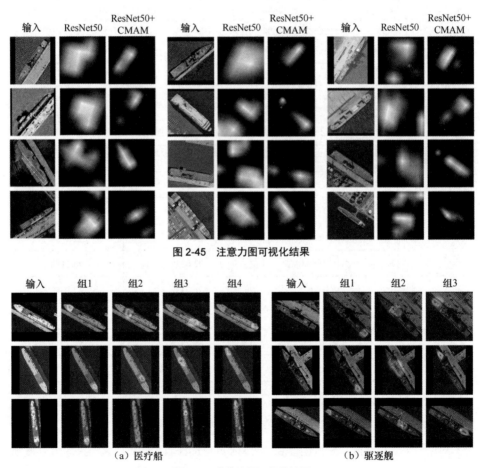

图 2-45　注意力图可视化结果

（a）医疗船　　　　　　　　　　　　（b）驱逐舰

图 2-46　注意力图可视化结果

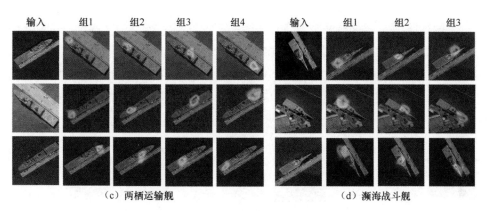

输入　　组1　　组2　　组3　　组4　　　　输入　　组1　　组2　　组3

（c）两栖运输舰　　　　　　　　　　（d）濒海战斗舰

图 2-46　注意力图可视化结果（续）

利用 t 分布随机近邻嵌入（t-SNE）算法[48]获得两种模型的二维特征表示，特征分布可视化结果如图 2-47 所示，显示传统卷积主干（ResNet50+CMAM）和过滤器聚合机制（ResNet50+CMAM+FAM）所表示特征的差异。ResNet50+CMAM 的特征可视化显示了混沌分布。然而 ResNet50+CMAM+FAM 的特征分布相对于 ResNet50+CMAM 中的特征分布更加紧凑。这在很大程度上归因于所提出的 FAM，让输出不同语义信息的卷积核在特征空间中分离，并将输出相似语义信息的卷积核拉得更近。

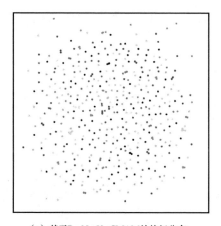
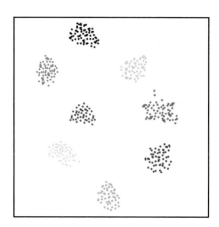

（a）基于ResNet50+CMAM的特征分布　　　　（b）基于ResNet50+CMAM+FAM的特征分布

图 2-47　特征分布可视化结果

决策过程中，除明确网络关注的目标区域外，还需要量化每个部分，并向用户展示注意力区域对最终识别结果的贡献度[49]，如图 2-48 所示。图 2-48（a）展示了 FGSC-23 数据集中图像的量化结果，图 2-48（b）展示了 FGSCR-42 数据集中图像的量化结果，饼图直观地显示图像中目标的每个区域的贡献。所有的量化结果都为用户提供了清晰、正确的网络解释。

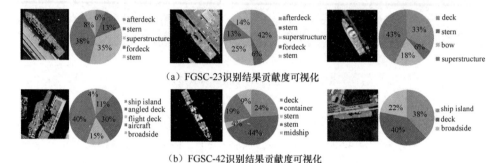

（a）FGSC-23识别结果贡献度可视化

（b）FGSC-42识别结果贡献度可视化

图 2-48　注意力区域对最终识别结果的贡献度

为进一步验证 FAM 的有效性和可行性，测试引入 FAM 后模型的识别精度，在 FGSC-23 数据集和 FGSCR-42 数据集上的识别结果比较如表 2-26 所示。可见，VGG16/ResNet50+CMAM+FAM 与 VGG16/ResNet50+CMAM 在精度上结果相近，可解释模块 FAM 的识别精度损失小于 0.5 个百分点。由此提出的模型在提供明确的可解释识别结果的同时，将识别精度降低量控制到一个可接受的范围内。

表 2-26　两个数据集中 OA 结果

数据集	模型	OA
FGSC-23	VGG16+CMAM	91.14%
	VGG16+CMAM+FAM	91.08%
	ResNet50+CMAM	92.02%
	ResNet50+CMAM+FAM	91.78%
FGSCR-42	VGG16+CMAM	89.38%
	VGG16+CMAM+FAM	89.19%
	ResNet50+CMAM	94.06%
	ResNet50+CMAM+FAM	94.06%

进一步将模型与其他识别模型在 FGSC-23 和 FGSCR-42 两个数据集上做性能比较实验，识别结果比较如表 2-27 所示，可见，本节模型取得了最佳的识别性能，而且还给出了识别依据解释。

表 2-27　识别结果比较

数据集	模型	OA
FGSC-23	Inception-v3[50]	83.88%
	DenseNet121[51]	84.00%
	MobileNets[38]	84.24%
	Xception[39]	87.76%
	FDN[52]	82.30%
	ME-CNN[53]	85.58%
	LGFFE[54]	89.45%
	AMEFRN(sc2)[55]	91.15%
	B-CNN[56]	84.00%
	DCN[57]	90.66%
	本节模型	**91.78%**
FGSCR-42	VGG16[43]	77.36%
	ResNet50[58]	84.77%
	DenseNet[59]	88.69%
	ResNext-50[55]	89.16%
	B-CNN[57]	89.53%
	RA-CNN[60]	91.63%
	DCL[61]	93.03%
	TASN[62]	93.51%
	本节模型	**94.06%**

2.4　本章小结

本章围绕遥感卫星数据舰船目标检测与识别开展研究，针对大幅宽、低分辨率多光谱光学、极化 SAR 等多通道卫星遥感图像分别提出了基于深度学习的舰船目标检测算法，通过综合利用多通道信息提高检测准确率，降低检测虚警率。针对高分辨率光学卫星遥感图像提出了多维特征融合的舰船目标精细识别算法，同时，针对现有深度学习算法可解释性弱、识别结果难理解的问题，提出了可解释注意力网络，实现了识别决策过程的可视化。

参考文献

[1] BAI Q L, GAO G, ZHANG X, et al. LSDNet: lightweight CNN model driven by PNF for PolSAR image ship detection[J]. IEEE Journal on Miniaturization for Air and Space Systems, 2022, 3(3): 135-142.

[2] ZHANG T W, ZHANG X L, KE X, et al. LS-SSDD-v1.0: a deep learning dataset dedicated to small ship detection from large-scale Sentinel-1 SAR images[J]. Remote Sensing, 2020, 12(18): 2997.

[3] HOU Y N, MA Z, LIU C X, et al. Learning lightweight lane detection CNNs by self attention distillation[C]//Proceedings of the 2019 IEEE/CVF International Conference on Computer Vision (ICCV). Piscataway: IEEE Press, 2019: 1013-1021.

[4] LIN T Y, GOYAL P, GIRSHICK R, et al. Focal loss for dense object detection[C]//Proceedings of the 2017 IEEE International Conference on Computer Vision (ICCV). Piscataway: IEEE Press, 2017: 2999-3007.

[5] WANG K, LIU M Z. Toward structural learning and enhanced YOLOv4 network for object detection in optical remote sensing images[J]. Advanced Theory and Simulations, 2022, 5(6): 1-12.

[6] REN S Q, HE K M, GIRSHICK R, et al. Faster R-CNN: towards real-time object detection with region proposal networks[J]. IEEE Transactions on Pattern Analysis and Machine Intelligence, 2017, 39(6): 1137-1149.

[7] DAI J F, LI Y, HE K M, et al. R-FCN: object detection via region-based fully convolutional networks[EB/OL]. arXiv preprint, 2016, arXiv: 1605.06409.

[8] TIAN Z, SHEN C H, CHEN H, et al. FCOS: fully convolutional one-stage object detection[C]//Proceedings of the 2019 IEEE/CVF International Conference on Computer Vision (ICCV). Piscataway: IEEE Press, 2019: 9626-9635.

[9] DUAN K W, BAI S, XIE L X, et al. CenterNet: keypoint triplets for object detection[C]//Proceedings of the 2019 IEEE/CVF International Conference on Computer Vision (ICCV). Piscataway: IEEE Press, 2019: 6568-6577.

[10] ZHANG T, JI J S, LI X F, et al. Ship detection from PolSAR imagery using the complete polarimetric covariance difference matrix[J]. IEEE Transactions on Geoscience and Remote Sensing, 2019, 57(5): 2824-2839.

[11] NUNZIATA F, MIGLIACCIO M, BROWN C E. Reflection symmetry for polarimetric observation of man-made metallic targets at sea[J]. IEEE Journal of Oceanic Engineering, 2012, 37(3): 384-394.

[12] LIU J J, ZHANG S T, WANG S, et al. Multispectral deep neural networks for pedestrian detection[C]//Proceedings of the Proceedings ofthe British Machine Vision Conference 2016. British Machine Vision Association, 2016: 1-13.

[13] LI C Y, SONG D, TONG R F, et al. Illumination-aware faster R-CNN for robust multispectral pedestrian detection[J]. Pattern Recognition, 2019, 85: 161-171.

[14] OSIN V, CICHOCKI A, BURNAEV E. Fast multispectral deep fusion networks[J]. Bulletin of the Polish Academy of Sciences Technical Sciences, 2018: 875-889.

[15] ZHANG Y, XIANG T, HOSPEDALES T M, et al. Deep mutual learning[C]//Proceedings of the 2018 IEEE/CVF Conference on Computer Vision and Pattern Recognition. Piscataway: IEEE Press, 2018: 4320-4328.

[16] TANG S T, FENG L T, SHAO W Q, et al. Learning efficient detector with semi-supervised adaptive distillation[EB/OL]. arXiv preprint, 2019, arXiv: 1901.00366.

[17] ZHOU X Y, KOLTUN V, KRÄHENBÜHL P. Tracking objects as points[C]//VEDALDI A, BISCHOF H, BROX T, et al. European Conference on Computer Vision. Cham: Springer, 2020: 474-490.

[18] 张筱晗, 姚力波, 吕亚飞, 等. 基于中心点的遥感图像多方向舰船目标检测[J]. 光子学报, 2020, 49(4): 0410005.

[19] WANG J Z, LU C H, JIANG W W. Simultaneous ship detection and orientation estimation in SAR images based on attention module and angle regression[J]. Sensors, 2018, 18(9): 2851.

[20] ZHAO J P, ZHANG Z H, YU W X, et al. A cascade coupled convolutional neural network guided visual attention method for ship detection from SAR images[J]. IEEE Access, 2018, 6: 50693-50708.

[21] YANG X, SUN H, SUN X, et al. Position detection and direction prediction for arbitrary-oriented ships via multitask rotation region convolutional neural network[J]. IEEE Access, 2018, 6: 50839-50849.

[22] LIU W C, MA L, CHEN H. Arbitrary-oriented ship detection framework in optical remote-sensing images[J]. IEEE Geoscience and Remote Sensing Letters, 2018, 15(6): 937-941.

[23] 霍煜豪, 徐志京. 基于改进 RA-CNN 的舰船光电目标识别方法[J]. 上海海事大学学报, 2019, 40(3): 38-43.

[24] 邵嘉琦, 曲长文, 李健伟, 等. 基于 CNN 的不平衡 SAR 图像舰船目标识别[J]. 电光与控制, 2019, 26(9): 90-97.

[25] YAO S K, QIN X J. Gaussian mixture models-based ship target recognition algorithm in remote sensing infrared images[C]//Proceedings of the MIPPR 2017: Automatic Target Recognition and Navigation. SPIE, 2018: 1-5.

[26] GIDARIS S, SINGH P, KOMODAKIS N. Unsupervised representation learning by predicting image rotations[EB/OL]. arXiv preprint, 2018, arXiv: 1803.07728.

[27] HAN K, GUO J Y, ZHANG C, et al. Attribute-aware attention model for fine-grained representation learning[C]//Proceedings of the 26th ACM international conference on Multimedia. New York: ACM Press, 2018: 2040-2048.

[28] LV Y F, ZHANG X H, XIONG W, et al. An end-to-end local-global-fusion feature extraction network for remote sensing image scene classification[J]. Remote Sensing, 2019, 11(24): 3006.

[29] CHO K, VAN MERRIENBOER B, GULCEHRE C, et al. Learning Phrase Representations using RNN Encoder–Decoder for Statistical Machine Translation[C]//Proceedings of the Proceedings of the 2014 Conference on Empirical Methods in Natural Language Processing (EMNLP). Stroudsburg: Association for Computational Linguistics, 2014: 1724-1734.

[30] GALLEGO A J, PERTUSA A, GIL P. Automatic ship classification from optical aerial images with convolutional neural networks[J]. Remote Sensing, 2018, 10(4): 511.

[31] RAINEY K, STASTNY J. Object recognition in ocean imagery using feature selection and compressive sensing[C]//Proceedings of the 2011 IEEE Applied Imagery Pattern Recognition Workshop (AIPR). Piscataway: IEEE Press, 2011: 1-6.

[32] HUANG L Q, LIU B, LI B Y, et al. OpenSARShip: a dataset dedicated to Sentinel-1 ship interpretation[J]. IEEE Journal of Selected Topics in Applied Earth Observations and Remote Sensing, 2018, 11(1): 195-208.

[33] CHAIB S, LIU H, GU Y F, et al. Deep feature fusion for VHR remote sensing scene classification[J]. IEEE Transactions on Geoscience and Remote Sensing, 2017, 55(8): 4775-4784.

[34] 孟庆祥, 吴玄. 基于深度卷积神经网络的高分辨率遥感影像场景分类[J]. 测绘通报, 2019(7): 17-22.

[35] LOWE D G. Object recognition from local scale-invariant features[C]//Proceedings of the Proceedings of the Seventh IEEE International Conference on Computer Vision. Piscataway: IEEE Press, 1999: 1150-1157.

[36] SZEGEDY C, VANHOUCKE V, IOFFE S, et al. Rethinking the inception architecture for computer vision[C]//Proceedings of the 2016 IEEE Conference on Computer Vision and Pattern Recognition (CVPR). Piscataway: IEEE Press, 2016: 2818-2826.

[37] HUANG G, LIU Z, VAN DER MAATEN L, et al. Densely connected convolutional networks[C]//Proceedings of the 2017 IEEE Conference on Computer Vision and Pattern Recognition (CVPR). Piscataway: IEEE Press, 2017: 2261-2269.

[38] HOWARD A G, ZHU M L, CHEN B, et al. MobileNets: efficient convolutional neural networks for mobile vision applications[EB/OL]. arXiv preprint, 2017, arXiv: 1704.04861.

[39] CHOLLET F. Xception: deep learning with depthwise separable convolutions[C]//Proceedings

of the 2017 IEEE Conference on Computer Vision and Pattern Recognition (CVPR). Piscataway: IEEE Press, 2017: 1800-1807.

[40] SHI Q Q, LI W, TAO R. 2D-DFrFT based deep network for ship classification in remote sensing imagery[C]//Proceedings of the 2018 10th IAPR Workshop on Pattern Recognition in Remote Sensing (PRRS). Piscataway: IEEE Press, 2018: 1-5.

[41] LIN T Y, ROYCHOWDHURY A, MAJI S. Bilinear CNN models for fine-grained visual recognition[C]//Proceedings of the 2015 IEEE International Conference on Computer Vision (ICCV). Piscataway: IEEE Press, 2015: 1449-1457.

[42] CHEN Y, BAI Y L, ZHANG W, et al. Destruction and construction learning for fine-grained image recognition[C]//Proceedings of the 2019 IEEE/CVF Conference on Computer Vision and Pattern Recognition (CVPR). Piscataway: IEEE Press, 2019: 5152-5161.

[43] SIMONYAN K, ZISSERMAN A. Very deep convolutional networks for large-scale image recognition[EB/OL]. arXiv preprint, 2014: arXiv: 1409.1556.

[44] PEARL J, MACKENZIE D. The book of why: the new science of cause and effect[M]. 2019.

[45] DI Y H, JIANG Z G, ZHANG H P. A public dataset for fine-grained ship classification in optical remote sensing images[J]. Remote Sensing, 2021, 13(4): 747.

[46] HE K M, ZHANG X Y, REN S Q, et al. Deep residual learning for image recognition[C]//Proceedings of the 2016 IEEE Conference on Computer Vision and Pattern Recognition (CVPR). Piscataway: IEEE Press, 2016: 770-778.

[47] SELVARAJU R R, COGSWELL M, DAS A, et al. Grad-CAM: visual explanations from deep networks via gradient-based localization[C]//Proceedings of the 2017 IEEE International Conference on Computer Vision (ICCV). Piscataway: IEEE Press, 2017: 618-626.

[48] MAATEN L, HINTON G. Visualizing data using t-SNE[J]. Journal of Machine Learning Research, 2008, 8(9): 2579-2605.

[49] WICKRAMANAYAKE S, HSU W, LEE M L. Comprehensible convolutional neural networks via guided concept learning[C]//Proceedings of the 2021 International Joint Conference on Neural Networks (IJCNN). Piscataway: IEEE Press, 2021: 1-8.

[50] SZEGEDY C, VANHOUCKE V, IOFFE S, et al. Rethinking the inception architecture for computer vision[C]//Proceedings of the 2016 IEEE Conference on Computer Vision and Pattern Recognition (CVPR). Piscataway: IEEE Press, 2016: 2818-2826.

[51] HUANG G, LIU Z, VAN DER MAATEN L, et al. Densely connected convolutional networks[C]//Proceedings of the 2017 IEEE Conference on Computer Vision and Pattern Recognition (CVPR). Piscataway: IEEE Press, 2017: 2261-2269.

[52] SHI Q Q, LI W, TAO R. 2D-DFrFT based deep network for ship classification in remote sensing imagery[C]//Proceedings of the 2018 10th IAPR Workshop on Pattern Recognition in Remote Sensing (PRRS). Piscataway: IEEE Press, 2018: 1-5.

[53] SHI Q Q, LI W, TAO R, et al. Ship classification based on multifeature ensemble with convolutional neural network[J]. Remote Sensing, 2019, 11(4): 419.

[54] LYU Y F, ZHANG X H, XIONG W, et al. An end-to-end local-global-fusion feature extrac-

tion network for remote sensing image scene classification[J]. Remote Sensing, 2019, 11(24): 3006.

[55] ZHANG X H, LV Y F, YAO L B, et al. A new benchmark and an attribute-guided multilevel feature representation network for fine-grained ship classification in optical remote sensing images[J]. IEEE Journal of Selected Topics in Applied Earth Observations and Remote Sensing, 2020, 13: 1271-1285.

[56] LIN T Y, ROYCHOWDHURY A, MAJI S. Bilinear CNN models for fine-grained visual recognition[C]//Proceedings of the 2015 IEEE International Conference on Computer Vision (ICCV). Piscataway: IEEE Press, 2015: 1449-1457.

[57] CHEN Y, BAI Y L, ZHANG W, et al. Destruction and construction learning for fine-grained image recognition[C]//Proceedings of the 2019 IEEE/CVF Conference on Computer Vision and Pattern Recognition (CVPR). Piscataway: IEEE Press, 2019: 5152-5161.

[58] XIE S N, GIRSHICK R, DOLLÁR P, et al. Aggregated residual transformations for deep neural networks[C]//Proceedings of the 2017 IEEE Conference on Computer Vision and Pattern Recognition (CVPR). Piscataway: IEEE Press, 2017: 5987-5995.

[59] HUANG G, LIU Z, VAN DER MAATEN L, et al. Densely connected convolutional networks[C]//Proceedings of the 2017 IEEE Conference on Computer Vision and Pattern Recognition (CVPR). Piscataway: IEEE Press, 2017: 2261-2269.

[60] FU J L, ZHENG H L, MEI T. Look closer to see better: recurrent attention convolutional neural network for fine-grained image recognition[C]//Proceedings of the 2017 IEEE Conference on Computer Vision and Pattern Recognition (CVPR). Piscataway: IEEE Press, 2017: 4476-4484.

[61] CHEN Y, BAI Y L, ZHANG W, et al. Destruction and construction learning for fine-grained image recognition[C]//Proceedings of the 2019 IEEE/CVF Conference on Computer Vision and Pattern Recognition (CVPR). Piscataway: IEEE Press, 2019: 5152-5161.

[62] ZHENG H L, FU J L, ZHA Z J, et al. Looking for the devil in the details: learning trilinear attention sampling network for fine-grained image recognition[C]//Proceedings of the 2019 IEEE/CVF Conference on Computer Vision and Pattern Recognition (CVPR). Piscataway: IEEE Press, 2019: 5007-5016.

第3章

遥感卫星数据舰船目标跟踪

3.1 引言

 静止轨道凝视光学遥感卫星长期驻留在固定区域的上空，可以不受卫星过顶时间制约，具有快速任务响应、高频率重复探测、大范围多目标持续监视等能力，能够获取某一区域一定时间间隔内的多帧卫星遥感图像序列，实现了卫星遥感由定期静态普查向实时动态监测的方向发展，极大地提高了卫星的时间分辨率，扩大了覆盖范围，并且卫星视频的帧图像具有地理坐标信息，可以获取目标的运动状态信息，在海洋目标监视领域展现出强大的应用前景[1-2]。

 电子侦察卫星，也称为电磁信号探测卫星，是最早发展的卫星海洋目标监视技术，能够截获舰船雷达、通信和遥测系统等辐射源发出的电磁信号，并测定辐射源位置与参数等。电子侦察卫星的探测范围广，覆盖范围一般可达上千千米，可以连续不间断工作、不受气象等因素制约，数据处理量较小，可以快速处理，还可以引导成像卫星对重点目标进行精细探测，是日常海洋目标监视的有效手段之一。但电子侦察是无源探测，当舰船目标的无线电静默时，无法对其进行探测监视。

 本章分析研究了基于电子侦察卫星和静止轨道凝视光学遥感卫星的舰船目标跟踪方法，其中，第 3.3 节基于我国已发射的地球同步轨道光学成像遥感卫星——高分四号（GF-4），提出了中低分辨率卫星遥感图像序列舰船目标跟踪算法。

3.2 基于电子侦察卫星的舰船目标跟踪

　　天基海洋目标监视在军用和民用领域具有重要意义,已经成为各国卫星应用技术发展的重要方向。电子侦察卫星作为有效的天基海洋目标监视手段之一,其观测时间长、观测范围广、不受气象等因素制约,可以快速引导其他卫星对舰船目标进行详查。目前,美国已发展到第三代海洋监视卫星,如图 3-1 所示,这类卫星通过截获舰船的辐射源(主要是雷达)信号对舰船目标进行定位,定位精度为千米级。通过多颗卫星组网,以接力的方式对舰船目标进行连续的跟踪和监视,重访时间可以达到小时级,每天能够对同一目标监视几十次。研究人员开展了基于电子侦察卫星信息的海洋目标关联跟踪研究[3-6],本节重点介绍基于电子侦察卫星的舰船目标跟踪。针对电子侦察卫星位置测量误差较大等特点,在基于地理坐标的航迹滤波算法的基础上实现舰船目标跟踪。

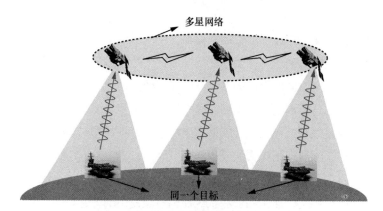

图 3-1　基于电子侦察卫星的海洋监视系统

3.2.1　基于地理坐标的航迹滤波

3.2.1.1　航迹推算

　　航迹推算是指已知起始位置,在一定的运动状态(速度与航向)下推算出目标到达位置[7]。通常情况下，舰船目标的航迹主要有大圆航迹与恒向线航迹。其中，大圆航迹为最短航迹，比较经济，但由于航行中要频繁改变航向，实际中往往用分段恒向线航迹近似大圆航迹航行，因此本节主要研究恒向线航迹推算。恒向线航迹推算主要方法为墨卡托航法与中分纬度航法[7]，在舰船目标机动性较低的前提下，可以将目标的运动看作匀速直线运动。在平面直角坐标系中，匀速直线运动的运动状态过程描述最为简单，因此，对目标跟踪的研究一般基于平面直角坐标系。在实际中，通常用经纬度来描述舰船目标的位置信息。如果想要在平面直角坐标系中建立目标的运动状态并进行推算，可以通过投影的方式将地理坐标转化为平面直角坐标，如舰船航行中最常用的墨卡托投影，以及遥感中使用的通用横轴墨卡托（Universal Transverse Mercator, UTM）投影等。但是在天基海洋目标监视中，当对目标的监视间隔较长时，目标的运动状态在投影平面的变形较大，影响了目标的推算精度。因此，本节采用经纬度等信息来描述目标的运动。在地理坐标下，航迹推算的一般性计算式为：

$$\begin{cases} \varphi_2 = \varphi_1 + \mathrm{D}\varphi \\ \lambda_2 = \lambda_1 + \mathrm{D}\lambda \end{cases} \tag{3-1}$$

其中，(φ_1, λ_1)、(φ_2, λ_2) 分别为起点和终点的经纬度坐标，$\mathrm{D}\varphi$、$\mathrm{D}\lambda$ 分别代表推算的纬差和经差。如图 3-2 所示，设舰船由 A 点沿着恒向线航行到 B 点，航向角为 c，航程为 S，求 B 点坐标的关键在于计算纬差和经差。在匀速运动下，航程等于航行速度 v 与时间间隔 T 的乘积，即 $S = vT$，经纬度及航向角的单位为度（°），距离单位为海里（n mile），时间单位为小时（h），速度单位为节（kn），1 节等于 1 海里/小时（1 kn =1 n mile /h）。

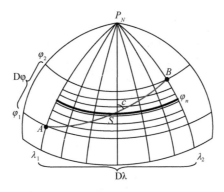

图 3-2　恒向线航法示意图

图 3-3 分别展示了墨卡托航法与中分纬度航法三角形，可得纬差的计算式为：

$$D\varphi = S\cos c / a \tag{3-2}$$

其中，a 为赤道上 1°经度弧长对应的海里数，单位为海里/度（n mile/°），a 一般取值为 60，精确为 60.04。对于不同航迹推算方法，$D\lambda$ 会不同，墨卡托航法的 $D\lambda$ 为：

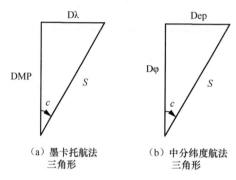

（a）墨卡托航法　　　　（b）中分纬度航法
　　三角形　　　　　　　　三角形

图 3-3　航法三角形

$$D\lambda = DMP \cdot \tan c = \left(MP_2 - MP_1\right)\tan c \tag{3-3}$$

其中，MP 为纬度渐长率，DMP 为纬度渐长率差，计算式如下：

$$MP = R\ln\left[\tan\left(45° + \frac{\varphi}{2}\right)\left(\frac{1 - e\sin\varphi}{1 + e\sin\varphi}\right)^{\frac{e}{2}}\right] \tag{3-4}$$

其中，R 为赤道半径，近似为 $360 \cdot 60 / 2\pi$ n mile，e 为地球球体的偏心率。中分纬度航法的 $D\lambda$ 为：

$$D\lambda = Dep \cdot \sec\varphi_n / a = S\sin c \sec\varphi_n / a \tag{3-5}$$

其中，Dep 为东西距，φ_n 为中分纬度，如图 3-2 中的加粗纬度线，通常可以用平均纬度来近似代替[8]，即：

$$\varphi_n = \frac{\varphi_1 + \varphi_2}{2} \tag{3-6}$$

令

$$\begin{cases} \dot{\lambda} = v\sin c \\ \dot{\varphi} = v\cos c \end{cases} \tag{3-7}$$

则 v、c 可由 $\dot{\varphi}$ 与 $\dot{\lambda}$ 求出，即：

$$
\begin{cases}
v = \sqrt{\dot{\lambda}^2 + \dot{\varphi}^2} \\
c = \arctan\left(\dot{\lambda}/\dot{\varphi}\right)
\end{cases}
\tag{3-8}
$$

采用恒向恒速模型，则有：

$$
\begin{cases}
\varphi_2 = \varphi_1 + \dot{\lambda}T/a \\
\lambda_2 = \lambda_1 + \dot{\varphi}T\sec\left(\varphi_1 + \dot{\varphi}T/a/2\right)/a
\end{cases}
\tag{3-9}
$$

通过计算式对比可知，中分纬度航法是基于地球圆球体的近似航法估计，而墨卡托航法可以适用于地球圆球体和椭球体的计算。相比墨卡托航法，中分纬度航法原理简单，在航迹预测精度损失较小的情况下，更方便使用。而墨卡托航法精度高，但需要正切等运算，当舰船沿着纬线航行或航向角接近 90°或 270°时，正切值趋于无穷大，不能采用墨卡托航法。在高纬度地区，纬度渐长率迅速增加，容易出现较大误差。同时，墨卡托航法计算复杂，对纬度求导会涉及对正切、对数等综合求导方法，不方便使用。因此，本节选择中分纬度航法用于地理位置的转移方程，在此基础上进行航迹的滤波。

3.2.1.2　扩展卡尔曼滤波（Extended Kalman Filtering，EKF）推导

设目标的运动状态由经纬度及在经纬度方向的速度分量组成，即：

$$
\boldsymbol{x} = (\lambda, \dot{\lambda}, \varphi, \dot{\varphi})^{\mathrm{T}}
\tag{3-10}
$$

k 时刻的运动状态设为：

$$
\boldsymbol{x}_k = (\lambda_k, \dot{\lambda}_k, \varphi_k, \dot{\varphi}_k)^{\mathrm{T}}
\tag{3-11}
$$

对 $k-1$ 时刻的状态进行推算，即：

$$
\boldsymbol{x}_k = \boldsymbol{f}_{k-1}\left(\boldsymbol{x}_{k-1}\right) + \boldsymbol{G}_{k-1}\boldsymbol{v}_{k-1}
\tag{3-12}
$$

其中，$\boldsymbol{f}_{k-1}$ 为状态转移函数，$\boldsymbol{G}_{k-1}$、$\boldsymbol{v}_{k-1}$ 分别为过程噪声矩阵与过程噪声。

$$
\boldsymbol{v}_{k-1} = (\ddot{\lambda}_{k-1}, \ddot{\varphi}_{k-1})^{\mathrm{T}}
\tag{3-13}
$$

其中，$\ddot{\lambda}_{k-1}$ 和 $\ddot{\varphi}_{k-1}$ 分别代表经度和纬度方向的过程噪声。

在中分纬度航法中，状态转移方程为：

$$\lambda_k = \lambda_{k-1} + \dot{\lambda}_{k-1} T_{k-1} \sec\left(\varphi_{k-1} + \dot{\varphi}_{k-1} T_{k-1}/a/2 + \ddot{\varphi}_{k-1} T_{k-1}^2/a/4\right)\Big/a +$$

$$T_{k-1}^2 \ddot{\lambda}_{k-1} \sec\left(\varphi_{k-1} + \dot{\varphi}_{k-1} T_{k-1}/a/2 + \ddot{\varphi}_{k-1} T_{k-1}^2/a/4\right)\Big/a/2 \approx$$

$$\lambda_{k-1} + \dot{\lambda}_{k-1} T_{k-1} \sec\left(\varphi_{k-1} + \dot{\varphi}_{k-1} T_{k-1}/a/2\right)\Big/a + \tag{3-14}$$

$$T_{k-1}^2 \ddot{\lambda}_{k-1} \sec\left(\varphi_{k-1} + \dot{\varphi}_{k-1} T_{k-1}/a/2\right)\Big/a/2$$

$$\varphi_k = \varphi_{k-1} + \dot{\varphi}_{k-1} T_{k-1}/a + T_{k-1}^2 \ddot{\varphi}_{k-1}/a/2 \tag{3-15}$$

$$\dot{\lambda}_k = \dot{\lambda}_{k-1} + T_{k-1} \ddot{\lambda}_{k-1} \tag{3-16}$$

$$\dot{\varphi}_k = \dot{\varphi}_{k-1} + T_{k-1} \ddot{\varphi}_{k-1} \tag{3-17}$$

其中，$T_{k-1} = t_k - t_{k-1}$，令 $\varphi_{k-1}^n = \varphi_{k-1} + \dot{\varphi}_{k-1} T_{k-1}/a/2$，则有：

$$\begin{bmatrix} \lambda_k \\ \dot{\lambda}_k \\ \varphi_k \\ \dot{\varphi}_k \end{bmatrix} = \begin{bmatrix} \lambda_{k-1} + \dot{\lambda}_{k-1} T_{k-1} \sec\left(\varphi_{k-1}^n\right)\Big/a \\ \dot{\lambda}_{k-1} \\ \varphi_{k-1} + \dot{\varphi}_{k-1} T_{k-1}/a \\ \dot{\varphi}_{k-1} \end{bmatrix} + \begin{bmatrix} T_{k-1}^2 \sec\left(\varphi_{k-1}^n\right)\Big/a/2 & 0 \\ T_{k-1} & 0 \\ 0 & T_{k-1}^2/a/2 \\ 0 & T_{k-1} \end{bmatrix} \begin{bmatrix} \ddot{\lambda}_{k-1} \\ \ddot{\varphi}_{k-1} \end{bmatrix} \tag{3-18}$$

$$\boldsymbol{G}_k = \begin{bmatrix} T_{k-1}^2 \sec\left(\varphi_{k-1}^n\right)\Big/a/2 & 0 \\ T_{k-1} & 0 \\ 0 & T_{k-1}^2/a/2 \\ 0 & T_{k-1} \end{bmatrix} \tag{3-19}$$

从上面的计算式可以看出，状态转移方程为非线性方程。对于线性方程，一般采用卡尔曼滤波算法；对于非线性方程，一般采用 EKF、无迹卡尔曼滤波、粒子滤波等算法[9]，这里采用一阶 EKF 对目标状态进行滤波处理。在一阶 EKF 中，将非线性方程的一阶泰勒公式展开，舍去其中的高阶项。其中，状态转移矩阵 $\boldsymbol{F}_{k-1}$ 是用非线性函数对状态向量求偏导获得的雅可比矩阵[9]，即：

$$\boldsymbol{F}_{k-1} = (\nabla_{\boldsymbol{X}} \boldsymbol{f}_{k-1}^{\mathrm{T}})^{\mathrm{T}} = \begin{bmatrix} \dfrac{\partial \boldsymbol{f}_1}{\partial \boldsymbol{x}_1} & \cdots & \dfrac{\partial \boldsymbol{f}_1}{\partial \boldsymbol{x}_n} \\ \vdots & \ddots & \vdots \\ \dfrac{\partial \boldsymbol{f}_n}{\partial \boldsymbol{x}_1} & \cdots & \dfrac{\partial \boldsymbol{f}_n}{\partial \boldsymbol{x}_n} \end{bmatrix} =$$

$$\begin{bmatrix} 1 & \dfrac{T_{k-1}\sec\left(\varphi_{k-1}^n\right)}{a} & \dfrac{\dot{\lambda}_{k-1}T_{k-1}\tan\left(\varphi_{k-1}^n\right)}{a\cos\left(\varphi_{k-1}^n\right)} & \dfrac{\dot{\lambda}_{k-1}T_{k-1}^2\tan\left(\varphi_{k-1}^n\right)}{2a^2\cos\left(\varphi_{k-1}^n\right)} \\ 0 & 1 & 0 & 0 \\ 0 & 0 & 1 & T_{k-1}/a \\ 0 & 0 & 0 & 1 \end{bmatrix} \tag{3-20}$$

设量测方程为：

$$z_k = H_k x_k + w_k \tag{3-21}$$

其中，z_k 包含经纬度的测量值，w_k 为位置噪声，则观测矩阵为：

$$H_k = \begin{bmatrix} 1 & 0 & 0 & 0 \\ 0 & 0 & 1 & 0 \end{bmatrix} \tag{3-22}$$

过程噪声矩阵、量测噪声矩阵、过程噪声协方差矩阵分别为 B_k、R_k、Q_k，

$$B_k = \begin{bmatrix} \sigma_v^2 & 0 \\ 0 & \sigma_v^2 \end{bmatrix}, R_k = \begin{bmatrix} \sigma_\lambda^2 & 0 \\ 0 & \sigma_\varphi^2 \end{bmatrix}, Q_k = G_k B_k G_k^{\mathrm{T}} \tag{3-23}$$

其中，σ_v 为过程噪声标准差，σ_λ 和 σ_φ 分别为经度和纬度的量测标准差。

状态的一步预测为：

$$x_{k|k-1} = f_{k-1}\left(x_{k-1}\right) \tag{3-24}$$

协方差的一步预测为：

$$P_{k|k-1} = Q_{k-1} + F_{k-1} P_{k-1} F_{k-1}^{\mathrm{T}} \tag{3-25}$$

量测的预测为：

$$z_{k|k-1} = H_k x_{k|k-1} \tag{3-26}$$

信息协方差为：

$$S_k = H_k P_{k|k-1} H_k^{\mathrm{T}} + R_k \tag{3-27}$$

增益为：

$$K_k = P_{k|k-1} H_k^{\mathrm{T}} S_k^{-1} \tag{3-28}$$

状态更新方程为：

$$x_{k|k} = x_{k|k-1} + K_k \left(z_k - H_k x_{k|k-1} \right) \tag{3-29}$$

协方差更新方程为：

$$P_{k|k} = \left(I - K_k H_k \right) P_{k|k-1} \tag{3-30}$$

其中，I 为与协方差同维的单位矩阵。滤波的起始状态设为 $x_{1|1} = \left(\lambda_1, 0, \varphi_1, 0 \right)^{\mathrm{T}}$，状态协方差由单点起始法确定。

$$P_{1|1} = \mathrm{diag} \left[\sigma_\lambda^2, (v_{\max}/2)^2, \sigma_\varphi^2, (v_{\max}/2)^2 \right] \tag{3-31}$$

其中，$v_{\max}$ 为舰船航行最大速度。

3.2.2 基于改进 MHT 的卫星电子信息舰船目标跟踪

辐射源跟踪问题一直是国内外研究的热点，主要跟踪方法有联合概率数据关联（Joint Probabilistic Data Association, JPDA）[10]、多假设跟踪（Multiple Hypothesis Tracking, MHT）[11-12]和随机有限集（Random Finite Set, RFS）的多种近似形式，如概率假设密度[13]（Probability Hypothesis Density, PHD）、势概率假设密度[14]、伯努利滤波[15-16]等。其中，MHT 基于多帧关联，涵盖了跟踪的全过程，与 JPDA 等单帧跟踪方法相比，虽然需要更大的计算量，但更适合高关联不确定性下的目标跟踪。JPDA 针对的目标数目是确定的，一旦场景中目标数目发生变化，很容易产生跟踪错误。RFS 是用于跟踪的全新理论，其不考虑目标与量测的关联问题，只进行目标的状态估计，具有很高的计算效率，但算法本身无法输出航迹等信息，需要结合其他方法进一步处理状态估计信息。为了更好地利用信息提高跟踪性能，研究人员提出了很多改进算法，主要在各种滤波框架的基础上结合辐射源特征进行跟踪，如利用辐射源特征结合 JPDA[17]、PHD[18]等。

由于研究背景的特殊性，目前针对卫星电子信息舰船目标跟踪的研究很少。卫星电子信息舰船目标跟踪要解决的主要问题包括多目标的航迹提取（舰船目标数目与运动状态估计）、各目标的辐射源配属情况（辐射源数目与参数估计）等。在无辐射源类别等先验知识的情况下，卫星电子信息舰船目标跟踪问题是边跟踪边进行参数估计的过程，参数估计是为了进一步联合多源遥感信息进行目标识别。然而在实际中，与雷达等主动探测系统（秒级采样率）相比，电子侦察卫星重访时间较长（小时级）、重访间隔随机。舰船搭载的辐射源经常开关机，导致目标数目及辐射源数目等信息难以准确估计。低定位精度及环境噪声与被动定位噪声引起的杂波也增大了跟踪的难度[19]。此外，一个舰船平台可以搭载多个辐射源，如航母上配有对空搜索、对海搜索、航管、目标指示与引导等不同工作频段、不同功能的雷达。上述问题造成相邻时刻目标的状态差异性较大，使得难以通过单帧跟踪方法准确地估计目标状态，因此选择 MHT 框架进行跟踪，通过多帧关联保证关联质量。

另外，当舰船上的辐射源开机时，电子侦察卫星（一般处于中低轨）在过顶的短时间内会截获辐射源信号，在多个处理时间帧内得到该辐射源多个时刻的定位点及相应的辐射源信息。但是由于舰船目标运动缓慢和定位精度差，很难用这些量测估计运动状态。例如，舰船目标航速为 10 m/s，卫星通过目标的时间为 5 min，平均 0.5 min 获取 1 次目标位置，卫星定位误差为 3 km，与定位误差相比，每次目标位置的变化较小。忽略卫星过顶时目标移动的短距离，假设在卫星过顶时间内得到辐射源所有量测具有相同的时间，以卫星过顶截获信号的中间时刻为当前时刻，其他信号近似认为是当前时刻产生的，将发出多次信号的辐射源看作扩展目标，用与扩展目标相关的理论解决跟踪问题。目前主要有两种用于扩展目标跟踪（Extended Target Tracking, ETT）的解决思路，第一种就是先进行扩展目标的量测建模，通常结合目标特征进行量测空间划分，再采用常规的跟踪算法[20]；第二种是将量测的划分和跟踪算法相结合，主要实现方法为扩展目标 PHD 算法[21-24]。考虑到 PHD 跟踪方法无法生成航迹等信息，这里采用量测预处理和 MHT 解决 ETT 问题。

针对上述卫星电子信息舰船目标跟踪问题，本节先分析 MHT 基本框架，然后根据卫星电子信息的特点进行舰船目标建模，再将辐射源参数信息纳入 MHT 框架，实现目标运动与属性状态的联合估计。卫星电子信息舰船目标跟踪流程如图 3-4 所示。

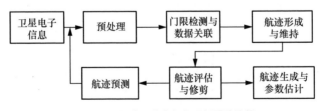

图 3-4　卫星电子信息舰船目标跟踪流程

3.2.2.1　MHT 基本框架

MHT 算法是多目标跟踪的经典算法，已经得到了广泛的应用，其主要思想是利用多帧量测数据进行数据关联，通过延迟决策的策略缓解单帧数据关联的模糊问题。MHT 算法可以将目标跟踪中的航迹起始、航迹维持及航迹终止等环节统一在同一个框架内。MHT 算法在低检测概率、大杂波密度及密集目标等情况下的跟踪性能更为突出。MHT 主要的实现算法有面向假设的 MHT（Hypothesis-Oriented MHT, HOMHT）和面向航迹的 MHT（Track-Oriented MHT, TOMHT）算法[25]。由于多个假设可能包含同一条航迹，航迹的数量远小于假设数量，TOMHT 以航迹生成假设，可以大大提高 MHT 的效率[26-27]。本节重点研究 TOMHT 算法，其基本思想是根据当前时刻的量测形成航迹树，由航迹树枚举多个联合关联假设，通过评分来评估航迹和关联假设的可信度，删除得分低的航迹，输出高得分的航迹。TOMHT 主要涉及航迹树生成、航迹得分、全局假设生成、N 扫描修剪等关键步骤，具体如下。

（1）航迹树生成

TOMHT 采用航迹树的结构进行目标管理。一棵航迹树对应一个目标，航迹树上的每个节点对应一个量测（包括空量测），每条从根节点到叶节点的路径对应目标的一条航迹，其中只有一条路径对应目标真实的航迹。航迹树的生成过程为：在当前时刻，已经存在的航迹与跟踪波门内的量测进行数据关联，派生出新的节点（航迹的延续）；没有关联上的量测，则派生为一个独立的分支（新的航迹）；没有量测关联的航迹树，则派生出空的节点。

（2）航迹得分

TOMHT 利用航迹得分评估每一条航迹的可信程度。航迹得分定义为累积似然概率比的对数，根据贝叶斯准则，航迹 j 在 k 时刻的得分可以由 $k-1$ 时刻的得分递推得到[27]：

$$S^j(k) = S^j(k-1) + \Delta S^j(k) \tag{3-32}$$

其中，$\Delta S^j(k)$ 为得分的增量，可以表示为：

$$\Delta S^j(k) = \begin{cases} \ln\left(\dfrac{P_{\mathrm{D}}}{(2\pi)^{q/2}(\rho_{\mathrm{n}}+\rho_{\mathrm{f}})\sqrt{\left|\Sigma_k^j\right|}}\right) - \dfrac{d_{\mathrm{M}}^2}{2}, i>0 \\ \ln(1-P_{\mathrm{D}}), \qquad\qquad\qquad\qquad\quad i=0 \end{cases} \tag{3-33}$$

其中，P_{D} 为检测概率；ρ_{n} 为单位体积内新生目标数目的期望，即新生目标的空间密度；ρ_{f} 为杂波的空间密度；Σ_k^j 为航迹 j 经过卡尔曼滤波后的协方差矩阵；q 为状态维数；d_{M} 为预测与量测间的马氏距离。$i>0$ 代表航迹 j 在 k 时刻与量测 i 相关联；$i=0$ 代表一个空量测，即在 k 时刻航迹出现了漏检，没有关联上任何量测。每个量测都可以初始化一条新的航迹，航迹的初始得分为 $S^j(1) = \rho_{\mathrm{n}}/\rho_{\mathrm{f}}$。

（3）全局假设生成

全局假设生成等同于多维分配（Multidimensional Assignment, MDA）或最大加权独立集（Maximum Weight Independent Set, MWIS）问题[28]，MWIS 更容易计算求解。MWIS 通过将每条航迹分配给图形顶点 $v_i \in V$ 来构造无向图 $G(V,B)$。每个顶点的权重 w_j 对应于其航迹得分 $S^j(k)$，边 $(i,j) \in B$ 连接两个顶点 v_i 和 v_j，代表两个航迹共享共同的量测。独立集是一组没有共同边的顶点的集合，寻找 MWIS 相当于找到最大化总航迹得分的一组兼容航迹，可以表示为整数线性规划问题。

$$\begin{aligned} &\max_{v_i} \sum_i v_i w_i \\ &\text{s.t.} \quad v_i + v_j \leqslant 1, \forall (i,j) \in B, v_i \in \{0,1\}, \forall i \end{aligned} \tag{3-34}$$

（4）N 扫描修剪

由于 MHT 的指数复杂性较高，必须应用策略来降低计算的复杂性。在实际 MHT 的运用中，有很多修剪机制，这里使用基于每条航迹的后验概率的 N 扫描修剪和全局修剪。N 扫描修剪使用从帧 $k-N+1$ 到帧 k 的所有量测在帧 $k-N+1$ 处做出关联决定。在完成 N 扫描修剪之后，基于航迹概率执行全局航迹删除，删除概率低于阈值的航迹。

3.2.2.2 舰船目标建模

本节采用经纬度等信息来描述舰船目标运动，设舰船目标在 k 时刻的运动状态

为 x_k（如式（3-11）所示），通过卫星在 k 时刻的地理定位处理（如三星时差定位技术等），可以得到辐射源的经度和纬度。z_k 为位置量测。

$$z_k = H_k x_k + w_k, w_k \sim N\left(0, R_k\right) \tag{3-35}$$

其中，$N\left(0, R_k\right)$ 为均值为 0、协方差矩阵为 R_k 的正态分布。为了简化处理复杂度，这里将 σ_λ 和 σ_φ 设为相同的定位标准差。

$$\sigma_\varphi = \sigma_\lambda = \sigma_p \tag{3-36}$$

其中，σ_p 为定位标准差，根据实际系统进行相应设置。由于辐射源可被认为是扩展目标，因此，假设卫星接收器获得的每个辐射源的量测数量服从泊松分布。

电子侦察卫星截获目标辐射源信号后，通过定位、分选等处理不仅可以得到辐射源的位置信息，同时还能得到参数信息，如射频（Radio Frequency, RF）、脉冲宽度（Pulse Width, PW）、脉冲重复周期（Pulse Repetition Interval, PRI）等特征。其中，射频（中心频率）参数较为稳定，更能反映辐射源的特征。为了简化辐射源特征模型，仅将射频信息作为辐射源的特征信息。在实际应用中，辐射源的射频经常发生变化以抗干扰和反侦察，不同发射器的射频有不同程度的变化。例如，导航雷达的射频范围远小于预警雷达，并且一些相控阵雷达的频率可以达到几百兆赫兹（MHz）。本节假设每艘船配备一个或多个辐射源，每个辐射源的射频服从一维高斯分布，具有不同的 RF 均值和方差。由于频率的测量精度很高（通常小于 1 MHz），因此与频率范围相比，RF 的测量误差可以忽略不计。射频的量测方程定义如下。

$$f_k = e_k^i, e_k^i \sim N(x; \mu_i, \sigma_i^2) \tag{3-37}$$

其中，$N(x; \mu_i, \sigma_i^2)$ 表示均值为 μ_i、方差为 σ_i^2 的正态分布，f_k 表示射频量测，e_k^i 是舰船 j 辐射源 i 的真实射频，μ_i 与 σ_i 分别是射频的平均值和标准差。在本节中，位置信息和特征信息都用于量测，在第 k 次重访时，扩展量测表示为 $\tilde{z}_k = \{z_k, f_k\}$。如图 3-5 所示，模拟舰船上配备了 3 个具有不同 RF 均值和方差的辐射源，每个辐射源可以在卫星过顶时产生多个量测。量测位置分布在舰船的实际位置周围，而 RF 量测围绕 RF 平均值分布。

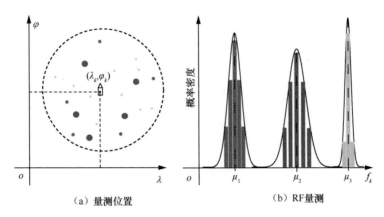

（a）量测位置　　　　　　　　　（b）RF量测

图 3-5　舰船的位置量测与载频量测分布

（1）量测预处理

由于空间电磁环境复杂，卫星不仅接收到大量的辐射源信号，还会接收到杂波及其他干扰信号，造成虚假定位点。为了减少后续跟踪算法的数据量，同时降低杂波影响，先进行量测的预处理，得到合成量测及相应的属性参数。量测的预处理主要包括两次聚类：第一次聚类是为了合成同一辐射源目标的量测，减少量测与杂波数；第二次聚类是考虑到一个舰船平台可以搭载多个辐射源，通过第二次聚类可以将同一平台的不同辐射源量测进行聚类，从而进行平台跟踪而避免单个辐射源跟踪，有效提高跟踪目标的准确性。

为解决未知辐射源数目下的聚类问题，采用层次聚类进行两次聚类[29]。结合位置与载频信息，采用基于合并的层次聚类，聚类过程如下。

1）第一次聚类

① 输入：量测集 $\tilde{Z}_k = \{\tilde{z}_k^i, 1 \le i \le N_k\}$，$\tilde{z}_k^i = \{z_k^i, f_k^i\}$，$N_k$ 表示第 k 次重访时刻的量测总个数。

② 初始化：选择每一个量测作为初始聚类，$W_i = \{\tilde{z}_k^i\}$ 为聚类间的距离且选用最大距离，即 $d(W_i, W_j) = \max\limits_{\tilde{z}_k^m \in W_i, \tilde{z}_k^n \in W_j} d(\tilde{z}_k^m, \tilde{z}_k^n)$，任意两个量测之间的度量距离定义为：

$$d(\tilde{z}_k^i, \tilde{z}_k^j) = \begin{cases} \dfrac{\left| f_k^i - f_k^j \right|}{\Delta f_k}, & d_M(z_k^i, z_k^j) \le \sqrt{\delta_{P_G}} \\ 1, & \text{其他} \end{cases} \tag{3-38}$$

$$d_{\mathrm{M}}(z_k^i, z_k^j) = \sqrt{(z_k^i - z_k^j)^{\mathrm{T}} \begin{bmatrix} 2(\sigma_{\mathrm{p}})^2 & 0 \\ 0 & 2(\sigma_{\mathrm{p}})^2 \end{bmatrix}^{-1} (z_k^i - z_k^j)} \qquad （3\text{-}39）$$

其中，Δf_k 为频率量测范围，$\Delta f_k = \max_i f_k^i - \min_i f_k^i$；$d_{\mathrm{M}}(z_k^i, z_k^j)$ 表示辐射源位置信息的距离度量，忽略舰船在卫星过顶时间内的慢速运动，d_{M}^2 服从自由度为 2 的 χ^2 分布；$\delta_{P_{\mathrm{G}}}$ 为给定概率 P_{G} 的逆累积 χ^2 分布计算的阈值。

$$\delta_{P_{\mathrm{G}}} = \mathrm{invchi2}(P_{\mathrm{G}}) \qquad （3\text{-}40）$$

其中，$\mathrm{invchi2}(\cdot)$ 是逆累积 χ^2 分布的函数。如果 $\delta_{P_{\mathrm{G}}}$ 很小，则来自相同辐射源的量测不能聚集到同一类中，否则将产生许多错误目标；如果 $\delta_{P_{\mathrm{G}}}$ 太大，则来自不同辐射源的量测（相互靠近且频率相近）可能聚类成簇，但是大的 $\delta_{P_{\mathrm{G}}}$ 可以通过多帧数据关联来减少聚类错误对跟踪的影响。这里设置 $\delta_{P_{\mathrm{G}}} = 8$，对应 $P_{\mathrm{G}} \approx 98\%$，以确保相同辐射源的量测可以属于同一聚类并减少错误目标。

③ 循环：求距离最近的两个聚类 W_m 和 W_n，然后合并获得新的聚类 W_t，$W_t = W_m \bigcup W_n$，若聚类间的距离大于终止门限 f_{T} 就停止聚类。聚类终止门限需要考虑同一辐射源载频的变化范围，例如 f_{T} 设为 $200 / \Delta f$，意味着载频量测在 200 MHz 内的聚为一类。

④ 输出：$\{W_i, 1 \leqslant i \leqslant N_{\mathrm{c}}\}$，其中 N_{c} 为聚类个数。考虑到同一辐射源的量测点在卫星过顶的时间内有多个，而杂波一般为单个离散点，则当 W_i 内的量测个数大于 1 时保留该聚类，否则将该聚类看成杂波并去除。新的聚类定义为 $\{\dot{W}_i, 1 \leqslant i \leqslant \dot{N}_{\mathrm{m}}\}$，$\dot{N}_{\mathrm{m}}$ 为聚类个数。新的量测集合定义为：

$$\dot{\tilde{Z}}_k = \{\dot{\tilde{z}}_k^i, 1 \leqslant i \leqslant \dot{N}_{\mathrm{m}}\}, \quad \dot{\tilde{z}}_k^i = \{\dot{z}_k^i, F_k^i\}, \quad F_k^i = [\mu_k^i, \sigma_k^i, L_k^i] \qquad （3\text{-}41）$$

其中，$\dot{z}_k^i$ 是新的位置量测，即 W_i 中位置的平均值；F_k^i 是新的频率量测；μ_k^i、σ_k^i 与 L_k^i 分别是 $\dot{W}_i$ 中 RF 的平均值、标准差和个数，$L_k^i \geqslant 2$。新位置量测 $\dot{z}_k^i$ 在纬度和经度上定位的标准差近似为 $\sigma_{\mathrm{p}} / \sqrt{L_k^i}$。

2）第二次聚类

根据上面的聚类方法，如果量测间距离 $d_{\mathrm{M}}(\dot{z}_k^i, \dot{z}_k^j)$ 低于设定的阈值 $\sqrt{\delta_{P_{\mathrm{G}}}}$，则合并量测 $\dot{\tilde{Z}}_k$。

$$d_{\mathrm{M}}(\dot{z}_k^i, \dot{z}_k^j) = \sqrt{(\dot{z}_k^i - \dot{z}_k^j)^{\mathrm{T}} \begin{bmatrix} (\sigma_{\mathrm{p}})^2(1/L_k^i + 1/L_k^j) & 0 \\ 0 & (\sigma_{\mathrm{p}})^2(1/L_k^i + 1/L_k^j) \end{bmatrix}^{-1} (\dot{z}_k^i - \dot{z}_k^j)} \quad (3\text{-}42)$$

同样，在第二次聚类之后定义一个新的量测集：

$$\ddot{\boldsymbol{Z}}_k = \{\ddot{z}_k^i, 1 \leqslant i \leqslant \ddot{N}_{\mathrm{m}}\}, \ddot{z}_k^i = \{\ddot{z}_k^i, E_k^i\}, E_k^i = \{F_{n(k)}^i \mid 1 \leqslant n \leqslant N^i\} \quad (3\text{-}43)$$

其中，$\ddot{N}_{\mathrm{m}}$ 是聚类的个数，$\ddot{z}_k^i$ 是第 i 个聚类中位置量测的平均值，E_k^i 是包含多个频率量测 F_k^i 的频率参数集，N^i 是 F_k^i 的个数，$\ddot{\boldsymbol{Z}}_k$ 作为跟踪的输入量测。为了简化跟踪处理，将 $\sigma_{\mathrm{p}}/\sqrt{2}$（第一次和第二次聚类之后的最大值）作为所有新位置量测的统一标准差。

（2）结合特征的航迹得分

频率量测与频率状态估计值均可以看成高斯分布，为了更好地描述辐射源之间的相似性，这里采用 JS 散度（Jensen-Shannon Divergence，JSD）[30]来度量两个频率分布的距离。假设两个高斯分布 $p_1(\boldsymbol{x}) = N(\boldsymbol{x}; \boldsymbol{m}_1, \boldsymbol{P}_1)$ 和 $p_2(\boldsymbol{x}) = N(\boldsymbol{x}; \boldsymbol{m}_2, \boldsymbol{P}_2)$，它们之间的 JSD 距离定义为：

$$\mathrm{JSD}(p_1 \| p_2) = \frac{1}{2}\big(\mathrm{KLD}(p_1 \| p_3) + \mathrm{KLD}(p_2 \| p_3)\big), p_3 = \frac{p_1 + p_2}{2} \quad (3\text{-}44)$$

$$\mathrm{KLD}(p_1 \| p_3) = \frac{1}{2}\left\{\ln\left(\frac{\det(\boldsymbol{P}_3)}{\det(\boldsymbol{P}_1)}\right) + \mathrm{tr}(\boldsymbol{P}_1 \boldsymbol{P}_3^{-1}) - \dim(\boldsymbol{x}) + (\boldsymbol{m}_1 - \boldsymbol{m}_3)^{\mathrm{T}} \boldsymbol{P}_3^{-1}(\boldsymbol{m}_1 - \boldsymbol{m}_3)\right\} \quad (3\text{-}45)$$

$$\mathrm{KLD}(p_2 \| p_3) = \frac{1}{2}\left\{\ln\left(\frac{\det(\boldsymbol{P}_3)}{\det(\boldsymbol{P}_2)}\right) + \mathrm{tr}(\boldsymbol{P}_2 \boldsymbol{P}_3^{-1}) - \dim(\boldsymbol{x}) + (\boldsymbol{m}_2 - \boldsymbol{m}_3)^{\mathrm{T}} \boldsymbol{P}_3^{-1}(\boldsymbol{m}_2 - \boldsymbol{m}_3)\right\} \quad (3\text{-}46)$$

$$\boldsymbol{m}_3 = \frac{\boldsymbol{m}_1 + \boldsymbol{m}_2}{2} \quad (3\text{-}47)$$

$$\boldsymbol{P}_3 = \frac{\boldsymbol{P}_1 + \boldsymbol{m}_1^{\mathrm{T}} \boldsymbol{m}_1 + \boldsymbol{P}_2 + \boldsymbol{m}_2^{\mathrm{T}} \boldsymbol{m}_2}{2} - \boldsymbol{m}_3^{\mathrm{T}} \boldsymbol{m}_3 \quad (3\text{-}48)$$

其中，KLD 为 KL 散度（Kullback–Leibler Divergence，KLD），$\dim(\cdot)$ 为变量的维度。设 $\hat{E}_{k-1}^j$ 为第 j 个航迹在 $k-1$ 帧的频率状态估计集合，E_k^i 为 k 帧的第 i 个频率量测。

$$\hat{E}_{k-1}^j = \{\hat{F}_{m(k-1)}^j \mid 1 \leqslant m \leqslant M^j\}, \hat{F}_{m(k-1)}^j = [\hat{\mu}_{m(k-1)}^j, \hat{\sigma}_{m(k-1)}^j, I_{m(k-1)}^j] \quad (3\text{-}49)$$

$$E_k^i = \{F_{n(k)}^i \mid 1 \leqslant n \leqslant N^i\}, F_{n(k)}^i = [\mu_{n(k)}^i, \sigma_{n(k)}^i, L_{n(k)}^i] \tag{3-50}$$

其中，$\hat{F}_{m(k-1)}^j$ 为第 m 个频率在 $k-1$ 帧的状态估计，M^j 为第 j 个航迹对应的频率个数，$\hat{\mu}_{m(k-1)}^j, \hat{\sigma}_{m(k-1)}^j, I_{m(k-1)}^j$ 分别为第 m 个频率在 $k-1$ 帧的频率均值估计、标准差估计、出现次数，$F_{n(k)}^i$ 为第 k 帧第 i 个量测的第 n 个频率信息。

M^j 与 N^i 可能不相同，定义两个集合间的距离：

$$
\begin{aligned}
&d(E_k^i, \hat{E}_{k-1}^j) = \\
&\min_{1 \leqslant n \leqslant N^i} \min_{1 \leqslant m \leqslant M^j} \mathrm{JSD}\left(N\left(x; \mu_{n(k)}^i, (\sigma_{n(k)}^i)^2\right) \middle\| N\left(x; \hat{\mu}_{m(k-1)}^j, (\hat{\sigma}_{m(k-1)}^j)^2\right) \right)
\end{aligned} \tag{3-51}
$$

将距离转化为似然值，采用模糊 C 均值（Fuzzy C-Means，FCM）聚类[29]计算属性特征的隶属度。FCM 聚类算法认为每个样本同时可以属于多个类别，是一种基于函数最优的软划分聚类方法。假设在给定加权 b 下，有来自 N_c 个类别的 N_s 个样本，则 FCM 聚类问题可以表示为：

$$
\begin{aligned}
&\min \sum_{i=1}^{N_s} \sum_{j=1}^{N_c} (u_{ij})^b (d_{ij})^2 \\
&\text{s.t.} \quad u_{ij} \in [0,1], i=1,2,\cdots,N_s, j=1,2,\cdots,N_c \\
&\qquad \sum_{j=1}^{N_c} u_{ij} = 1, \forall i \\
&\qquad 0 < \sum_{i=1}^{N_s} u_{ij} < N_s, \forall j
\end{aligned} \tag{3-52}
$$

其中，u_{ij}、d_{ij} 分别表示隶属度、第 i 个样本与第 j 个类别之间的距离。由拉格朗日乘数法可得，模糊隶属度为：

$$u_{ij} = \cfrac{1}{\displaystyle\sum_{k=1}^{N_c} \left(\cfrac{d_{ij}}{d_{ik}}\right)^{\frac{2}{b-1}}} = \cfrac{(d_{ij}^2)^{\frac{1}{1-b}}}{\displaystyle\sum_{k=1}^{N_c} (d_{ik}^2)^{\frac{1}{1-b}}} \tag{3-53}$$

通过上式，可以得到在关联门限内量测 E_k^i 为航迹 $\hat{E}_{k-1}^j$ 的隶属度 u_{ij}。考虑到量测误差、位置估计误差和最大距离，当前量测位置与前一时间估计位置之间的距离需要满足约束条件：

$$(\ddot{z}_k^i - H_{k-1} x_{k-1}^j)^{\mathrm{T}} (\ddot{z}_k^i - H_{k-1} x_{k-1}^j) \leqslant v_{\max} T_{k-1} / a + \sqrt{2} \alpha \sigma_{\mathrm{p}} \tag{3-54}$$

其中，$v_{\max}$ 为舰船航行的最大速度。结合特征信息，第 j 条航迹的得分定义为：

$$\Delta S^j(k) = \begin{cases} \omega \Delta S_{\mathrm{kin}}^j(k) + (1-\omega) \Delta S_{\mathrm{fea}}^j(k), i > 0 \\ \ln(1 - P_{\mathrm{D}}), \qquad\qquad\quad i = 0 \end{cases} \tag{3-55}$$

$$\Delta S_{\mathrm{fea}}^j(k) = \ln(u_{ij} / p_{\mathrm{e}}) \tag{3-56}$$

其中，$\Delta S_{\mathrm{kin}}^j(k)$ 与 $\Delta S_{\mathrm{fea}}^j(k)$ 分别为运动状态信息与特征信息得分，ω 为运动状态信息所占权重，$\Delta S_{\mathrm{kin}}^j(k)$ 的计算由式（3-33）求出，p_{e} 为奇异量测出现的概率。

（3）状态预测与更新

航迹状态信息的预测与更新包括运动与频率信息的预测与更新，采用一阶 EKF 来预测和更新运动状态。航迹的频率信息只更新不预测，频率信息的更新可以表示为：

$$\hat{E}_k^j = J(\hat{E}_{k-1}^j, F_{n(k)}^i) \bigcup F_{l(k)}^i \tag{3-57}$$

上式包含已存在频率与新生频率的估计，其中，$F_{n(k)}^i$ 与 $F_{l(k)}^i$ 分别表示更新频率与新生频率，需要满足：

$$\left| \hat{\mu}_{m(k-1)}^j - \mu_{n(k)}^i \right| < \Delta f_1, \quad \left| \hat{\sigma}_{m(k-1)}^j - \sigma_{n(k)}^i \right| < \Delta \sigma_1,$$

$$\left| \hat{\mu}_{m(k-1)}^j - \mu_{l(k)}^i \right| > \Delta f_2, \forall m \tag{3-58}$$

上式意味着在容差 Δf_1 与 $\Delta \sigma_1$ 内的频率量测用来更新，而与所有原来频率相比，超过 Δf_2 的频率则添加为暂时新生辐射源频率。$J(\cdot)$ 表示利用量测 $F_{n(k)}^i$ 对原有频率集 $\hat{E}_{k-1}^j$ 进行更新，则第 j 条航迹的第 m 个辐射源的频率信息为：

$$\hat{\mu}_{m(k)}^j = \frac{I_{m(k-1)}^j \hat{\mu}_{m(k-1)}^j + L_{n(k)}^i \mu_{n(k)}^i}{I_{m(k-1)}^j + L_{n(k)}^i} \tag{3-59}$$

$$(\hat{\sigma}_{m(k)}^{j})^{2} =$$

$$\frac{I_{m(k-1)}^{j}\left[(\hat{\mu}_{m(k-1)}^{j})^{2}+(\hat{\sigma}_{m(k-1)}^{j})^{2}\right]+L_{n(k)}^{i}\left[(\mu_{n(k)}^{i})^{2}+(\sigma_{n(k)}^{i})^{2}\right]}{I_{m(k-1)}^{j}+L_{n(k)}^{i}}-(\hat{\mu}_{m(k)}^{j})^{2} \tag{3-60}$$

$$I_{m(k)}^{j} = I_{m(k-1)}^{j} + L_{n(k)}^{i} \tag{3-61}$$

航迹管理可以采用逻辑法或者序贯概率比检验，由于前者参数设置简单，本节采用 3/4 逻辑法进行航迹起始。对于已存在的航迹，若在从某一时刻开始连续 3 个时刻都没有相应的量测更新，则认为此航迹终止；若少于 3 个时刻，则认为暂时被漏检，用预测值作为目标状态更新。对于暂时新生辐射源频率，若在整个跟踪过程中出现次数不少于 2 次，则确认其为新生辐射源并输出，确认后的新生辐射源才能用于数据关联。

3.2.3 实验验证

（1）航迹推算实验

本节选取 4 组不同纬度地区的舰船航行星载 AIS 数据，进行地理坐标与平面直角坐标下位置预测的对比实验。以前一时刻的 AIS 数据，推算出下一时刻的 AIS 位置信息。地理坐标的航迹推算法包括墨卡托航法、中分纬度航法；地理坐标到平面直角坐标的投影包括墨卡托投影、UTM 投影。AIS 数据包含舰船航行的时间、经纬度、航速、航向等运动信息。其中，经纬度来自 GPS 数据，具有较高的定位精度，可被看成舰船的真实位置。航速与航向受水流与海风影响，具有一定的测量偏差。航迹推算误差为上一时刻的预测值与当前时刻的真实值之间的地理坐标距离，平面直角坐标下的预测位置通过逆投影变换到地理坐标下再进行计算。

在地理坐标下，$(\varphi_{1},\lambda_{1})$ 与 $(\varphi_{2},\lambda_{2})$ 之间的距离为：

$$D_{\mathrm{geo}}(\varphi_{1},\lambda_{1},\varphi_{2},\lambda_{2}) = R_{\mathrm{earth}}\cdot\arccos\left[\sin\varphi_{1}\sin\varphi_{2}+\cos\varphi_{1}\cos\varphi_{2}\cos(\lambda_{2}-\lambda_{1})\right] \tag{3-62}$$

其中，$D_{\mathrm{geo}}(\cdot)$ 表示地理位置间的距离函数，R_{earth} 为地球平均半径。

4 组航迹预测误差如图 3-6 所示，其中 Geo1、Geo2、XY1、XY2 分别代表墨卡托航法误差、中分纬度航法误差、墨卡托投影下的预测误差、UTM 投影下的预测误差。Lon 与 Lat 分别代表舰船航行的经度与纬度范围。可以看出，预测时间越长，预测误差越大。地理坐标下的航法误差较小，其中，墨卡托航法与中分纬度航法的精度相当，投影到平面直角坐标下的航法误差较大，特别是随着纬度的增加，误差急剧增大。

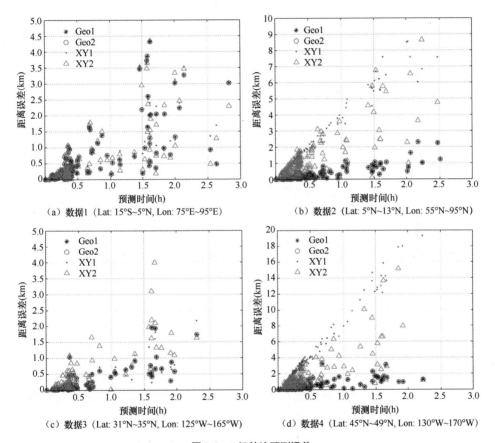

(a) 数据1 (Lat: 15°S~5°N, Lon: 75°E~95°E)

(b) 数据2 (Lat: 5°N~13°N, Lon: 55°N~95°N)

(c) 数据3 (Lat: 31°N~35°N, Lon: 125°W~165°W)

(d) 数据4 (Lat: 45°N~49°N, Lon: 130°W~170°W)

图 3-6　4 组航迹预测误差

墨卡托投影能够保持角度不变，但是长度会失真。UTM 投影在计算距离时较为准确，但是航向投影后会失真，特别在高纬度地区，恒向线投影后会发生严重变形。图 3-7 所示为图 3-6 中的数据 4（高纬度数据）分别在墨卡托投影与 UTM 投影后的平面直角坐标，可以看出，UTM 投影后舰船的运动轨迹已经从直线变为曲线。而墨卡托投影具有很好的保向性，但是其 Y 轴方向的距离变化明显大于 UTM 投影的距离，具有较大的距离误差。

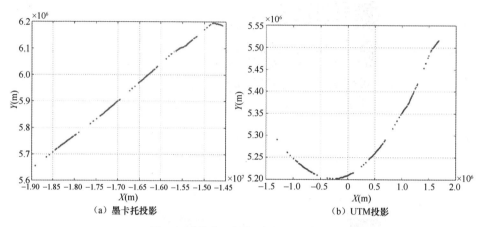

（a）墨卡托投影 　　　　　　　　（b）UTM 投影

图 3-7　高纬度下的墨卡托与 UTM 投影

（2）航迹滤波实验

由于本节获取的星载 AIS 数据的采样间隔与电子侦察卫星数据的重访时间都在小时级，因此采用 AIS 数据来模拟电子侦察卫星数据进行滤波实验。在精度方面，由于电子侦察卫星的定位精度相比 AIS 数据较差（AIS 数据精度一般为几十米），为模拟电子侦察卫星数据，在 AIS 数据的经纬度上加入噪声，设经纬度标准差 $\sigma_\lambda = \sigma_\varphi = \sigma = 1/30°$，对应平面直角坐标中的定位误差约为 5 km。采用基于中分纬度航法的 EKF 对生成的 4 组仿真数据进行航迹滤波，其中舰船航行最大速度设为 $v_{\max} = 20$ kn，过程噪声标准差取值为 $\sigma_v = 0.5$ n mile/h^2。图 3-8 所示为单次仿真下的航迹滤波给果，每个子图的上中下分别代表位置预测误差与量测误差的比较、滤波估计航向与实际 AIS 航向的比较、滤波估计速度与实际 AIS 速度的比较。

从 4 组实验的滤波结果来看，滤波后的位置误差明显小于量测误差。在舰船航行时，受环境等其他因素影响，航速与航向具有一定的波动性，而滤波后的航速、航向比较接近真实的状态值，能够正确反映真实值的变化。

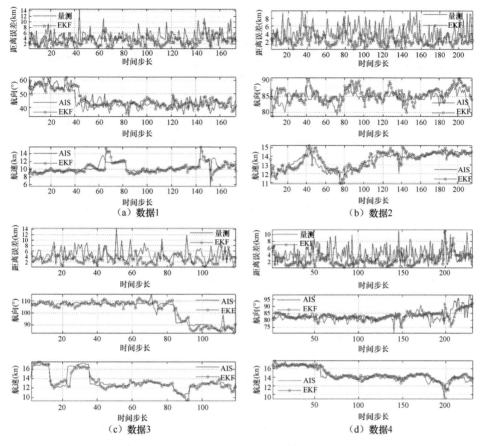

图 3-8　单次仿真下的航迹滤波结果

改变 σ 的取值，对每组数据加噪声进行 100 次蒙特卡洛实验，量测位置均方误差与滤波后各参数的均方误差结果如表 3-1 所示，其中第 1 个时刻的值不参加计算。

表 3-1　航迹滤波均方误差

数据	噪声标准差（°）	量测位置均方误差（km）	滤波位置均方误差（km）	滤波速度均方误差（km）	滤波航向均方误差（°）
1	1/30	5.20	3.41	1.04	4.55
	1/15	10.40	6.11	1.11	5.27
2	1/30	5.20	3.54	0.79	3.60
	1/15	10.40	6.69	1.14	4.78

续表

数据	噪声 标准差（°）	量测位置 均方误差（km）	滤波位置 均方误差（km）	滤波速度 均方误差（km）	滤波航向 均方误差（°）
3	1/30	4.85	2.75	0.59	2.86
	1/15	9.71	4.97	0.81	3.96
4	1/30	4.47	2.45	0.71	3.26
	1/15	8.95	4.44	0.87	3.79

从上表可以看出，噪声标准差越大，滤波后的状态误差越大，但是滤波后的位置精度比量测精度提高了很多，速度与航向的估计精度也得到了提高。因此，本节的运动状态预测与滤波方法可以用于后续的目标跟踪。

（3）跟踪性能实验

为了验证本节所提算法的跟踪性能，这里将结合频率特征的 MHT 方法（剪枝数 $N=5$、$N=3$、$N=1$）和无频率特征的标准 MHT 方法（剪枝数 $N=5$）进行对比实验。为了度量算法的跟踪与参数估计性能，采用最优子模式分配（Optimal Subpattern Assignment, OSPA）[17]距离作为综合评价指标，OSPA 距离定义为：

$$\bar{d}_p^{(c)}(X,Y)=\left[\frac{1}{n}\left(\min_{\pi\in\Pi_n}\sum_{i=1}^{m}d^{(c)}(x_i,y_{\pi(i)})^p+c^p(n-m)\right)\right]^{1/p} \tag{3-63}$$

其中，$m\leqslant n$，否则 $\bar{d}_p^{(c)}(X,Y)=\bar{d}_p^{(c)}(Y,X)$；$X=\{x_1,\cdots,x_m\}$ 和 $Y=\{y_1,\cdots,y_n\}$ 分别为真实的和估计的多目标状态集，满足 $1\leqslant p<\infty$，$c>0$；Π_n 表示 $\{1,2,\cdots,n\}$ 的排列组合集；截止距离 $d^{(c)}(x_i,y_{\pi(i)})=\min\{c,d^{(c)}(x_i,y_{\pi(i)})\}$。在整个实验中，用于评估运动状态的 OSPA 的截止距离和阶数参数设定为 $c=1$，$p=2$。由于在改进算法中需要估算射频的平均值和标准差，因此也使用 OSPA 距离测量这些参数，并且通过目标跟踪得到的 $[\hat{\mu},\hat{\sigma}]$ 计算 OSPA 距离。由于位置范围和频率范围不同，设置不同的截止距离 $c=1000$（p 不变）用于评估特征信息。

仿真环境设置如下：假设监测区域内存在 4 个舰船目标，每个舰船搭载 3 个辐射源，辐射源频率符合高斯分布，舰船目标参数设置如表 3-2 所示，频率单位为 MHz。每艘船的每个辐射源的量测是独立的，假设每帧每个辐射源的量测次数服从期望为 10 的泊松分布，每个辐射源量测的检测概率 P_D 都设置为 0.9。杂波量测每次均匀分布在监测区域时，杂波量测的数量为 400，杂波的频率均匀分布在 1000～5000 MHz 内。电子侦察卫星星座的重访时间设置为不等间隔，均匀分布在 0.5～2 h 内，卫星重访次数为 40。初始过程噪声标准差 σ_v 设置为 0.1 n mile/h^2。由于监视区域位于低纬度（赤道附近），α 设置为 1。量测噪声标准差 σ_p 设置为 1/30°，相当于在平面直角坐标的 x 轴和 y 轴上定位标准差约为 3.7 km，量测通过运动与量测方程模拟产生。处理算法使用的主要参数设置为：

$$p_e = 0.1，\omega = 0.2，v_{max} = 35 \text{ kn}，\Delta f_1 = 50 \text{ MHz}，\Delta \sigma_1 = 10 \text{ MHz}，\Delta f_2 = 500 \text{ MHz}。$$

在 MHT 的 EKF 中，$\sigma_v = 0.1 \text{ n mile}/\text{h}^2$，$\sigma_p = 1/30°$。

表 3-2　舰船目标参数设置

舰船目标	初始运动状态（$\lambda_1, \varphi_1, \theta_1, v_1$）	辐射源频率（MHz）	频率标准（MHz）
1	(60°, –6°, 70°, 20 kn)	(4000, 3000, 2000)	(5, 50, 5)
2	(60°, –1°, 110°, 20 kn)	(4100, 3100, 2000)	(5, 50, 50)
3	(60°, –5°, 75°, 20 kn)	(4200, 3200, 2100)	(5, 50, 5)
4	(60°, –2°, 105°, 20 kn)	(4300, 3300, 2100)	(5, 50, 50)

单次仿真下生成的量测分布如图 3-9（a）所示，其中，目标的量测与杂波混合在一起。图 3-9（b）所示为两次聚类后得到的量测分布，对比聚类前后的分布可以看出，结合位置与特征的聚类效果较好，能够有效去除杂波、降低数据量，实现数据的压缩，从而提高后续跟踪算法的效能。

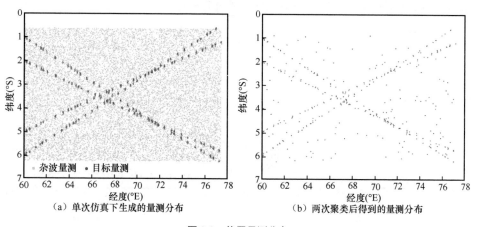

（a）单次仿真下生成的量测分布　　　　（b）两次聚类后得到的量测分布

图 3-9　位置量测分布

图 3-10 所示为单次仿真下标准 MHT 与结合频率特征的 MHT 的跟踪结果比较，"。"为航迹的起始，"×"为航迹的终止，可以看出，在目标交叉运动时，标准的 MHT 容易出现航迹的切换，同时会出现航迹分裂与虚假航迹，而结合频率特征的 MHT 得到的航迹与真实航迹相同，具有较好的关联稳定性。

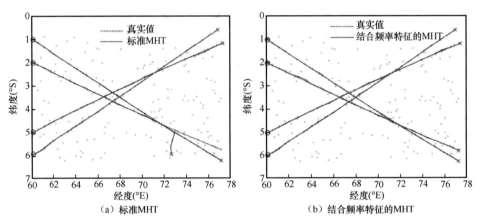

图 3-10　单次仿真下标准 MHT 与结合频率特征的 MHT 的跟踪结果比较

图 3-11 所示为单次仿真下结合频率特征的 MHT 的频率均值与频率标准差估计，可以看出算法实现了边跟踪边进行参数估计，在每次辐射源数目可变的情况下能够随着跟踪过程自适应地添加辐射源的频率信息，实现辐射源频率参数准确估计。随着跟踪时间步长的增加，频率参数也逐渐接近真值。

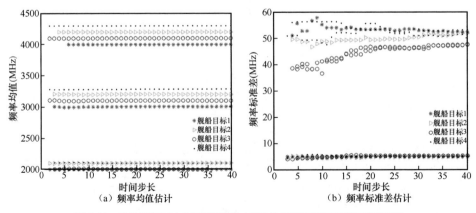

图 3-11　单次仿真下结合频率特征的 MHT 的频率均值与频率标准差估计

为了验证算法对于不同机动性下目标的跟踪性能，比较了 σ_v 取值不同时几种算法的平均 OSPA 距离（进行了 100 次蒙特卡洛实验并对 OSPA 距离取平均值），如图 3-12 所示。一般情况下，σ_v 越大，则机动性越强。从图 3-12 中可以看出，在 σ_v 较小的情况下，标准 MHT 具有较好的跟踪性能，这主要是因为运动比较符合运动模型假设，但随着 σ_v 增大，机动性增强，运动模型失配使得跟踪性能急剧下降，出现了错跟与漏跟，从而增加了 OSPA 距离。可见，结合频率特征的 MHT 算法的性能优于标准 MHT 算法，同时采用多个假设的延迟处理也优于单假设处理的效果。

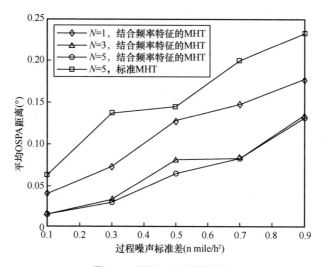

图 3-12　不同 σ_v 下的跟踪性能

为了验证算法对于不同杂波数目下目标的跟踪性能，比较了不同杂波数目下几种算法的平均 OSPA 距离（100 次蒙特卡洛实验），如图 3-13 所示。可以看出，结合频率特征的 MHT 对杂波不太敏感，可以适应不同的杂波密度并准确估计目标状态。这主要是因为在数据关联中使用了运动学和特征信息，同时在预处理中去掉了大部分杂波干扰。标准 MHT 的跟踪性能随着杂波数量的增加而急剧下降，这主要是杂波与航迹的错误关联导致的。$N=5$ 和 $N=3$ 时，结合频率特征的 MHT 的跟踪性能是接近的，但是由于延迟决策，它们优于 $N=1$ 时的性能。

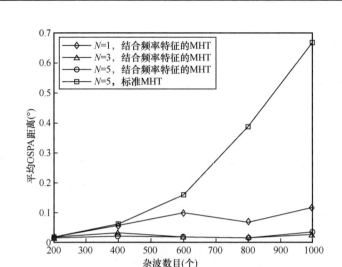

图 3-13　不同杂波数目下的跟踪性能

　　为了进一步验证算法在具有不同检测概率的多个辐射源的情况下的跟踪和参数估计性能，比较了在不同的跟踪和参数估计下几种算法的平均 OSPA 距离（100 次蒙特卡洛实验），如图 3-14 所示。P_D 越低，检测的随机性越大，测量的次数越少。从图 3-14（a）可以看出，随着 P_D 增加，每种算法的性能都会提高，结合频率特征的 MHT 的性能更好。当 N=5 时，与标准 MHT 相比，结合频率特征的 MHT 的跟踪性能提高 30% 以上。从图 3-14（b）可以看出，随着 P_D 的增加，参数估计的性能也得到了提高，多帧算法 N=5 和 N=3 比 N=1 具有更高的参数估计性能。

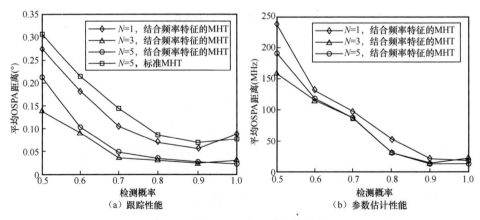

图 3-14　不同 P_D 下跟踪与参数估计性能

通过上述实验可以得出，结合频率特征的 MHT 的性能优于标准 MHT 的性能，特别是在杂波干扰和检测随机的情况下。还可以看出，结合频率特征的 MHT 中的多帧处理优于单帧处理。鉴于计算复杂度，$N=3\sim5$ 的处理较适用。

3.3　基于静止轨道凝视光学遥感卫星的舰船目标跟踪

静止轨道凝视光学遥感卫星能够实现大范围舰船目标的连续、实时、长时间监视，已经成为各国卫星发展的重要方向。3 颗静止轨道凝视光学遥感卫星组成的星座可以覆盖全球重点海域，如图 3-15 所示。

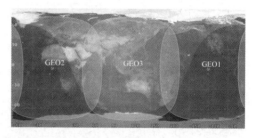

图 3-15　静止轨道凝视光学遥感卫星全球重点海域监视示意图

高分四号（GF-4）卫星是我国首颗地球同步轨道光学成像遥感卫星，卫星定点于东经 105.6° 上空的地球静止轨道，卫星观测范围南北方向主要跨越南北纬 45°，可扩展到南北纬 60° 以上，东西方向主要跨越 90°，并可以扩展到 120° 以上。GF-4 卫星具有高响应性和高重访观测能力，通过地面干预方式，能在数分钟内完成任务响应，调整到观测区域，卫星机动响应时间为 30 s，可以实现同一区域的高频连续成像，具备一定的目标跟踪能力。GF-4 卫星搭载面阵凝视成像相机，同时提供可见光近红外（VNIR）成像通道和中波红外（MWIR）成像通道，采用分波段成像机制，从波段 1 到波段 5 依次成像，之间的成像时延约为 40 s。GF-4 卫星传感器参数如表 3-3 所示。GF-4 卫星可对拍摄区域一次性成像，具备单景凝视、多景连续、区域拼接、机动巡查等成像模式，能够对大范围区域目标快速成像、持续监视，以及对多个区域交替成像[31-32]。

表 3-3　GF-4 卫星传感器参数

波段	谱段号	谱段范围（nm）	空间分辨率（m）	幅宽（km）	定位精度（m）
可见光近红外（VNIR）	1	450～900	50	500	4000
	2	450～520			
	3	520～600			
	4	630～690			
	5	760～900			
中波红外（MWIR）	6	3500～4100	400	400	

　　静止轨道凝视光学遥感卫星能够长时间获取某一海域的遥感图像序列，成像视场范围大，目标数量多，空间分辨率相对不高，目标像素数目少，一般只占几个到十几个像素点，细节不丰富，可利用特征少，同时受海杂波、碎云等因素影响大，目标与背景环境对比度并不高，虚警率高，成像帧频较低。如图 3-16 所示，通常帧间间隔为几十秒到几分钟，并且静止轨道凝视光学遥感卫星受轨道高度限制，地面定位误差较大，通常为千米级，成像中会出现帧间偏移，目标对应的各帧像素点与像面位置不一致，同一场景中还会出现多个虚假目标、多个相似目标等条件下的跟踪难题。

图 3-16　舰船目标的 GF-4 卫星遥感图像序列、AIS 信息和地面照片

　　本节提出了基于改进多假设跟踪的中低分辨率卫星遥感图像序列舰船目标跟踪算法，将多帧图像序列分解为单帧图像，基于恒虚警率（Constant False Alarm Ratio，CFAR）算法检测舰船目标，利用改进的 MHT 算法关联帧间的舰船目标，进一步去除虚假目标。同时，利用舰船目标的 AIS 定位信息和海岸线数据，提高舰船目标的定位精度。舰船目标检测与跟踪框架如图 3-17 所示。

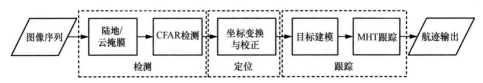

图 3-17　舰船目标检测与跟踪框架

3.3.1　图像预处理

3.3.1.1　海陆分割

遥感卫星监视近岸舰船目标时，遥感图像中包含陆地和海洋区域，还可能存在云层遮挡，为了排除陆地和云层背景干扰，减少不必要的计算量，提高舰船目标检测性能和速度，需要进行海陆分割与云区掩膜。与海面相比，云层和陆地的反射率较高，单波段遥感图像可以采用阈值分割直接提取出陆地与云区，多波段遥感图像可以利用光谱特性进行更精细的分割，通常可以利用归一化差异水体指数（Normalized Difference Water Index, NDWI）有效检测出海洋区域[33]，从而提取出舰船目标的潜在区域或舰船检测的感兴趣区（Region of Interest, ROI）。GF-4 卫星的产品包括多光谱图像，可以提供绿光、近红外波段的数据，因此，本节利用 NDWI 提取海洋区域。

$$\mathrm{NDWI} = \frac{\rho_{\mathrm{G}} - \rho_{\mathrm{NIR}}}{\rho_{\mathrm{G}} + \rho_{\mathrm{NIR}}} \tag{3-64}$$

其中，ρ_{G}、ρ_{NIR} 分别表示绿光波段、NIR 波段反射率，NDWI 利用水体在绿光波段反射率强、NIR 波段反射率弱的特点，增强了水体与其他地物的差异性。设置阈值为 T_{water}，可以得到海洋区域的二值图 B。

$$B(x, y) = \begin{cases} 1, & \mathrm{NDWI}(x, y) < T_{\mathrm{water}} \\ 0, & \mathrm{NDWI}(x, y) \geqslant T_{\mathrm{water}} \end{cases} \tag{3-65}$$

由于舰船目标的亮度高于海面背景，在分割得到的非水体区域中也可能存在舰船目标，不能直接进行掩膜。根据舰船与云区、陆地的密度分布的差异，对分割得到的二值图像进行块操作处理。统计每块的 0 值所占块大小的比例，如果比例大于某个阈值，则判为云区或者陆地，该块全部置 0，否则全部置 1，最终掩膜二值图为 B'，与检测图像相乘后，用于后续目标的检测。为了得到包含陆地的区域，用于后续的帧间配准等处理，可以对 B 直接进行取反操作。云区与陆地的有效提取，可以降低后续检测与跟踪的虚警率。在实际中，还可以根据云量的大小，进行图像质量评估，如果图像质量太差，就停止后续处理。

图 3-18 所示为 GF-4 卫星遥感图像舰船目标切片及信息，其中，图 3-18（a）所示为两个舰船目标在 GF-4 卫星 5 个波段（全色、蓝光、绿光、红光与 NIR 波段）的 128 像素×128 像素切片（第 1 帧）；图 3-18（b）所示为 5 帧 NIR 波段的 GF-4 切片，其中两个舰船目标进行相向运动。图 3-18（c）所示为两个舰船的地面照片和信息，对应切片中的两个亮点目标。可以看出，舰船目标很小，且不同波段的信噪比不同，舰船与海水的对比度在 NIR 波段更高，更有利于舰船目标的检测。因此，在后续的帧间配准与舰船目标检测中使用 NIR 波段。

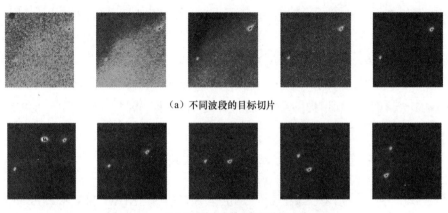

（a）不同波段的目标切片

（b）NIR波段多帧目标切片

 MMSI号：244298000
长度：299 m
宽度：42 m
类型：集装箱船

 MMSI号：416360000
长度：289 m
宽度：45 m
类型：集装箱船

（c）目标信息

图 3-18　GF-4 卫星遥感图像舰船目标切片及信息

3.3.1.2　帧间配准

GF-4 卫星相机平台的抖动会造成卫星序列图像帧间有一定的偏移，对后续目标关联、跟踪等处理有一定的影响。为了实现帧间图像的运动补偿，本节以第 1 帧图像为基准帧（主帧），计算出其他帧相对基准帧的偏移参数，实现图像间的精确配准（也称稳像）。不同于一般的图像配准，在海洋监视中，采集图像的大部分区域是海洋，直接采用分块匹配的方式很容易匹配错误，这是因为海洋背景单一，没有高程起伏、复杂纹理、边缘等，不适合进行图像匹配。因此，本节基于前面提取的陆地区域进行精确配准。

为了实现 GF-4 图像帧间偏移的自动快速估计，先对图像进行分块，分块区域大小为 512 像素×512 像素，只保留含有陆地区域的图像块。由于 GF-4 卫星具有凝视能力，帧间的拓扑关系可被看作仿射变换，每个分块区域可被近似看作平移变换。为了提高稳像的计算速度，采用相位相关法计算图像块的平移量。根据傅里叶变换原理，图像间的平移对应频域的相移，因此，可以利用频域信息计算图像间的平移量。设参考图像块 I_1 和待稳像图像块 I_2 之间的平移关系为：

$$I_1(x, y) = I_2(x + \Delta x, y + \Delta y) \tag{3-66}$$

其中，x、y 表示图像像素坐标，Δx、Δy 表示 I_1 和 I_2 在 x 和 y 方向的平移量。经过傅里叶变换得到：

$$F_2(u, v) = \exp\left[-j2\pi(u + \Delta x, v + \Delta y)\right] F_1(u, v) \tag{3-67}$$

其中，$F(\cdot)$ 表示频域变换，(u, v) 表示频域坐标。对两帧图像进行相关计算，得到：

$$\frac{F_1(u, v) F_2^*(u, v)}{\left|F_1(u, v) F_2^*(u, v)\right|} = \exp\left[-j2\pi(u\Delta x + v\Delta y)\right] \tag{3-68}$$

其中，$F^*(\cdot)$ 表示 $F(\cdot)$ 的共轭，$\exp\left[-j2\pi(u\Delta x + v\Delta y)\right]$ 的逆傅里叶变换为一个冲击函数，即：

$$F^{-1}\left\{\exp\left[-j2\pi(u\Delta x + v\Delta y)\right]\right\} = \delta(x - \Delta x, y - \Delta y) \tag{3-69}$$

因此，通过式（3-69）可以估计出图像间的平移量 Δx、Δy。在实际中发现 GF-4 图像块的平移量比较接近，误差一般不超过 1 个像素单元，可以近似认为帧间图像的整体变换也是平移变换，从而使图像间的配准更加简单快速。

3.3.2　舰船目标检测

GF-4 卫星图像序列帧频较低，通常低于 1 min/帧，在广域监视中广泛使用的传统运动检测算法（如帧差法、背景建模法等）不太适用于 GF-4 卫星图像的舰船目标检测。GF-4 卫星图像的分辨率还远远达不到低轨成像卫星图像的分辨率，舰船目标属于小目标。同时，海杂波特性分布不均匀，同一幅遥感图像中不同区域的海面背景亮度有时变化较大，如果采用单一阈值分割的方法会造成大量虚警（阈值过低）或者大量漏检（阈值过高）。因此，需要采用抗杂波的自适应阈值检测算法，同时保持恒定的虚警率。信号检测中的 CFAR 处理已经在 SAR、红外等图像检测中广泛应用。CFAR 检测基于自适应门限，在保证一定虚警率的前提下，根据虚警率与杂波特性计算出目标的检测阈值，再通过一定的判决条件判断目标是否存在。

本节选用双参数 CFAR 算法，它基于海杂波服从高斯分布的假设，比较适用于点目标的检测。由于高斯分布能够有效模拟海杂波的变化，且滑动窗口能够适应海杂波的局部变化，因此双参数 CFAR 成为一种广泛应用的舰船目标检测方法。CFAR 算法的主要原理是采用滑动窗口的形式检测目标，其结构如图 3-19 所示，包含目标窗、保护窗与杂波窗，其中，保护窗是为了防止目标的部分像素泄露到杂波窗中，导致杂波的统计不准确。各窗口大小可以根据经验进行选择，其中，目标窗长度一般设为最小舰船目标所占像素边长的 2 倍，本节设为 1，保护窗的长度一般取最大舰船目标所占像素边长的 2 倍，而杂波窗的大小需要足够大，从而保证背景估计不受其他目标和非背景等因素的影响。

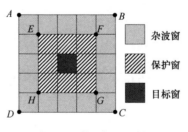

图 3-19　滑动窗口的结构

CFAR 判决为目标的准则为：

$$\mu_T > \mu_B + K_{cfar}\sigma_B \tag{3-70}$$

反之则判为背景，其中，μ_T、μ_B 分别为目标窗和杂波窗的均值，σ_B 为杂波窗的方差，K_{cfar} 为控制虚警率的常数。卫星图像经过 CFAR 检测后转化为二值图像，通过形态学处理对检测到的亮点区域进行 8 连通域标记，将目标分别提取出来。为了进一步剔除虚假目标，可以通过像素大小去除过大及过小的目标。目标像素区域提取完成后，计算每个目标的质心并将其作为像方的坐标。

积分图（Integral Image, II）是一种在图像中快速计算矩形区域和像素灰度和的方法[34]，因此，双参数 CFAR 检测可以采用积分图进行快速求解，以提高舰船目标检测的效率。设图像为 I，任意位置 (x, y) 的积分图表示为该点左上角所有像素之和，即：

$$II(x, y) = \sum_{x' \leqslant x, y' \leqslant y} I(x', y') \tag{3-71}$$

积分图通过迭代的方式很容易计算出来，即：

$$II(x, y) = I(x, y) + II(x-1, y) + II(x, y-1) - II(x-1, y-1) \tag{3-72}$$

由积分图可得，图像中任意矩形区域和为：

$$\begin{aligned}
S_{img}(\hat{x}, \hat{y}) &= \sum_{x_1 \leqslant \hat{x} \leqslant x_2} \sum_{y_1 \leqslant \hat{y} \leqslant y_2} I(\hat{x}, \hat{y}) = \\
&\quad II(x_2, y_2) + II(x_1, y_1) - II(x_2, y_1) - II(x_1, y_2)
\end{aligned} \tag{3-73}$$

其中，矩形区域由位置 (x_2, y_2) 与 (x_1, y_1) 围成。

在 CFAR 检测中，关键是计算杂波窗的 μ_B 与 σ_B。如图 3-19 所示，杂波区域由矩形区域 $ABCD$ 与 $EFGH$ 的差集组成，μ_B 可以通过两个矩形区域和相减，再除以像素个数得到，即：

$$\mu_B = \frac{[II(A) + II(C) - II(B) - II(D)] - [II(E) + II(G) - II(F) - II(H)]}{N_{AD} - N_{EH}} \tag{3-74}$$

其中，N_{AD} 与 N_{EH} 分别为两个矩形的像素大小。为了计算 σ_B，设 $II^2(x, y)$ 为 I 平方后的积分图，即：

$$II^2(x, y) = \sum_{x' \leqslant x, y' \leqslant y} \left[I(x', y') \right]^2 \tag{3-75}$$

则有：

$$\sigma_B = \left(\frac{[II^2(A) + II^2(C) - II^2(B) - II^2(D)] - [II^2(E) + II^2(G) - II^2(F) - II^2(H)]}{N_{AD} - N_{EH}} - \mu_B^2 \right)^{\frac{1}{2}} \tag{3-76}$$

3.3.3 舰船目标位置校正

舰船目标的精确定位是后续目标跟踪及多源信息融合的基础。前面检测得到的坐标为像素点坐标，还需要进一步将其转化为地理坐标。当静止轨道凝视光学遥感卫星对海洋目标进行监视时，由于探测距离较远，存在较大的目标定位误差，星上一角秒（1″）的姿态误差就能造成地面几百米的定位误差。针对在海洋监视中静止轨道凝视光学遥感卫星对舰船目标定位精度不高、地面控制点（Ground Control Point, GCP）自动选取困难等问题，本节提出两种定位精度提升方法：当监视区域含有陆地时，利用高精度海岸线数据进行舰船目标位置校正；当监视区域不含陆地时，采用 AIS 数据作为动态 GCP 进行舰船目标位置校正，具体框图如图 3-20 所示。

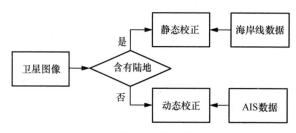

图 3-20　舰船目标定位误差校正框图

3.3.3.1 基于海岸线数据辅助的位置校正

本节主要以 GF-4 卫星获取的遥感图像进行算法流程设计，静态校正的具体流程如图 3-21 所示。通过图像预处理提取包含陆地的区域（非水体区域），利用 RPC 文件得到成像区域的大致位置，筛选出高精度海岸线数据图层。利用 RPC 变换得到海岸线的像方图层，再通过掩膜得到陆地二值图，将图像与掩膜得到的二值图进行匹配。通过随机采样一致性（Random Sample Consensus, RANSAC）算法进行匹配点对的一致性提纯，计算出误差校正系数，从而校正舰船目标的位置。

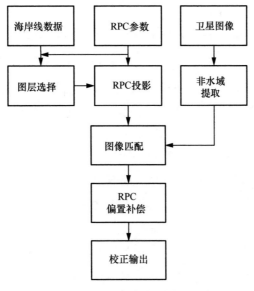

图 3-21　静态校正流程

（1）RPC 模型

RPC 模型是一种与传感器无关的通用模型，是对严格几何成像模型的高精度拟合，在遥感领域得到了广泛的应用[35-36]。RPC 模型是关于地面点坐标与图像坐标的比值多项式，其定义为：

$$
\begin{cases}
y = \dfrac{\mathrm{Num}_{\mathrm{L}}(u,v,w)}{\mathrm{Den}_{\mathrm{L}}(u,v,w)} \\[3mm]
x = \dfrac{\mathrm{Num}_{\mathrm{S}}(u,v,w)}{\mathrm{Den}_{\mathrm{S}}(u,v,w)}
\end{cases}
\tag{3-77}
$$

其中，Num 与 Den 多项式的形式为：

$$
\begin{aligned}
p(u,v,w) = {} & a_1 + a_2 v + a_3 u + a_4 w + a_5 vu + a_6 vw + a_7 uw + a_8 v^2 + \\
& a_9 u^2 + a_{10} w^2 + a_{11} uvw + a_{12} v^3 + a_{13} vu^2 + a_{14} vw^2 + a_{15} v^2 u + a_{16} u^3 + \\
& a_{17} uw^2 + a_{18} v^2 w + a_{19} u^2 w + a_{20} w^3
\end{aligned}
\tag{3-78}
$$

其中，$a_1 \sim a_{20}$ 为有理多项式系数，RPC 模型有 80 个多项式系数，u、v、w、x、y 为正则化系数。设 (φ, λ, h) 为地面坐标（物方坐标），φ、λ、h 分别表示纬度、经度、高程；(l, s) 为遥感图像坐标（像方坐标），l、s 分别为行号、列号，正则化为：

$$u = (\varphi - \varphi_0) / \varphi_s, v = (\lambda - \lambda_0) / \lambda_s,$$
$$w = (h - h_0) / h_s, y = (l - l_0) / l_s, x = (s - s_0) / s_s \tag{3-79}$$

其中，φ_0、λ_0、h_0、l_0、s_0 与 φ_s、λ_s、h_s、l_s、s_s 分别为归一化的补偿与尺度参数。

基于 RPC 模型的几何定位，其内部精度较高，但整体定位精度可能存在一定的系统误差。对于低轨卫星而言，无控定位精度可以达到 100 m，甚至 10 m 之内，在精度要求不高时可以不需要系统误差的校正。而静止轨道凝视光学遥感卫星距离地球较远，通过 RPC 模型得到的无控定位精度远低于低轨卫星，存在较大的 RPC 模型系统误差。为了修正系统误差，需要引入像方误差补偿模型。常用的误差补偿模型包括平移模型与仿射变换模型，本节采用仿射变换模型进行校正，其计算式为：

$$\begin{cases} l'' = e_0' + e_1 l' + e_2 s' \\ s'' = f_0' + f_1 l' + f_2 s' \end{cases} \tag{3-80}$$

其中，(l'', s'') 为 GCP 在影像中的像方坐标，(l', s') 为 GCP 采用 RPC 模型计算得到的影像坐标，(e_i, f_i) 为两组坐标之间的变换参数。仿射变换模型中的参数分别至少可由 3 个 GCP 解算，更多的 GCP 可以采用最小二乘（Least Square, LS）算法解算出变换参数。为了得到误差补偿参数，需要采用高精度海岸线数据库（最高分辨率一般优于 100 m）进行位置校正。

（2）图像匹配

将成像区域范围内的海岸线数据通过 RPC 投影，变换到像方坐标，通过对闭合海岸轮廓的掩膜得到陆地区域的模板图像，再通过归一化互相关（Normalized Cross-Correlation, NCC）进行模板匹配。图 3-22 给出了一个岛屿匹配的过程。在一定搜索窗口内，计算模板二值图与待匹配陆地二值图的 NCC 值，NCC 最大值（即匹配程度最高）的位置为模板在待匹配图像中的位置，搜索区域可以控制在 ±200 个像素之内。NCC 值表示为：

$$\rho(i, j) = \frac{\sum\limits_{m=1}^{M'} \sum\limits_{n=1}^{N'} P(m, n) F(m+i, n+i)}{\sqrt{\sum\limits_{m=1}^{M'} \sum\limits_{n=1}^{N'} P^2(m, n) \sum\limits_{m=1}^{M'} \sum\limits_{n=1}^{N'} F^2(m+i, n+i)}} \tag{3-81}$$

由于归一化互相关也可以转化为频域计算，因此可以采用相位相关法求解来提高计算效率。

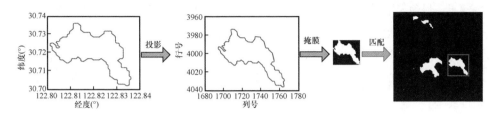

图 3-22　海岸线数据与卫星图像的模板匹配

如果不加区分地对待所有输入数据，直接求解仿射变换参数，往往会存在较大的参数估计误差，因此，需要在匹配点集中进一步选取适合估计仿射变换的点集。为了稳健估计系统误差中的变换参数，采用 RANSAC 算法进一步剔除低精度匹配点[37-38]，再通过 LS 算法由多个匹配点对解算出像方补偿参数，其步骤如下：

① 每次随机选取 3 对匹配点，计算出仿射变换参数，再求得其他点对在当前变换下的误差，将误差小于某一阈值的点对作为内点，保存内点集合；

② 重复 N 次随机采样，得到最大内点集合；

③ 对最大内点集合采用 LS 算法求解出仿射变换参数。

求解出仿射变换参数后，通过 RPC 模型的偏置补偿与正变换（一定次数的迭代求解），将舰船目标的检测结果转化为物方坐标，实现了单帧影像的舰船目标坐标的静态校正。对于多帧图像序列而言，由于帧间已经配准，因此，可以共用 1 个 RPC 文件，只需要进行第 1 帧图像 RPC 文件的误差校正，就能实现序列图像的静态校正。

3.3.3.2　基于 AIS 数据辅助的位置校正

目前，卫星遥感图像定位误差的校正主要基于大量 GCP 校正、地理信息系统匹配等方式。然而，当卫星用于海洋监视时，探测区域主要是海面，可能无法找到有效的 GCP 进行定位误差的校正。为了提高无控下静止轨道凝视光学遥感卫星对舰船目标的定位精度，同时实现多源数据的融合，本节提出一种基于 AIS 数据的静止轨道凝视光学遥感卫星舰船目标点迹关联与误差校正方法。

AIS 是一种舰船导航辅助系统，能够提供合作舰船目标精确的位置、身份属性等信息。目前，采用 AIS 进行海洋目标监视的主要平台为陆基 AIS 与星载 AIS，其中星载 AIS 不受地理限制，可以实现大范围甚至全球海域的监视。利用静止轨道凝视光学遥感卫星与 AIS 目标点迹的融合，不仅可以有效扩大舰船目标的探测范围及提高身份识别验证能力，同时可以校正静止轨道凝视光学遥感卫星图像的舰船目标定位误差。

目前，利用 AIS 关联的主要有陆基雷达、舰载雷达及 SAR 卫星数据，关联方法主要有最近邻（Nearest Neighbor, NN）[39-40]、全局最近邻（Global Nearest Neighbor, GNN）[41]、神经网络[42]、点模式匹配[43-44]（也称为点集配准）、多特征最大似然[45]等。上述方法为静止轨道凝视光学遥感卫星和 AIS 点迹关联提供了一些借鉴和参考，但是，这些方法大多没有考虑系统误差下的匹配问题。

为了实现与 AIS 数据的快速关联，同时提高在无 GCP 时静止轨道凝视光学遥感卫星对舰船目标的定位精度，本节结合静止轨道凝视光学遥感卫星特点，提出了一种基于 AIS 数据的静止轨道凝视光学遥感卫星舰船目标点迹关联与误差校正方法。该方法将监视区域的 AIS 数据与静止轨道凝视光学遥感卫星的舰船目标检测结果进行关联，再通过关联点对解算出误差模型参数，实现静止轨道凝视光学遥感卫星定位误差的校正。点迹关联与误差校正流程如图 3-23 所示，先利用与静止轨道凝视光学遥感卫星图像相关的 RPC 文件，得到卫星成像时间及大致成像区域，从而筛选出有用的 AIS 数据；将 AIS 数据进行 RPC 逆变换，实现物方坐标到像方坐标的转化；将卫星图像的舰船目标检测结果与像方 AIS 数据进行数据关联，采用迭代最近点（Iterative Closest Point, ICP）进行初步匹配，再利用 GNN 进行精准关联；通过 RANSAC 从关联点对中筛选点对并计算 RPC 模型像方误差的补偿参数，由 RPC 变换得到校正的目标坐标。

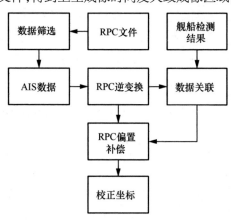

图 3-23　点迹关联与误差校正流程

（1）时空对准

　　静止轨道凝视光学遥感卫星与 AIS 在数据获取的时间与空间上存在差异，为了进行点迹关联与误差校正，需要进行时空对准处理。利用卫星图像的获取时间与大致的经纬度范围，筛选出探测时间前后一段时间与空间区间的 AIS 数据，通过舰船识别号将同一目标的数据按照时间顺序存储。对同一目标的 AIS 数据进行线性内插与外推，得到卫星图像数据获取时间对应的目标位置，即物方坐标。卫星图像经过舰船目标检测后，得到舰船在遥感图像的位置，即像方坐标。为了实现坐标统一，需要对其中一方坐标进行转换。考虑到后续遥感图像系统误差的校正处理，本节利用 RPC 模型在像方进行坐标统一，实现数据的时空同步与匹配。同时，在像方采用欧氏距离计算点对距离比较方便，避免了地理球面距离的计算或者地理坐标的平面投影。通过 RPC 模型的逆变换，可以将 AIS 数据中的地理坐标转化为图像行列号坐标。由于舰船目标在海面上活动，计算像方坐标时高程可以近似设为 0。

（2）点迹关联

　　点迹关联主要是求解某一时刻的目标点迹的对应关系，有效判断哪些点迹信息来自同一个目标。静止轨道凝视光学遥感卫星与 AIS 的目标点迹关联可以综合提高对舰船目标的感知能力，同时点迹关联也是静止轨道凝视光学遥感卫星系统定位误差校正的前提。AIS 定位精度较高，可以不考虑 AIS 的定位误差及插值误差，以 AIS 的位置作为真实的目标位置，将其看作动态的 GCP 来处理。静止轨道凝视光学遥感卫星图像目前的分辨率还不高，舰船目标只占几个到十几个像素点，难以提取有效可靠的特征信息，通过检测处理只能得到舰船在图像中的位置信息。同时，受海杂波等因素影响，检测结果中往往含有大量的虚假目标。图 3-24 所示为 GF-4 卫星图像中两个舰船目标的切片及相应的属性信息，可以看出，在 50 m 图像分辨率下，即使长度为 300 m 左右的大型舰船目标也很小。另外，虽然利用单帧卫星图像多个光谱通道的成像时间差，可以得到目标粗略的速度、方向等运动信息，但是每个光谱通道目标检测能力不同，一些通道目标可能检测不出来，影响了运动信息的估计。因此，本节只利用位置信息进行关联，根据数据与算法特点，结合 ICP 与 GNN，将点迹关联转化为点模式匹配问题。

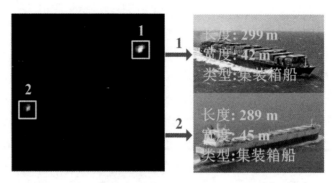

图 3-24　GF-4 卫星图像中两个舰船目标的切片及相应的属性信息

　　ICP 是点模式匹配中的经典算法，它基于最小二乘进行最优匹配，其基本思想是使用迭代的方式进行"刚体变换−最优估计"的过程，使得模型点集逐步逼近待匹配点集[46]。一次迭代由旋转与平移构成，计算每一次迭代的最优刚体变换，确定对应关系点集，多次迭代可使两个点集的误差平方和最小。由于静止轨道凝视光学遥感卫星图像检测的舰船点迹集合中虚假目标点较多，为提高 ICP 在噪声点存在时的鲁棒性，采用迭代重加权最小二乘[47]（Iteratively Reweighted Least Squares, IRLS）−ICP 进行数据粗关联。设待关联的 AIS 与静止轨道凝视光学遥感卫星舰船点迹集合分别为 X 与 Y：

$$X = \{x_j\}_{j=1}^{N_A}, \quad Y = \{y_i\}_{i=1}^{N_S} \tag{3-82}$$

其中，N_S 与 N_A 分别为卫星和 AIS 舰船集合中数据点的个数。IRLS-ICP 的具体步骤如下。

　　① 在点集 X_A 中选择初始点集 $X^{(1)} = \{x_j^{(1)}\}_{j=1}^{N_A'}$，其中 $x_j^{(1)}$ 满足 $\min_i \| y_i - x_j^{(1)} \| \leqslant \varepsilon_1$，即初始点集中的每一个 AIS 数据与卫星点迹的最近距离不超过阈值 ε_1，N_A' 为初始点集个数，$\|\cdot\|$ 为二范数。

　　② 用 $X^{(k-1)}$ 中的点 $x_i^{(k-1)}$ 在 Y 搜索出其最近点 $y_i^{(k-1)}$ 并组成一个点对，找出两个点集中所有的点对，组成点对集合。

　　③ 根据点对集合，计算出加权最小二乘下的旋转矩阵 $\hat{R}$ 和平移向量 $\hat{T}$，即：

$$[\hat{R}, \hat{T}] = \arg\min_{R,T} \sum_{i=1}^{N} w_i \left\| y_i^{(k-1)} - Rx_i^{(k-1)} - T \right\|^2 \tag{3-83}$$

其中，R、T 分别为刚体变换下的旋转矩阵和平移向量，$w_i = w(\| y_i^{(k-1)} - x_i^{(k-1)} \|)$，$w(\cdot)$ 为加权函数。

④ 通过 $\hat{R}$、$\hat{T}$ 计算 $x_i^{(k)} = \hat{R} x_i^{(k-1)} + \hat{T}$，得到点集 $X^{(k-1)}$ 经过刚体变换之后的新点集 $X^{(k)}$。

⑤ 重复②～④的迭代过程，直到满足收敛条件或达到预设的迭代次数。收敛条件为：

$$\begin{cases} \left| r^{(k)} - r^{(k-1)} \right| < \varepsilon \\ r^{(k)} = \sum_{i=1}^{N} w_i \left\| y_i^{(k)} - R x_i^{(k)} - T \right\|^2 \end{cases} \tag{3-84}$$

即连续两次加权距离平方和之差的绝对值小于阈值 ε，就停止迭代。

ICP 旋转矩阵的计算可以采用奇异值分解、四元数等方法。在整个卫星图像区域像方误差采用仿射变换模型，但在图像的小范围区域内，误差关系可以近似为刚体变换（旋转和平移）。其中，角度误差较小，而平移误差较大，为了简化计算可以将旋转矩阵近似为单位矩阵，只需要求解平移向量。

在 ICP 算法中，寻找匹配点对时选取最近点，不能保证点对的一一对应关系，同时一些干扰点也会找到最近点。为了得到更加准确的关联点对，本节在 ICP 迭代结束后，再进行 GNN 精关联。GNN 算法是在 NN 的基础上提出的，从关联的整体性考虑，寻找全局代价最小的最优关联。其中，关联变量 T_{ij} 的取值应该使点对距离 d_{ij} 的加权和最小。

$$\min \sum_{j=1}^{N'_S} \sum_{i=1}^{N_A} d_{ij} T_{ij}, \quad d_{ij} = \left\| y_i - x_j^{(k)} \right\| \tag{3-85}$$

需要满足如下约束条件：

$$\begin{cases} d_{ij} \leqslant \varepsilon_2, i \leftrightarrow j \\ \sum_{i=1}^{N_A} T_{ij} \leqslant 1, \sum_{j=1}^{N'_S} T_{ij} \leqslant 1, T_{ij} \in \{0,1\} \end{cases} \tag{3-86}$$

其中，ε_2 为最大关联距离，若点对距离超过 ε_2 则不进行关联；$T_{ij}=1$ 代表点对关联，$T_{ij}=0$ 代表不关联。GNN 中对应关系可以采用 Munkres[48]或者 Jonker-Volgenant-Castanon 分配算法求解，本节采用前者。

（3）误差校正

误差校正主要是求解误差参数，对系统误差进行有效补偿后得到更加精确的坐标。在缺少 GCP 的情况下，本节利用关联的 AIS 数据进行 RPC 校正。为了修正系统误差，采用第 3.3.3.1 节的像方仿射变换补偿模型：

$$\begin{cases} l' = e_0 + e_1 l + e_2 s \\ s' = f_0 + f_1 l + f_2 s \end{cases} \tag{3-87}$$

其中，(l',s') 为 AIS 采用 RPC 模型计算得到的像方坐标，(l,s) 为 AIS 关联的卫星图像检测点迹的像方坐标，(e_i,f_i) 为两组坐标之间的变换参数。当 $e_1=f_1=1$ 且 $e_2=f_2=0$ 时，式（3-87）则转化为平移补偿。

误差模型中的校正参数为仿射变换矩阵，有 6 个自由度，只需要 3 个关联点对解算，更多的点对可以采用 LS 算法解算。但是，在实际 AIS 接收系统中，每个舰船目标的 AIS 数据更新率不同，因此，各个点对的 AIS 插值误差不同，匹配的点对中匹配的定位精度不同，可以看作存在一定数量的误配点。如果不加区分地对待所有输入数据，直接求解仿射变换参数，往往有较大的参数估计误差，需要进一步在匹配点集中选取适合估计仿射变换的点对。为了稳健估计系统误差中的变换参数，本节采用 RANSAC 算法进一步剔除低精度匹配点，通过最大内点集合采用 LS 算法求解出仿射变换参数。求解出仿射变换参数后，通过 RPC 模型的偏置补偿与正变换将舰船目标的检测结果转换为物方坐标，实现了单帧影像的舰船目标坐标的动态校正。

3.3.4 舰船目标跟踪

3.3.4.1 舰船目标建模

对于海洋监视而言，不仅需要检测出舰船目标，还要进行跟踪，得到舰船的动态信息。在舰船跟踪前，需要进行合适的目标建模。目前，GF-4 卫星的分辨率远低于低轨成像卫星的分辨率，舰船在图像中属于小目标，难以提取丰富的特征，本节仅使用位置信息进行跟踪，目标在 k 时刻的量测可以表示为：

$$z_k = (\mathrm{lon}_k, \mathrm{lat}_k)^{\mathrm{T}} \tag{3-88}$$

其中，lon_k、lat_k 分别表示目标的经度、纬度。舰船目标在 k 时刻的状态为 x_k，目标的量测方程如式（3-35）所示。其中：

$$R_k = \mathrm{diag}(\sigma_\mathrm{p}^2, \sigma_\mathrm{p}^2) \tag{3-89}$$

其中，σ_p 为目标在经度与纬度方向的定位标准差（经纬度设成相同）。不考虑定位点的绝对误差，σ_p 可被看作帧间补偿后像元偏移的标准差。

本节选择第 3.2.1.1 节的中分纬度航法用于地理坐标的转移方程，在此基础上进行航迹滤波。由于静止轨道凝视光学遥感卫星的图像序列属于短时间密集采样，中分纬度 φ_n 可以进一步近似为 φ_1，则由起始位置 (λ_1, φ_1) 到终点位置 (λ_2, φ_2)，中分纬度航法的运动状态转移模型为：

$$\begin{cases} \varphi_2 = \varphi_1 + \dot{\lambda}T/a \\ \lambda_2 = \lambda_1 + \dot{\varphi}T\sec(\varphi_1)/a \end{cases} \tag{3-90}$$

其中，T 为时间间隔，a 为赤道上经度为 1° 的弧长对应的海里数。设舰船目标的运动状态方程如式（3-12）所示。

通过前面的计算式推导，可以得到：

$$x_k = \begin{bmatrix} \lambda_{k-1} + \dot{\lambda}_{k-1}T_{k-1}\sec(\varphi_{k-1})/a \\ \dot{\lambda}_{k-1} \\ \varphi_{k-1} + \dot{\varphi}_{k-1}T_{k-1}/a \\ \dot{\varphi}_{k-1} \end{bmatrix} + \begin{bmatrix} (T_{k-1})^2\sec(\varphi_{k-1})/(2a) & 0 \\ T_{k-1} & 0 \\ 0 & (T_{k-1})^2/(2a) \\ 0 & T_{k-1} \end{bmatrix} \begin{bmatrix} \ddot{\lambda}_{k-1} \\ \ddot{\varphi}_{k-1} \end{bmatrix}$$

$$\tag{3-91}$$

其中，$T_{k-1} = t_k - t_{k-1}$。由于式（3-91）运动状态转移方程是非线性的，因此采用一阶 EKF 用于状态预测和更新。

3.3.4.2　多帧关联与航迹提取

静止轨道凝视光学遥感卫星对舰船目标的跟踪中，受碎云、海浪等干扰影响，往往检测出大量虚假目标，需要有效的数据关联算法解决强干扰下的多目标互联问题。单帧数据关联具有较高的关联不确定性，为保证关联的准确性，选用第 3.2.2 节的 MHT 框架。在数据关联时，当前时刻的量测位置与前一时刻目标估计位置之间的距离需要满足最大航行距离的约束，即：

$$d(\boldsymbol{z}_k^i, \boldsymbol{H}_{k-1}\boldsymbol{x}_{k-1}^j) \leqslant v_{\max} T_{k-1} \tag{3-92}$$

其中，$v_{\max}$ 为舰船航行的最大速度，$d(\boldsymbol{z}_k^i, \boldsymbol{H}_{k-1}\boldsymbol{x}_{k-1}^j)$ 为两点在地理坐标下的距离。

航迹管理包括航迹起始、航迹维持与航迹终止等过程。不同帧的图像检测到的舰船目标的数量是动态变化的，同时含有一些虚假目标。利用航迹管理，根据多帧运动的关联性及时发现新生目标，剔除虚假目标。本节采用逻辑法进行航迹管理，在航迹起始时，当满足 N 次扫描中 M 次的有效量测时，将暂时航迹变为确定航迹。对于已经存在的航迹，若从某一时刻开始连续 L 个时刻都没有相应的量测值更新，则认为此航迹终止；若少于 L 个时刻，则认为暂时被漏检，用预测值作为目标状态更新。为了进一步去除固定杂波引起的虚警，对大于一定速度（如 2 kn）的目标输出运动状态。

3.3.5　实验验证

3.3.5.1　静态校正验证

为了验证基于海岸线数据的静态校正算法，选取了 5 帧 GF-4 卫星的全色多光谱传感器（Panchromatic Multispectral Sensor, PMS）图像，成像区域位于我国东海，成像时间为 2017 年 3 月 9 日 11:47:24—11:59:47，帧间间隔为 186 s，图像分辨率为 50 m，为 1A 级数据（预处理级辐射校正影像产品，未正射校正）。在图像预处理中，设置块的大小为 64 像素×64 像素，水体检测阈值为 0.1，比例阈值为 1%。以第 1 帧图像为例，如图 3-25 所示，图 3-25（b）所示为 NDWI 阈值分割得到的二值图像，其中，黑色区域包含陆地、云层、舰船等目标，白色区域为水体。可以看出，图像预处理方法可以有效分割出云层与陆地并进行掩膜。

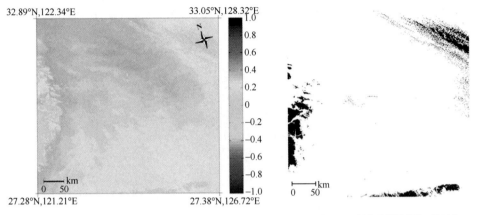

（a）NDWI密度图　　　　　　　　　　（b）NDWI阈值分割得到的二值图像

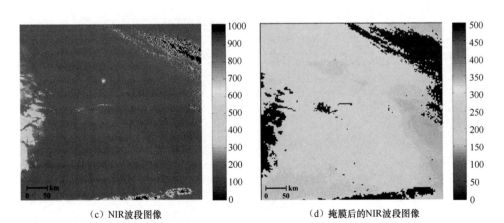

（c）NIR波段图像　　　　　　　　　　（d）掩膜后的NIR波段图像

图 3-25　图像预处理

　　海岸线数据在成像区域自动筛选的图层如图 3-26 所示，可以选取海岸线中一定面积范围内的闭合区域（如一些岛屿）用于生成图像匹配和 RPC 偏置补偿的模板。RANSAC 处理前后图像匹配的点对如图 3-27 所示，RANSAC 处理中的迭代次数设置为 100，距离阈值设置为 2。可以看出，两个匹配点集之间的列距离为 10～60，行距离为 10～30，以每像素 50 m 计算，最大定位误差超过 3 km，因此有必要纠正静止轨道凝视光学遥感卫星图像中目标的位置误差。通过图 3-27（a）和图 3-27（b）的比较，可以看出 RANSAC 具有良好的估计性能，可以有效地消除错误的点对。

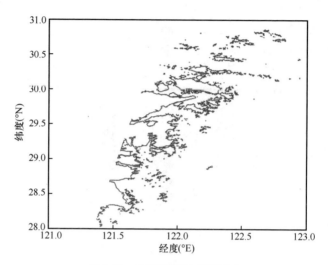

图 3-26　成像区域的海岸线图层

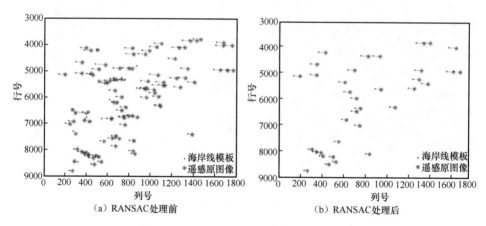

（a）RANSAC处理前　　　　　　　　　　（b）RANSAC处理后

图 3-27　RANSAC 处理前后图像匹配的点对

　　本节选取 90 个舰船目标的图像检测结果与 AIS 信息进行验证，其中 AIS 信息作为真实目标的定位点，由当前区域与时间的 AIS 数据插值与外推得到，5 帧数据校正前后的定位误差如表 3-4 所示，其中定位误差为高斯投影后的平面误差。

表 3-4　5 帧数据校正前后的定位误差

帧号	校正前（m）			校正后（m）		
	最小	最大	平均	最小	最大	平均
1	2043.2	4899.0	3535.3	3.2	619.4	233.1
2	2467.5	5294.8	3991.5	21.3	853.1	211.8
3	2448.6	5333.2	4036.0	25.3	882.4	261.6
4	2385.2	5289.8	3951.8	20.6	644.8	247.2
5	2026.8	4934.6	3567.3	26.8	698.4	218.8

可以看出，通过静态校正可以大幅提高目标的定位精度，平均定位误差由 3816.38 m 减小到 234.5 m，可为后续跟踪及多源融合提供较为准确的位置信息。校正前后的效果图如图 3-28 所示，由图 3-28（b）可以看出，海岸线与图像中的海岸线边缘近似重合。本节中采用的海岸线数据库的最高分辨率一般优于 90 m，如果提供更高精度的地理信息系统数据，可以进一步提高目标的定位精度。

（a）校正前　　　　　　　　　　　　　　　　　（b）校正后

图 3-28　校正前后效果图

3.3.5.2　动态校正验证

为了验证基于 AIS 数据的静止轨道凝视光学遥感卫星舰船目标点迹关联与误差校

正算法的有效性，选取了 5 帧 GF-4 卫星的 PMS 图像，具体成像区域与时间见第 3.3.5.1 节。根据卫星成像时间与区域选取 2017 年 3 月 9 日 11:40 — 12:10 这 30 min 内的 AIS 数据进行关联与校正实验，AIS 数据主要来源于陆基平台，数据更新率最高为 1 min，最低为 30 min。选取两个典型的 2048 像素×2048 像素区域（约为 100 km×100 km）进行关联算法验证，舰船目标检测结果（NIR 波段）为 CFAR 算法所得。由于 CFAR 检测中只保留像素点大于 1 的目标，因此，为了保证 AIS 数据可以关联上检测点迹，需要过滤掉长度 50 m 以下目标的数据。

图 3-29 所示为帧检测结果与 AIS 数据在像方的点迹分布，在区域 1 中舰船目标比较密集，虚假目标较少，而在区域 2 中虚假目标较多，"GF-4"代表 5 帧卫星图像的舰船检测结果，"AIS"为经过筛选、插值（AIS 插值的时间间隔需要增加约 40 s 的波段成像时延）及 RPC 逆变换后的像方坐标。可以看出，AIS 与 GF-4 数据之间存在一定程度的偏移，增加了数据关联的难度。

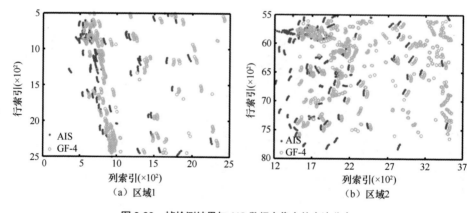

（a）区域1　　　　　　　　　（b）区域2

图 3-29　帧检测结果与 AIS 数据在像方的点迹分布

分别采用 NN、GNN、本节算法对两个区域的点集进行点迹关联对比，其中，考虑到卫星最大 6 km 的定位偏移量，3 种算法的最大关联门限均设为 140 个像素距离，即 $\varepsilon_1 = 140$，在本节算法的 GNN 精匹配中，设 $\varepsilon_2 = 20$。3 种算法第 1 帧检测结果与 AIS 数据的关联效果如图 3-30 所示，其中连接线表示关联点对，圆圈标注了部分典型的关联错误。可以看出，本节算法的关联效果最好，NN 算法最差。如图 3-30（a）和图 3-30（d）中的圆圈所示，在 NN 中，多个 AIS 点连接 1 个 GF-4 点，出现了严重的关联错误。通过图 3-30（b）、图 3-30（e）中的圆圈与图 3-30（c）、图 3-30（f）中相应位置的对比，可以看出在 GNN 中，虽然避免了多对一的关联，但是没有考虑系统误差，不能反映误差的走向，导致 AIS 点与邻近的 GF-4 点错误关联。在本节算法中，关联具有一定的方向性，正确反映了系统误差的走向。一些 AIS 点没有关联到 GF-4 点，代表该目标在 GF-4 中没有被有效检测出来。同时，一些 GF-4 点没有关联上 AIS 点，该点可能为虚假目标，也可能为非合作目标，可由 GF-4 的跟踪处理进一步确认。其中，非合作目标是海洋目标监视的重点目标，GF-4 与 AIS 的关联也为非合作目标的发现提供了一种重要手段。

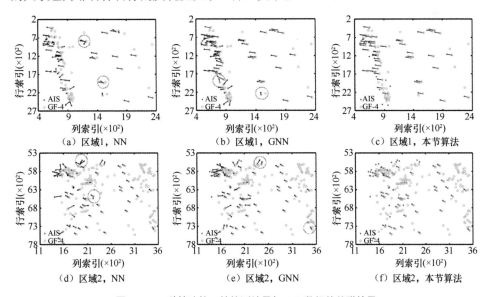

图 3-30　3 种算法第 1 帧检测结果与 AIS 数据的关联效果

　　表 3-5 所示为 5 帧数据下不同关联算法的性能比较，其中，关联正确率定义为算法正确关联的点对数与关联总点对数的比值，正确关联点对数由 AIS 验证结合人工判图得到。可以看出，本节算法的关联正确率最高，平均 5 帧关联正确率为 97.5%，其次是 GNN，最后是 NN。ICP 可被看成迭代的 NN 算法，是一个边估计误差边关联的过程，经过 ICP 变换后的点集 $X^{(k)}$ 已经比较接近点集 Y，在 ICP 之后的 GNN 更是保证了关联的全局最优与唯一性，因此本节算法抗噪声能力优于 NN、GNN 算法。同时，本节采用了 IRLS-ICP，加权的 ICP 更具有鲁棒性。在计算机处理器为 Intel Core i5

CPU@2.5 GHz、内存为 2 GB、软件为 MATLAB 2010a 的情况下，本节算法 5 帧的平均关联时间约为 0.04 s，大于 NN，但小于 GNN。在 GNN 关联中，由于初始门限 ε_1 较大，需要在很多点之间解算最优的对应关系。而在本节算法中，最后采用 GNN 进行精关联，关联门限 ε_2 较小，每个 AIS 点可能关联的检测点数减少，降低了对应关系解算的复杂度，使得关联时间小于直接进行 GNN 关联的时间。

表 3-5　5 帧数据下不同关联算法的性能比较

帧号	关联正确率			时间（s）		
	NN	GNN	本节算法	NN	GNN	本节算法
1	35.3%	56.7%	96.8%	0.002	0.265	0.076
2	33.3%	54.2%	98.0%	0.003	0.242	0.031
3	32.8%	46.6%	96.8%	0.003	0.247	0.033
4	28.3%	51.7%	98.0%	0.002	0.175	0.018
5	31.3%	61.5%	98.0%	0.003	0.248	0.022
平均	32.2%	54.1%	97.5%	0.003	0.235	0.036

利用 RANSAC 算法（随机采样次数 N 设为 1000，距离阈值设为 10）进一步去除奇异点，以第 1 帧为例，两区域共去除了 3 个误差较大的点对，得到 92 个关联点对，其中区域 1、区域 2 中每帧的点对数目均为 46。图 3-31 所示为第 1 帧校正前后的定位误差，其中，校正 1 为 92 个点对参与的像方平移补偿，校正 2 为区域 1 中点对参与的像方仿射补偿，校正 3 为 92 个点对参与的像方仿射补偿，92 个点对均作为检查点。通过高斯-克吕格投影，将目标的经纬度坐标转化为平面直角坐标，再计算相应点对间的距离，以平面误差衡量定位误差。可以看出，校正 3 的定位精度优于校正 2、校正 1，远优于校正前的定位精度。图 3-32 所示为利用校正 3 中的补偿模型得到的两区域 5 帧的物方坐标，可以看出，校正后 GF-4 与 AIS 舰船目标的点迹近似重合。不考虑舰船目标检测的时间，本节算法从点迹关联得到两区域校正的物方坐标，每帧的平均运算时间约为 1 s，基本能够满足关联与误差校正的实时性要求。

详细的 5 帧点对的定位误差如表 3-6 所示，可以看出，校正前 GF-4 卫星舰船目标 5 帧的平均定位误差约为 3823.1 m，最大定位误差可达 5387.1 m。利用 AIS 数据对 GF-4 卫星图像检测结果进行校正，校正 3 中平均定位误差约为 72.8 m，定位精度优于 2 像素。一般情况下，在航行时舰船目标之间需要保持几百米的安全距离，本节算法的定位误差基本可以满足目标定位的需求。对比校正 1 与校正 3 可知，同样的点对下，仿射补偿比平移补偿有更高的补偿精度，更符合实际的误差模型。对比校正 2 与校正 3 可知，更多区域的点对参与补偿，定位精度更高。为了提高校正精度，参与 RPC 模型校正的点对需要尽可能均匀地分布在整个区域，这与利用 GCP 参与补偿时的位置分布要求是一致的。

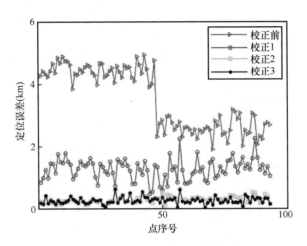

图 3-31　第 1 帧校正前后的定位误差

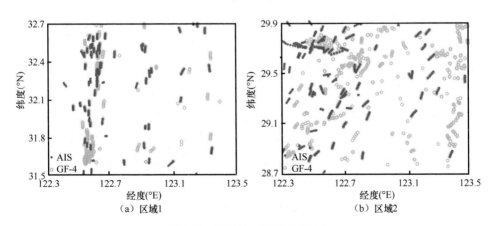

图 3-32　校正 3 完成后的物方坐标

表 3-6　详细的 5 帧点对的定位误差

定位误差		帧 1	帧 2	帧 3	帧 4	帧 5
校正前（m）	最小	1996.7	2425.4	2425.7	2364.1	2002.0
	最大	4883.7	5338.2	5387.1	5291.6	4923.2
	平均	3528.8	4000.7	4038.1	3966.3	3581.8
校正 1（m）	最小	531.4	613.0	658.4	696.1	603.7
	最大	2057.5	2104.0	2115.6	2108.1	2182.6
	平均	1268.3	1271.2	1283.9	1280.3	1267.4
校正 2（m）	最小	11.5	4.2	7.2	12.9	7.3
	最大	487.6	274.9	601.0	288.1	254.9
	平均	132.5	84.8	248.6	106.8	96.7
校正 3（m）	最小	5.5	7.4	14.4	1.8	3.4
	最大	467.3	282.8	258.5	239.8	275.7
	平均	71.3	70.6	75.9	71.9	74.1

3.3.5.3　检测跟踪验证

为了验证基于静止轨道凝视光学遥感卫星舰船目标跟踪算法的有效性，选取了 5 帧 GF-4 卫星的 PMS 图像，具体成像区域与时间见第 3.3.5.1 节。选择绿光、NIR 波段提取 ROI，选择 NIR 波段进行帧间配准，采用图像预处理方法分割出云层与陆地并进行掩膜，找出舰船目标的潜在区域，提高后端检测效率，同时解决在检测中一些碎云干扰引起的高虚警率问题。经过掩膜处理后，选取两个典型的 2048 像素×2048 像素区域验证目标检测与跟踪算法，其中，检测针对每个波段进行对比实验，跟踪采用 NIR 波段。

图 3-33 所示为欧洲中期天气预报中心（European Centre for Medium-range Weather Forecasts, ECMWF）ERA-Interim 再分析资料（每 6 h 更新 1 次）中 2017 年 3 月 9 日 14:00 的海面风速（海面高度为 10 m）与有效波高（Significant Wave Height, SWH）分布，其中空间分辨率为 0.125°，风速与波高的单位分别为 m/s 与 m。由图 3-33 中的气象水文数据进行后向预测可得，研究区域的海况为 3 级海况。

在每个波段每帧的检测中，CFAR 的目标窗、保护窗与杂波窗的长度分别设置为 1、11、21，$K_{cfar} = 4$。由于图像分辨率低，长度在 50 m 以下的舰船目标在图像上不到 1 个像素，检测比较困难，同时难以验证真伪，因此只保留像素大于 1 的检测结果。图 3-34 所示为区域 1 和区域 2 的舰船目标检测结果，图 3-34（a）和图 3-34（b）所示为 5 个波段在 5 个时刻检测后叠加的像方坐标。由于每帧的检测数目不同，以第 1 帧切片为例，图 3-34（c）和图 3-34（d）所示为 NIR 波段两个区域检测结果在图像上的显示。

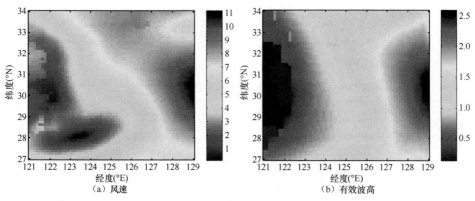

（a）风速　　　　　　　　　　　　　（b）有效波高

图 3-33　风速与有效波高分布

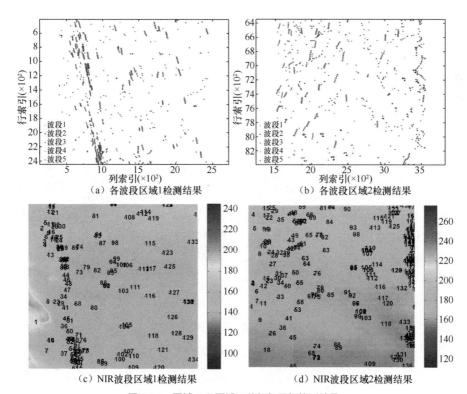

（a）各波段区域 1 检测结果　　　　　　　　（b）各波段区域 2 检测结果

（c）NIR 波段区域 1 检测结果　　　　　　　（d）NIR 波段区域 2 检测结果

图 3-34　区域 1 和区域 2 的舰船目标检测结果

经过人工鉴别与 AIS 信息的相互验证，得到各波段的各帧平均检测结果，如表 3-7 所示。其中，N_{TP}、N_{FP}、N_{FN} 分别是正确检测、错误检测和丢失的舰船数（所有时刻的累计结果），分别定义正确率与完整率为：

$$正确率 = \frac{N_{TP}}{N_{TP} + N_{FP}}, \quad 完整率 = \frac{N_{TP}}{N_{TP} + N_{FN}} \tag{3-93}$$

表 3-7 各波段的各帧平均检测结果

区域	波段	N_{TP}	N_{FP}	N_{FN}	正确率	完整率
	1	112	5	428	95.7%	20.7%
	2	151	79	389	65.7%	28.0%
1	3	192	94	348	67.1%	35.6%
	4	158	8	382	95.2%	29.3%
	5	478	251	62	65.6%	88.5%
	1	112	9	233	92.6%	32.5%
	2	135	122	310	52.5%	30.3%
2	3	165	93	180	64.0%	47.8%
	4	159	4	186	97.5%	46.1%
	5	242	940	103	20.5%	70.1%

可以看出，区域 1 为非均匀区域，同时含有大量舰船目标，舰船目标比较密集，而区域 2 为均匀区域，舰船目标较为稀疏。NIR 波段（波段 5）的完整率最高，检测能力最强，有很多目标在其他波段漏检了，因此采用单幅 GF-4 PMS 图像进行舰船目标运动估计的方法[49]对于一些小目标是不可行的。同时，NIR 波段检测信噪比较高，造成杂波干扰较多，虚警率较高。在图 3-34（d）的最右边，可以看到大量的虚假目标。整体上，虽然 NIR 波段检测正确率较低，但是平均检测完整率大于 80%，可以通过跟踪部分进一步剔除虚警。通过分析 AIS 数据发现，丢失的多是小目标，长度为 10～120 m。在第 3.3.5.2 节的实验运行环境下，直接计算的 CFAR 与采用积分图的 CFAR 每帧每个区域的平均检测时间分别约为 160 s 与 40 s，可见基于积分图的 CFAR 可以有效提高检测效率。

通过海岸线对 RPC 的静态校正得到目标的物方坐标，帧间误差可以看成一定的定位误差，设 $\sigma_p = 1/100°$，过程噪声标准差 $\sigma_v = 0.01\,\mathrm{n\,mile/h^2}$，MHT 的扫描数为 3，采用 3/5/3 逻辑法进行航迹管理。图 3-35 所示为两个区域舰船目标的定位与跟踪结果，图 3-35（a）与图 3-35（b）所示为转换后的地理坐标，图 3-35（c）与

图 3-35（d）所示为输出的舰船目标跟踪结果。从图 3-35（a）与图 3-35（b）中可以看出，RPC 校正后的坐标精度得到了提高，特别是在区域 2 中，校正前的坐标整体偏差比较大，校正后的坐标接近 AIS 插值的坐标。在图 3-35（c）与图 3-35（d）中"○"与"+"分别代表起始与终止，可以看出，CFAR 检测具有一定的虚假目标，通过本部分的跟踪关联算法可以有效减少虚警，准确估计出目标的个数及相应的运动状态。

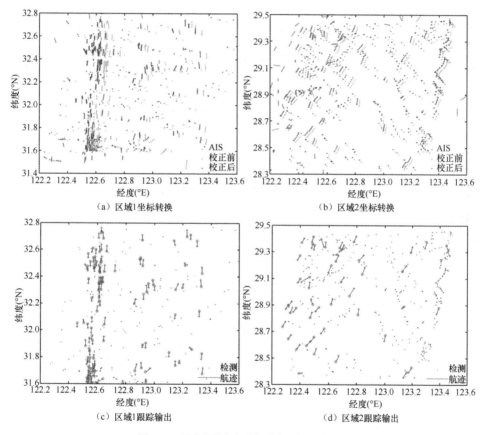

图 3-35　两个区域舰船目标的定位与跟踪结果

两区域的舰船目标跟踪性能如表 3-8 所示，N_{TP}、N_{FP}、N_{FN}、N_{AIS} 分别为正确跟踪、错误跟踪、未跟踪及 AIS 验证的舰船数，可以看出跟踪正确率超过 90%，完整率约为 79%（受检测性能影响）。

表 3-8　两区域的舰船目标跟踪性能

区域	N_{TP}	N_{FP}	N_{FN}	N_{AIS}	正确率	完整率
1	94	5	14	45	94.9%	87.0%
2	46	2	23	28	95.8%	66.7%
总体	140	7	37	73	95.2%	79.1%

图 3-36 所示为 73 个含有 AIS 信息的舰船目标运动估计结果，不考虑 AIS 插值等误差，通过与 AIS 信息的对比可以看出，航速与航向估计很准确，与真实值较接近，平均运动估计误差如表 3-9 所示，其中，4 帧（第 1 帧没有速度与航向估计）的平均航速误差为 0.48 kn（约为 0.25 m/s），平均航向误差为 2.54°，基本可以满足海洋监视的需求。

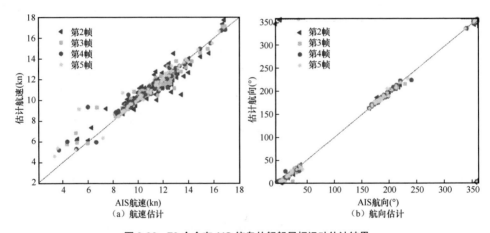

（a）航速估计　　　　　　　　　　（b）航向估计

图 3-36　73 个含有 AIS 信息的舰船目标运动估计结果

表 3-9　平均运动估计误差

帧号	航速误差（kn）	航向误差（°）
1	—	—
2	0.74	2.63
3	0.52	2.37
4	0.35	2.39
5	0.29	2.77
平均	0.48	2.54

3.4　本章小结

本章针对静止轨道凝视光学遥感卫星和电子侦察卫星对舰船目标的跟踪开展研究。针对电子侦察卫星，提出了结合频率特征的改进 MHT 算法，实现了目标运动状态与属性状态的联合估计。针对静止轨道凝视光学遥感卫星，设计了静态校正和动态校正方法以提高舰船目标定位精度，实现了低分辨率卫星遥感图像序列舰船目标的检测与跟踪。

参考文献

[1] 郭玲华, 邓峥, 陶家生, 等. 国外地球同步轨道遥感卫星发展初步研究[J]. 航天返回与遥感, 2010, 31(6): 23-30.

[2] 刘韬. 静止轨道高分辨率光学成像卫星展示海洋监视的重大潜力[J]. 卫星应用, 2014(12): 70-74.

[3] 李文超. 卫星电子信息目标关联技术研究[D]. 长沙: 国防科技大学, 2013.

[4] 夏东垚. 多源电子信息舰船目标关联技术研究[D]. 长沙: 国防科技大学, 2014.

[5] 钟雄庆. 多源电子信息舰船目标关联技术研究[D]. 长沙: 国防科技大学, 2015.

[6] 曹用. 基于卫星侦察多源信息的目标跟踪关联技术研究[D]. 长沙: 国防科技大学, 2018.

[7] SÖLVER C V, MARCUS G J. Dead reckoning and the ocean voyages of the past[J]. The Mariner's Mirror, 1958, 44(1): 18-34.

[8] BOWDITCH N. 美国实践航海学[M]. 张尚悦, 伞戈锐, 芮震锋, 译. 北京: 国防工业出版社, 2011.

[9] 何友, 修建娟, 张晶炜. 雷达数据处理及应用(第二版)[M]. 北京: 电子工业出版社, 2009.

[10] BAR-SHALOM Y, DAUM F, HUANG J. The probabilistic data association filter[J]. IEEE Control Systems Magazine, 2009, 29(6): 82-100.

[11] REID D. An algorithm for tracking multiple targets[J]. IEEE Transactions on Automatic Control, 1979, 24(6): 843-854.

[12] BLACKMAN S, POPOLI R. Design and analysis of modern tracking systems[M]. London: Artech House, 1999.

[13] VO B T, VO B N, CANTONI A. Bayesian filtering with random finite set observations[J].

IEEE Transactions on Signal Processing, 2008, 56(4): 1313-1326.

[14] MAHLER R. PHD filters of higher order in target number[J]. IEEE Transactions on Aerospace and Electronic Systems, 2007, 43(4): 1523-1543.

[15] RISTIC B, VO B T, VO B N, et al. A tutorial on bernoulli filters: theory, implementation and applications[J]. IEEE Transactions on Signal Processing, 2013, 61(13): 3406-3430.

[16] RISTIC B, ROSENBERG L, KIM D Y, et al. Bernoulli track-before-detect filter for maritime radar[J]. IET Radar, Sonar & Navigation, 2020, 14(3): 356-363.

[17] LEI G, BIN T, GANG L. Data association based on target signal classification information[J]. Journal of Systems Engineering and Electronics, 2008, 19(2): 246-251.

[18] ZHU Y Q, ZHOU S L. GM-PHD filter with signal features of emitter[J]. Asian Journal of Control, 2015, 17(5): 1978-1983.

[19] XIA D Y, ZOU H X, LEI L, et al. Track correlation algorithm of AIS and satellite electronic information based on point-track distance[C]//Proceedings of the Proceeding of the 11th World Congress on Intelligent Control and Automation. Piscataway: IEEE Press, 2014: 5103-5107.

[20] BAUM M, HANEBECK U D. Extended object tracking with random hypersurface models[J]. IEEE Transactions on Aerospace and Electronic Systems, 2014, 50(1): 149-159.

[21] GRANSTROM K, LUNDQUIST C, ORGUNER O. Extended target tracking using a Gaussian-mixture PHD filter[J]. IEEE Transactions on Aerospace and Electronic Systems, 2012, 48(4): 3268-3286.

[22] GRANSTROM K, ORGUNER U. A PHD filter for tracking multiple extended targets using random matrices[J]. IEEE Transactions on Signal Processing, 2012, 60(11): 5657-5671.

[23] ZHU Y Q, ZHOU S L, GAO G, et al. Extended emitter target tracking using GM-PHD filter[J]. PLoS One, 2014, 9(12): e114317.

[24] SCHUHMACHER D, VO B T, VO B N. A consistent metric for performance evaluation of multi-object filters[J]. IEEE Transactions on Signal Processing, 2008, 56(8): 3447-3457.

[25] BLACKMAN S S. Multiple hypothesis tracking for multiple target tracking[J]. IEEE Aerospace and Electronic Systems Magazine, 2004, 19(1): 5-18.

[26] REN X Y, HUANG Z P, SUN S Y, et al. An efficient MHT implementation using GRASP[J]. IEEE Transactions on Aerospace and Electronic Systems, 2014, 50(1): 86-101.

[27] KIM C, LI F X, CIPTADI A, et al. Multiple hypothesis tracking revisited[C]//Proceedings of the 2015 IEEE International Conference on Computer Vision (ICCV). Piscataway: IEEE Press, 2015: 4696-4704.

[28] PAPAGEORGIOU D J, SALPUKAS M R. The maximum weight independent set problem for data association in multiple hypothesis tracking[M]//Optimization and Cooperative Control Strategies. Heidelberg: Springer, 2009: 235-255.

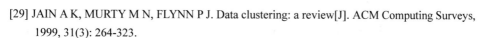

[29] JAIN A K, MURTY M N, FLYNN P J. Data clustering: a review[J]. ACM Computing Surveys, 1999, 31(3): 264-323.

[30] LIN J. Divergence measures based on the Shannon entropy[J]. IEEE Transactions on Information Theory, 1991, 37(1): 145-151.

[31] 孔祥皓, 李响, 陈卓一, 等. 面向持续观测的静止轨道高分辨率光学成像卫星应用模式设计与分析[J]. 影像科学与光化学, 2016, 34(1): 43-50.

[32] 王殿中, 何红艳. "高分四号" 卫星观测能力与应用前景分析[J]. 航天返回与遥感, 2017, 38(1): 98-106.

[33] MCFEETERS S K. The use of the Normalized difference water index (NDWI) in the delineation of open water features[J]. International Journal of Remote Sensing, 1996, 17(7): 1425-1432.

[34] VIOLA P, JONES M. Rapid object detection using a boosted cascade of simple features[C]//Proceedings of the Proceedings of the 2001 IEEE Computer Society Conference on Computer Vision and Pattern Recognition. Piscataway: IEEE Press, 2001.

[35] OH J, LEE C. Automated bias-compensation of rational polynomial coefficients of high resolution satellite imagery based on topographic maps[J]. ISPRS Journal of Photogrammetry and Remote Sensing, 2015, 100: 14-22.

[36] 张过. 缺少控制点的高分辨率卫星遥感影像几何纠正[D]. 武汉: 武汉大学, 2005.

[37] MARSETIČ A, OŠTIR K, FRAS M K. Automatic orthorectification of high-resolution optical satellite images using vector roads[J]. IEEE Transactions on Geoscience and Remote Sensing, 2015, 53(11): 6035-6047.

[38] FISCHLER M A, BOLLES R C. Random sample consensus: a paradigm for model fitting with applications to image analysis and automated cartography[J]. Communications of the ACM, 1981, 24(6): 381-395.

[39] 齐林, 崔亚奇, 熊伟, 等. 基于距离检测的自动识别系统和对海雷达航迹抗差关联算法[J]. 电子与信息学报, 2015, 37(8): 1855-1861.

[40] CHATURVEDI S K, YANG C S, OUCHI K Z, et al. Ship recognition by integration of SAR and AIS[J]. Journal of Navigation, 2012, 65(2): 323-337.

[41] 张晖, 刘永信, 张杰, 等. 地波雷达与自动识别系统目标点迹最优关联算法[J]. 电子与信息学报, 2015, 37(3): 619-624.

[42] KAZIMIERSKI W. Proposal of neural approach to maritime radar and automatic identification system tracks association[J]. IET Radar, Sonar & Navigation, 2017, 11(5): 729-735.

[43] ZHAO Z, JI K F, XING X W, et al. Ship surveillance by integration of space-borne SAR and AIS–review of current research[J]. Journal of Navigation, 2014, 67(1): 177-189.

[44] ZHAO Z, JI K F, XING X W, et al. Ship surveillance by integration of space-borne SAR and AIS–further research[J]. Journal of Navigation, 2014, 67(2): 295-309.

[45] ZHANG H, LIU Y X, JI Y, et al. Multi-feature maximum likelihood association with space-borne SAR, HFSWR and AIS[J]. Journal of Navigation, 2016, 70: 359-378.

[46] BESL P J, MCKAY N D. A method for registration of 3-D shapes[J]. IEEE Transactions on Pattern Analysis and Machine Intelligence, 1992, 14(2): 239-256.

[47] BERGSTRÖM P, EDLUND O. Robust registration of point sets using iteratively reweighted least squares[J]. Computational Optimization and Applications, 2014, 58(3): 543-561.

[48] MUNKRES J. Algorithms for the assignment and transportation problems[J]. Journal of the Society for Industrial and Applied Mathematics, 1957, 5(1): 32-38.

[49] ZHANG Z X, SHAO Y, TIAN W, et al. Application potential of GF-4 images for dynamic ship monitoring[J]. IEEE Geoscience and Remote Sensing Letters, 2017, 14(6): 911-915.

第4章

多源遥感卫星数据
舰船目标关联

4.1 引言

卫星海洋目标监视具有重访时间间隔长、多平台交接频繁、数据质量差异大等特点，单一卫星平台对海洋目标监视都存在一定不足，可见光成像具有空间分辨率高、识别特征明显等优点，但容易受夜晚、云雾、雨雪等环境因素影响；SAR 成像能够全天候、全天时工作，但其成像机理特殊，目标识别难度大等；传统遥感卫星通常采用太阳同步轨道，重访周期较长，幅宽较窄，数据率较低，无法获取海洋目标连续的稳定航迹；静止轨道凝视光学遥感卫星具备一定的海洋目标跟踪能力，但空间分辨率较低，目标识别确认困难。因此，需要高低轨多星接力协同观测，需要利用多源卫星信息实现海洋目标的融合识别和跟踪，多星协同监视海洋目标的主要模式有：① 中高轨遥感卫星与低轨遥感卫星协同观测，中高轨遥感卫星对舰船目标进行跟踪监视，低轨遥感卫星对舰船目标进行类型识别和身份确认；② 低轨遥感小卫星星座对任务海域进行接力观测，通过大幅增加遥感小卫星数量来提升低轨遥感卫星时间分辨率和扩大空间覆盖范围，舰船目标信息在遥感小卫星之间频繁交接。

舰船目标准确关联是多源卫星探测信息融合处理的前提和基础。卫星对海洋目标的监视为稀疏非均匀观测方式，获取的数据通常是舰船目标的短持续时间稠密观测航迹数据和长时间间隔稀疏观测点迹数据，单颗卫星获取的舰船目标数据分为点迹（例如可见光、SAR、红外等低轨遥感卫星，单个轨道周期对舰船目标成像1次）、多点迹（例如天基雷达卫星，单个轨道周期可以对舰船目标探测2～3次）、小航迹（例如低轨的电子侦察卫星、视频遥感卫星、AIS卫星等，单个轨道周期可以对舰船目标进行持续几分钟的连续观测）和长航迹（例如静止轨道凝视光学遥感卫星可以对舰船目标进行持续监视）。多源遥感卫星数据舰船目标关联就是对上述点迹和航迹进行关联。

　　本章分析和研究了低轨遥感卫星、高轨遥感卫星对海上舰船目标协同探测数据的关联方法，第4.2节研究了低轨遥感卫星舰船目标关联算法，第4.3节研究了高轨遥感卫星舰船目标关联算法，第4.4节研究了高轨遥感卫星与星载AIS、低轨遥感卫星舰船目标关联算法。

4.2　基于低轨遥感卫星的舰船目标关联

4.2.1　低轨遥感卫星与低轨遥感卫星的舰船目标关联

　　低轨遥感卫星空间分辨率高，看得更清，但一次成像观测视野较小，对固定区域重访所需周期较长，时间分辨率较低，高轨遥感卫星恰恰可以弥补低轨遥感卫星的这些不足，两者结合才能发挥出更大效益。

　　低轨遥感卫星舰船目标的关联，可以分为光学与光学、光学与 SAR、SAR 与 SAR 的目标关联。光学与光学的目标关联属于同质图像融合，主要通过局部与全局特征进行关联。光学与 SAR 的目标关联属于异质图像融合，主要依据位置信息进行关联[1]。由于 SAR 卫星具有全天时、全天候监测的优势，在海洋监视中发挥着重要作用，因此，SAR 与 SAR 的目标关联是低轨遥感卫星舰船目标关联中最具有应用潜力的，也是本节需要重点研究的内容。

　　目前，在 SAR 卫星图像舰船目标检测、识别方面的研究已经取得了非常丰硕的成果，但是受限于多源 SAR 卫星数据的获取，在多源 SAR 卫星图像舰船目标融合监视问题上的研究很少。随着 SAR 卫星的需求越来越广泛，一些大国及商业公司已经发射了多颗 SAR 卫星，使得多源 SAR 卫星联合舰船目标监视成为可能，也成为未来的重要发展趋势。研究人员利用"哨兵一号"（Sentinel-1, S-1）与 TerraSAR-X 卫星联合监视舰船目标[2-3]，利用 TerraSAR-X、RadarSat-2 与 COSMO-SkyMed 进行多星联合监视实验[4]，采用由 TerraSAR-X 与 TanDEM-X 组成的卫星星座进行溢油跟踪监视[5]，初步验证了多源 SAR 卫星海洋监视的可行性。

舰船速度与方向的估计对于海上监视是非常重要的。目前，利用 SAR 图像进行运动参数提取主要基于单幅 SAR 图像，共有两种方法：一是利用距离向的位置偏移进行求解；二是利用开尔文波、内波等尾迹求解。但是，舰船目标尾迹及多普勒频移在很多 SAR 图像中是不可见的，从而无法准确求解目标速度。通过多源 SAR 卫星的舰船监视，可以提取舰船运动参数（航向、航速等），在图像分辨率较高的情况下还可以充分利用各卫星的特点进行融合识别，具体的融合模式还需要根据各卫星的成像特点而定。例如，低分辨率的宽幅 SAR 卫星可以监视大范围海域，检测出舰船目标后，再通过引导后续过顶的高分辨率 SAR 卫星进行详查，完成目标关联后进行目标识别等工作。

本节重点研究多个 SAR 卫星平台协同监视下的舰船目标检测、目标关联，以及目标速度、航向协同估计问题。通过 SAR 卫星间的关联，精确求解舰船目标的方向与速度，实现多源卫星信息的有效融合。

4.2.1.1　舰船目标检测

本节实验使用的 SAR 数据均为极化数据，与单极化相比，多极化数据提供了更加丰富的散射信息。舰船目标在不同的极化通道中具有不同的后向散射特性，合理利用多极化散射特性，可以提高舰船目标的检测性能。本节采用的 S-1 遥感卫星数据为干涉宽幅（IWS）模式下的双极化数据，极化通道为 VH 和 VV。对于运动目标，VV 极化产生的多普勒频移干扰较少，而海杂波对 VH 极化的影响比 VV 极化更小[6]。因此，可以结合两种极化特性进行目标检测。对于双极化 SAR 目标检测，基于互相关统计量[7]实现，即：

$$r = \left| \left\langle S_{VV} S_{VH}^* \right\rangle \right| \tag{4-1}$$

其中，S_{pq} 表示极化散射信息，$\{p, q\} = \{H, V\}$，$|\cdot|$ 与 $\langle \cdot \rangle$ 分别表示散射信息的模与空

间统计平均。当采用地距探测（Ground Range Detected, GRD）数据（只有强度信息）时，可以采用：

$$r = |S_{\mathrm{VH}}||S_{\mathrm{VV}}| \tag{4-2}$$

对于双极化 GF-3 卫星数据，处理方法与 S-1 卫星数据相同。对于全极化数据，采用检测量[8]：

$$r = |S_{\mathrm{HH}} - S_{\mathrm{VV}}||S_{\mathrm{HV}}| \tag{4-3}$$

其中，$|S_{\mathrm{HH}} - S_{\mathrm{VV}}|$ 为二次散射分量，$|S_{\mathrm{HV}}|$ 为体散射分量。

采用 CFAR 算法对检测量进行分割，通过形态学处理最终得到目标的检测结果及相应的目标切片。分辨率比较高的 SAR 卫星遥感图像还可以采用深度学习等检测方法。

4.2.1.2 舰船目标模糊关联

通过对切片提取目标特征，可以得到舰船目标的位置特征、几何特征（长宽等）、散射分布特征，甚至尾迹等运动特征。理论上，多源 SAR 图像舰船目标的关联要素可以包括位置、尺度、运动等特征，下面进行具体分析。

（1）关联特征分析

① 位置特征

通过单幅 SAR 图像检测得到舰船目标的质心位置，再根据像方与物方的坐标转换，得到其地理位置。通常情况下，低轨卫星的无控定位精度较高，舰船目标的位置误差在百米之内。在舰船密集区域，基于位置特征的关联精度会下降，但在卫星探测间隔时间不长的情况下，基于位置特征进行目标关联是最为基本且有效的方法。

② 几何特征

几何特征主要是舰船目标长度与宽度等。长宽特征提取的精度主要取决于成像分辨率与目标实际大小，对于低分辨率 SAR 图像中的舰船目标或者高分辨率 SAR 图像中的小型舰船目标，准确提取它们的几何特征参数比较困难。同时，几何特征提取容易受"十字叉"干扰、杂波、切片分割精度等因素影响，造成估计精度下降。对于这些情况，位置特征的可信度要远远高于其他特征，多特征的关联反而会降低关联效果，所以需要根据实际 SAR 图像的数据质量来具体选择关联特征。

③ 运动特征

运动特征主要是航速和航向信息，对于单幅 SAR 图像而言，航向与航速是难以准确提取的。一般提取船体的角度近似作为航向，会产生 180°的角度模糊，这是因为船头与船尾是难以确定的，需要在尾迹存在或散射特征结构较清晰的情况下才能判断出舰船真实的航向。尾迹通常作为航速、航向提取的依据，但是尾迹成因比较复杂，很多 SAR 成像场景下不会出现。因此，运动特征对于目标关联作用比较有限。

④ 散射与极化特征

定量化的散射特征需要辐射校正，当多源 SAR 卫星成像条件（如中心频率、入射角等）接近时，舰船目标的散射量、空间的散射分布及极化特性应该具有相似性，可以用来进行目标关联。但是受限于一些元数据的获取，一般只做定性化的散射特征分析与比较。

（2）模糊最优关联

本节基于舰船目标的位置特征与几何特征中的长度进行模糊关联。其中，舰船目标长度估计通过第 4.4.2.1 节的拉东变换（Radon Transform）并经过人工确认得到。设卫星舰船 i 的经纬度、长度分别为 $(\text{lat}_i^{\text{sat}}, \text{lon}_i^{\text{sat}})$ 与 L_i^{sat}，$\text{sat} \in \{\text{S1}, \text{GF3}\}$，其中 S1 和 GF3 分别指 S-1 和 GF-3（高分三号）卫星，则两颗卫星的不同舰船之间的相似性表示为：

$$M_{ij} = \lambda_{\text{L}} \xi_{\text{L}}(i, j) + \lambda_{\text{P}} \xi_{\text{P}}(i, j) \tag{4-4}$$

其中，ξ_{L}、ξ_{P} 代表长度与位置相似度；λ_{L}、λ_{P} 代表长度与位置权重，$\lambda_{\text{L}} + \lambda_{\text{P}} = 1$。

$$\xi_{\text{L}}(i, j) = \exp\left[-\tau_{\text{L}} \left(\frac{\left| L_i^{\text{S1}} - L_j^{\text{GF3}} \right|^2}{\sigma_{\text{L}}^2} \right) \right] \tag{4-5}$$

$$\xi_{\text{P}}(i, j) = \exp\left[-\tau_{\text{P}} \left(\frac{D_{\text{geo}}\left(\text{lat}_i^{\text{S1}}, \text{lon}_i^{\text{S1}}, \text{lat}_j^{\text{GF3}}, \text{lon}_j^{\text{GF3}} \right)^2}{\sigma_{\text{P}}^2} \right) \right] \tag{4-6}$$

其中，$D_{\text{geo}}(\cdot)$ 的计算见第 3.2.3 节，τ_{L}、τ_{P}、σ_{L}、σ_{P} 分别为长度与位置的调整因

子与展度，需要根据成像方式及实际的海况等信息进行合理取值。目标函数与约束条件为：

$$\max \sum_{j=1}^{m} \sum_{i=1}^{n} M_{ij} T_{ij}$$

$$\text{s.t.} \begin{cases} M_{ij} \geqslant \varepsilon, d_{ij} \leqslant v_{\max} \Delta T, i \leftrightarrow j \\ \sum_{i=1}^{n} T_{ij} \leqslant 1, \sum_{j=1}^{m} T_{ij} \leqslant 1, T_{ij} \in \{0,1\} \end{cases} \tag{4-7}$$

其中，$v_{\max}$ 表示最大航速，ΔT 为卫星间的成像间隔，ε 为最小相似度，d_{ij} 为通过 $D_{\text{geo}}(\cdot)$ 得到的位置距离。对于该类最优匹配问题，将其转化为对偶形式，利用 Munkres 关联算法求解全局最短距离下的匹配关系。

4.2.1.3　运动参数估计

当单个 SAR 图像目标运动信息无法提取时，多源 SAR 卫星联合舰船目标运动参数估计成为一种可以选择的方案。

（1）航向估计

在目标关联的基础上，根据目标在不同 SAR 卫星图像中出现的先后顺序，可以消除 180° 的航向模糊，从而求解出近似的航向角。在后续航速估计中，低分辨率 SAR 图像提取的航向角可以用高分辨率图像提取的航向角代替。

（2）方位向位移

不考虑 SAR 卫星对地的定位误差，运动舰船目标的 SAR 成像会存在一定的多普勒频移，从而在 SAR 图像上偏离真实的位置，产生的方位向位移[9-10]为：

$$\Delta_{\text{az}} = -\frac{R_{\text{range}} V_{\text{range}}}{V_{\text{sat}}} \tag{4-8}$$

其中，V_{sat} 代表卫星相对于地面的速度，V_{range} 为舰船在斜距向上的速度分量，R_{range} 为斜距距离。设卫星的入射角为 θ，卫星高度为 H_{sat}，舰船航向与地距距离向的夹角为 ϕ，舰船对地速度为 V_{ship}，则

$$\begin{cases} R_{\text{range}} = \dfrac{H_{\text{sat}}}{\cos \theta} \\ V_{\text{range}} = V_{\text{ship}} \cos \phi \sin \theta \end{cases} \tag{4-9}$$

因此，可得：

$$\Delta_{az} = -\frac{H_{sat}V_{ship}\cos\phi\sin\theta}{\cos\theta V_{sat}} = -\frac{H_{sat}\tan\theta V_{ship}\cos\phi}{V_{sat}} \qquad (4\text{-}10)$$

可以看出，Δ_{az} 主要取决于舰船目标在地距距离向的速度分量，Δ_{az} 的正负与航向的关系如图 4-1 所示。

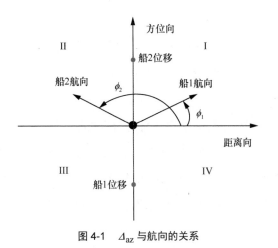

图 4-1　Δ_{az} 与航向的关系

当 ϕ 在第一、第四象限时，Δ_{az} 为负数，即负方位向；当 ϕ 在第二、第三象限时，Δ_{az} 为正数，即正方位向。卫星速度与卫星的高度有关，即：

$$V_{sat} = \sqrt{\frac{\mu_K}{R_{earth} + H_{sat}}} \qquad (4\text{-}11)$$

其中，R_{earth} 为地球的平均半径，μ_K 为开普勒常量。因此，当得到舰船方位向的位移时，可以估计出舰船的速度，即：

$$V_{ship} = -\frac{\Delta_{az}V_{sat}}{H_{sat}\tan\theta\cos\phi} \qquad (4\text{-}12)$$

需要说明的是，部分文献[11-12]从速度矢量正交角度推导出的结果没有上述负号，而通过 SAR 成像角度推导及实测数据验证，负号是存在的。

（3）航速估计

由于宽幅 SAR 卫星成像时间较长且成像入射角有一定范围，为了得到精确的速度估计，需要求出精确的舰船目标成像时间与成像入射角。设舰船目标 i 在 SAR 卫星图像中的坐标为 $(x_i^{\mathrm{sat}}, y_i^{\mathrm{sat}})$ ，$\mathrm{sat} \in \{\mathrm{S1}, \mathrm{GF3}\}$ ，SAR 卫星图像的宽度与高度分别为 W_{ima}^{sat} 与 H_{ima}^{sat} ，卫星成像的开始与结束时间分别为 T_s^{sat} 与 T_e^{sat} ，卫星近距离方向与远距离方向入射角分别为 $\theta_{\mathrm{near}}^{\mathrm{sat}}$ 与 $\theta_{\mathrm{far}}^{\mathrm{sat}}$ ，则舰船目标的成像时间为：

$$T_i^{\mathrm{sat}} = T_s^{\mathrm{sat}} + (T_e^{\mathrm{sat}} - T_s^{\mathrm{sat}}) y_i^{\mathrm{sat}} / H_{ima}^{\mathrm{sat}} \qquad (4\text{-}13)$$

舰船目标的成像入射角为：

$$\theta_i^{\mathrm{sat}} = \theta_{\mathrm{near}}^{\mathrm{sat}} + (\theta_{\mathrm{far}}^{\mathrm{sat}} - \theta_{\mathrm{near}}^{\mathrm{sat}}) x_i^{\mathrm{sat}} / W_{ima}^{\mathrm{sat}} \qquad (4\text{-}14)$$

则舰船目标在 S-1 卫星与 GF-3 卫星的时间差为：

$$\Delta T_i = T_i^{\mathrm{S1}} - T_i^{\mathrm{GF3}} \qquad (4\text{-}15)$$

由舰船目标在图像中的位置能得到其精确的地理位置 $(\mathrm{lat}_i^{\mathrm{sat}}, \mathrm{lon}_i^{\mathrm{sat}})$ ，即：

$$(\mathrm{lat}_i^{\mathrm{sat}}, \mathrm{lon}_i^{\mathrm{sat}}) = f_{\mathrm{sat}}(x_i^{\mathrm{sat}}, y_i^{\mathrm{sat}}) \qquad (4\text{-}16)$$

其中，$f_{\mathrm{sat}}(\cdot)$ 为转换关系函数，S-1、GF-3 卫星可以分别通过 GCP、RPC 来解算物方与像方之间的关系。可以根据舰船目标在卫星成像时间下的位移得到目标的速度，即：

$$V_{\mathrm{ship}}^i = \frac{D_{\mathrm{geo}}(\mathrm{lat}_i^{\mathrm{S1}}, \mathrm{lon}_i^{\mathrm{S1}}, \mathrm{lat}_i^{\mathrm{GF3}}, \mathrm{lon}_i^{\mathrm{GF3}})}{\Delta T_i} \qquad (4\text{-}17)$$

其中，$D_{\mathrm{geo}}(\cdot)$ 如式（3-62）所示，但是由于方位向位移的存在，实际的位置计算有误差，从而导致速度估计不精确，尤其是当时间间隔 ΔT_i 与舰船运动位移较小时，误差更大。考虑到 SAR 卫星图像中舰船目标的方位向位移，提出一种迭代求解速度的方法。根据 V_{ship}^i 的计算式可以得到初始的速度估计，通过速度求解出目标在 SAR 图像上的方位向位移，补偿方位向位移后，得到新的目标位置，再根据 V_{ship}^i 的计算式得到新的目标速度，反复迭代，直到目标速度收敛。如果速度在迭代的过程中不断发散，则使用初始速度作为速度估计值，具体算法如下。

算法 1 迭代速度估计算法

　　初始值　$V_{\mathrm{ship}}^i(k) = \dfrac{D_{\mathrm{geo}}\left(\mathrm{lat}_i^{\mathrm{S1}}(k), \mathrm{lon}_i^{\mathrm{S1}}(k), \mathrm{lat}_i^{\mathrm{GF3}}(k), \mathrm{lon}_i^{\mathrm{GF3}}(k)\right)}{\Delta T_i}$ ，k 为迭代次数

$$\Delta_{\mathrm{az}}^{\mathrm{sat}}(k) = -\frac{H_{\mathrm{sat}}\tan\theta_i^{\mathrm{sat}}V_{\mathrm{ship}}^i(k)\cos\phi_i^{\mathrm{sat}}}{V_{\mathrm{sat}}}$$

迭代　（1）$\Delta_{\mathrm{az}}^{\mathrm{sat}}(k), x_i^{\mathrm{sat}}(k), y_i^{\mathrm{sat}}(k) \rightarrow x_i^{\mathrm{sat}}(k+1), y_i^{\mathrm{sat}}(k+1)$

（2）$k = k+1$

（3）$\left(\mathrm{lat}_i^{\mathrm{sat}}(k), \mathrm{lon}_i^{\mathrm{sat}}(k)\right) = f_{\mathrm{sat}}\left(x_i^{\mathrm{sat}}(k), y_i^{\mathrm{sat}}(k)\right)$

（4）$V_{\mathrm{ship}}^i(k) = \dfrac{D_{\mathrm{geo}}\left(\mathrm{lat}_i^{\mathrm{S1}}(k), \mathrm{lon}_i^{\mathrm{S1}}(k), \mathrm{lat}_i^{\mathrm{GF3}}(k), \mathrm{lon}_i^{\mathrm{GF3}}(k)\right)}{\Delta T_i}$

（5）$\left|V_{\mathrm{ship}}^i(k) - V_{\mathrm{ship}}^i(k-1)\right| \leqslant 0.1$ 时，收敛

输出　$V_{\mathrm{ship}}^i(k)$

从算法 1 可以看出，通过迭代的方式，不断修正距离向的偏移，从而准确求解出目标速度。由于速度估计中要使用航向信息，而对于小目标，航向角度提取误差较大，影响距离向偏移的补偿效果，因此，本节对于长度小于 50 m 的舰船目标不进行速度迭代估计。

4.2.1.4　实验验证

为了验证多源 SAR 卫星关联算法的有效性，本节选取了两个 SAR 卫星成像场景，如图 4-2 所示，Coastline、S-1、GF-3 分别代表海岸线数据、S-1 SAR 数据及 GF-3 SAR 数据，SAR 数据参数说明如表 4-1 所示。

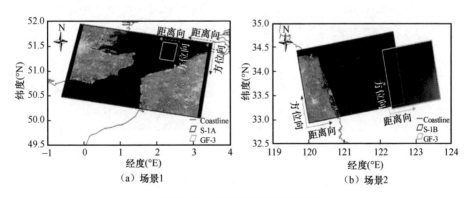

图 4-2　S-1 与 GF-3 卫星联合观测

表 4-1　SAR 数据参数说明

场景	卫星	产品	成像时间	分辨率 距离向（m）× 方位向（m）	像素单元 距离向（m）× 方位向（m）	入射角（°） 近场~远场	极化
1	GF-3	SLC QPSI	2017-07-16 14:05:42—14:05:47	8×8	2.2×5.3	35.5~37.2	全极化
	S-1A	GRD IWS	2017-07-16 14:05:58—14:06:23	20×22	10×10	30.0~46.1	VH、VV
2	GF-3	SLC SS	2017-02-27 17:49:59—17:50:19	25×25	4.5×5.7	36.2~43.3	HH、HV
	S-1B	GRD IWS	2017-02-27 17:55:19—17:55:44	20×22	10×10	30.7~45.9	VH、VV

图 4-3 所示为两个场景下的风速与有效波高分布，其中，图 4-3（a）和图 4-3（b）所示为场景 1 的数据，图 4-3（c）和图 4-3（d）所示为场景 2 的数据，风速单位为 m/s，波高单位为 m。根据图中的气象水文数据预测可得，场景 1 与场景 2 研究区域的海况均为 2 级海况，海况状况良好，有利于算法的验证。

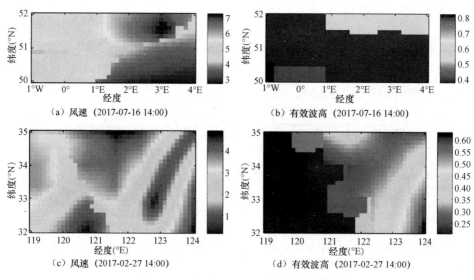

（a）风速（2017-07-16 14:00）　　　　　　　　（b）有效波高（2017-07-16 14:00）

（c）风速（2017-02-27 14:00）　　　　　　　　（d）有效波高（2017-02-27 14:00）

图 4-3　两个场景下的风速与有效波高分布

图 4-4 所示为 SAR 图像舰船目标的关联结果，其中，点迹代表检测结果，航迹

代表同步的舰船 AIS 信息，可以用来辅助评估检测、目标关联及参数估计。其中，场景 1、场景 2 中分别有 14 个、5 个舰船 AIS 信息。表 4-2 所示为舰船目标关联性能对比，其中，最大目标关联总数为检测结果最多可以关联的目标数，在场景 1 中，由于卫星间隔时间很短，舰船运动距离短，则通过距离门限，就可以得到很好的关联结果。但是在场景 2 中，卫星间隔时间较长，在距离门限内有一些距离相近目标，单纯利用位置信息进行关联会出现错误，结合长度与位置特征的目标关联可以有效提高关联正确率。场景 1 中没有关联上的目标，主要是 GF-3 图像检测的点迹，图 4-5 所示为没有关联上 S-1 的 GF-3 目标检测点迹，可以看出，目标很小或者可能是非舰船，导致在 S-1 中无法检测。场景 2 中未关联目标主要处于边界外，无法被同时检测。

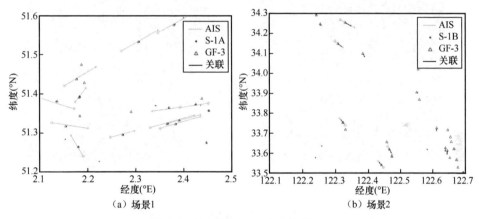

（a）场景1　　　　　　　（b）场景2

图 4-4　SAR 图像舰船目标的关联结果

表 4-2　舰船目标关联性能对比

场景	最大目标关联总数（个）	位置信息		位置+长度信息	
		正确率	完整率	正确率	完整率
1	15	100%	100%	100%	100%
2	12	75%	75%	100%	100%

图 4-6 与图 4-7 所示为场景 1 选择的两种不同类型的目标在不同卫星、不同极化下的 SAR 幅度图像。同理，图 4-8 与图 4-9 所示为场景 2 两种目标的 SAR 幅度图像，图 4-10 所示为各场景对应的舰船 AIS 信息。从图中可以看出，不同 SAR 卫星下，同一目标在相同极化下的幅度分布大致相同，具有一定的特征相似性。同时，交叉极化比同极化干扰多，因此选用同极化的目标切片进行参数提取。

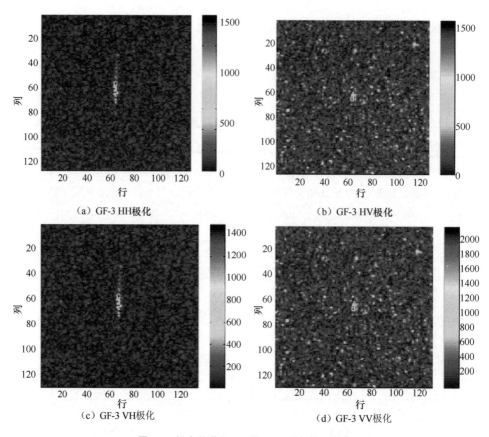

（a）GF-3 HH极化　　　　　　　　　　（b）GF-3 HV极化

（c）GF-3 VH极化　　　　　　　　　　（d）GF-3 VV极化

图4-5　没有关联上 S-1 的 GF-3 目标检测点迹

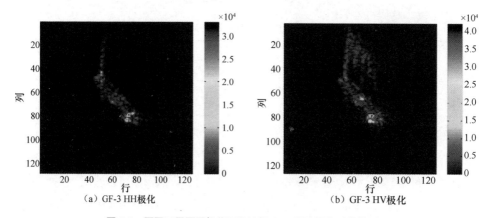

（a）GF-3 HH极化　　　　　　　　　　（b）GF-3 HV极化

图4-6　不同卫星不同极化下的油船 SAR 幅度图像（场景 1）

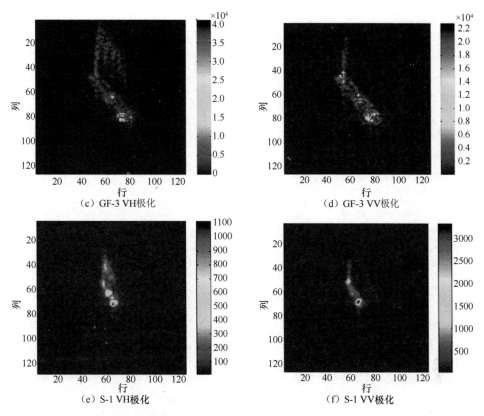

（c）GF-3 VH极化

（d）GF-3 VV极化

（e）S-1 VH极化

（f）S-1 VV极化

图 4-6　不同卫星不同极化下的油船 SAR 幅度图像（场景 1）（续）

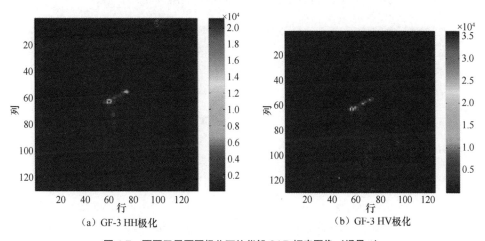

（a）GF-3 HH极化

（b）GF-3 HV极化

图 4-7　不同卫星不同极化下的货船 SAR 幅度图像（场景 1）

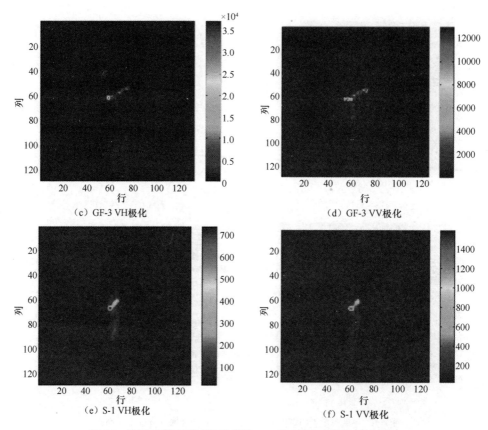

（c）GF-3 VH极化

（d）GF-3 VV极化

（e）S-1 VH极化

（f）S-1 VV极化

图4-7　不同卫星不同极化下的货船 SAR 幅度图像（场景1）（续）

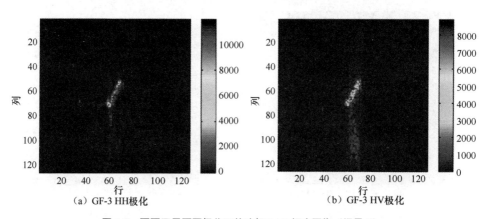

（a）GF-3 HH极化

（b）GF-3 HV极化

图4-8　不同卫星不同极化下的油船 SAR 幅度图像（场景2）

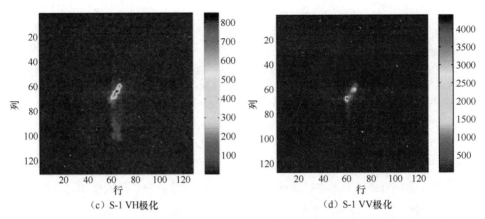

（c）S-1 VH极化　　　　　　　　　　（d）S-1 VV极化

图 4-8　不同卫星不同极化下的油船 SAR 幅度图像（场景 2）（续）

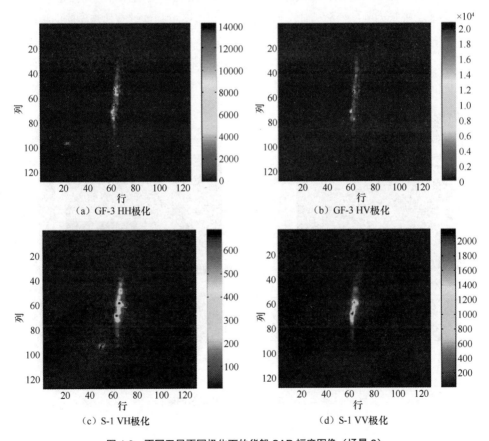

（a）GF-3 HH极化　　　　　　　　　　（b）GF-3 HV极化

（c）S-1 VH极化　　　　　　　　　　（d）S-1 VV极化

图 4-9　不同卫星不同极化下的货船 SAR 幅度图像（场景 2）

（a）场景1油船

（b）场景1货船

（c）场景2油船

（d）场景2货船

图 4-10　舰船 AIS 信息

以场景 1 的油船为例，进行参数估计。其中，对 GF-3 目标切片进行斜距到地距的转换，再对 GF-3 与 S-1 切片进行每像素 5 m 的重采样，得到图 4-11，可以看出，同一目标在不同分辨率下 SAR 图像上的边缘等细节有一定的差异。图 4-12 所示为速度迭代估计，可见，每次迭代都在不断补偿距离向偏移，从而接近真实位置。表 4-3 所示为舰船参数估计，可见，通过目标关联，能够有效消除航向模糊，同时估计出航速，体现了多源 SAR 卫星联合监视的优势。目标初始航速估计为 19.1 kn（真实速度为 13.8 kn），通过迭代后航速估计为 15.8 kn，显著提高了估计精度。同时，高分辨率图像的尺度估计较低分辨率的更为精确，因此在融合层面采用高分辨率的尺度估计结果。

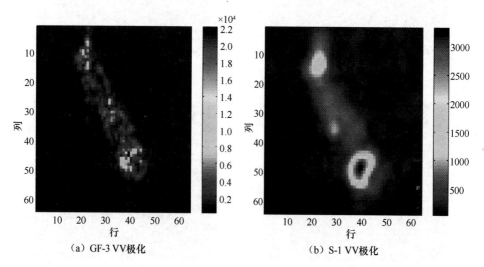

（a）GF-3 VV极化　　　　　　　　　（b）S-1 VV极化

图 4-11　重采样后的 SAR 幅度图像

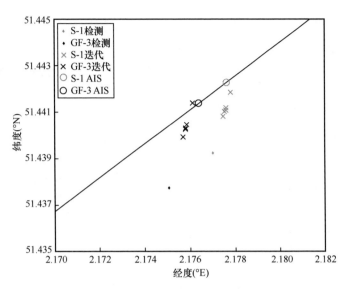

图 4-12　速度迭代估计

表 4-3　舰船参数估计

参数	S-1	GF-3	S-1 与 GF-3 融合	AIS
长度（m）	295	265	265	250
宽度（m）	60	50	50	44
航向（°）	33.2 或 213.2	38.4 或 218.4	38.4	39.8
航速（kn）	—	—	15.8	13.8

图 4-13 所示为目标运动参数估计结果，可以看出，初始的航速估计存在一定的误差，经过迭代后航速估计误差降低。场景 1 与场景 2 迭代前的平均绝对航速误差分别为 2.4 kn、0.9 kn，迭代后的误差分别为 0.3 kn、0.1 kn。由于场景 2 中卫星间隔时间较长，方位向偏移对航速估计的影响较小，初始航速估计较为准确，使得航速迭代估计更为准确。同时，航向估计较为准确，两个场景航向平均误差分别为 9.6°、7°，有效克服了单幅图像中航向提取的模糊性。在这两个场景中，由于 SAR 卫星在空间中的成像方向一致，方位向偏移在目标航迹的同一侧。如果方位向偏移不在同一侧，初始航速估计的误差会更大，而迭代航速估计的效果会更明显。

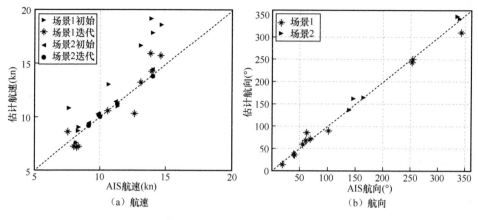

图 4-13　目标运动参数估计结果

4.2.2　低轨遥感卫星与星载 AIS 的舰船目标关联

SAR 是微波成像雷达，一般而言在完成 SAR 舰船目标检测后，通常可以得到舰船目标的经纬度、舰船目标在 SAR 图像中的长宽等信息。AIS 提供的舰船目标点迹，能够给出全面的舰船目标信息，包括舰船目标的身份信息、航迹信息及动态信息等。将 SAR 遥感卫星图像与 AIS 卫星数据进行关联融合，能够有效检测出故意关闭 AIS 和恶意更改 AIS 的非合作舰船。

在对 SAR 与 AIS 的实际分析中，关联来自两种不同传感器的数据面临以下问题：SAR 与 AIS 获取时刻不同步，导致获取的舰船目标数据在位置和时间上存在较大误差。在大部分情况下，SAR 成像时间点并没有对应的目标 AIS 信息；SAR 与 AIS 的测量误差差异很大；一些小型舰船（如游艇、渔船）没有配备 AIS，这将导致 SAR 获取的一部分目标无法匹配到 AIS 数据点。此外，在下雨和巨浪等复杂海况下，SAR 会产生虚警，在繁忙的航道和近海地区，或者在复杂的海况下，可能存在大量无对应 AIS 舰船航迹的 SAR 点迹；不同目标的 AIS 舰船航迹和 SAR 点迹位置之间的交叉和重叠可能会对数据的关联产生难以处理的影响，尤其是在多目标密集场景中。

传统的目标关联中主要有基于位置的关联方法与基于多特征的关联方法。随着人工智能的快速发展，基于深度学习的方法逐渐应用到目标关联与跟踪应用中。Hu 等[13]提出利用 BP 神经网络进行 AIS 与雷达航迹的关联。Fang 等[14]提出一种改进的 Kohonen 神经网络来克服多目标的关联问题。Pinto 等[15]基于 Transformer 结构提出了一种全新的高性能目标跟踪方法，通过 Transformer 网络对所有时间的点进行分类，选取最可能是航迹更新的点，并通过匈牙利算法将已知航迹与选择的点进行匹配，从而实现航迹的连续跟踪。李文娜等[16]提出嵌入注意力机制的 Transformer-DA 模型，将历史航迹与当前点迹放入编码器与解码器中进行特征提取，得到点迹−航迹之间的关联概率，从而解决漏检和杂波情况下的航迹跟踪问题。Sarlin 等[17]基于自注意力机制与交叉注意力机制对多源数据的位置、视觉特征进行提取，接着引入 Dustbin Score 机制解决虚警情况下错误关联的问题。Xu 等[18]提出了基于深度学习的匈牙利算法的网络模型，模型中利用双向循环神经网络（Bi-directional Recurrent Neural Network, Bi-RNN）较好地解决了数据关联问题，但是该模型未与目标特征提取模型同步训练，在实际的跟踪任务中只能利用其已训练好的权重。

本节通过将航迹时间序列转化为图中的分布特征，提出一种基于图匹配的深度学习方法，解决 SAR 与 AIS 的关联问题。首先，使用具有自注意力机制与交叉注意力机制的 Transformer 网络进行点级特征提取；然后，对于 AIS 点，将具有同一轨迹编号的点聚集为图中的一个节点，得到类似于 SAR 点迹的特征；最后，通过设计可微分最优匹配层实现从 AIS 特征分布到雷达特征分布的最优匹配，其中通过 Sinkhorn 算法计算从 AIS 节点到雷达节点的成本最低的关联。

4.2.2.1　模型框架

首先通过预训练完成的目标检测模型或手工方法将 SAR 图像中的舰船目标提取出来，获得位置、航向、船长等信息；然后通过时空校准、坐标系转换及多普勒逆补偿等步骤，使 AIS 数据与 SAR 处于同一时空坐标系中，并获取目标的位置、航向、船长等信息；最后将目标的 SAR 与 AIS 数据输入网络模型中，获得最终的关联结果，数据关联处理流程如图 4-14 所示。

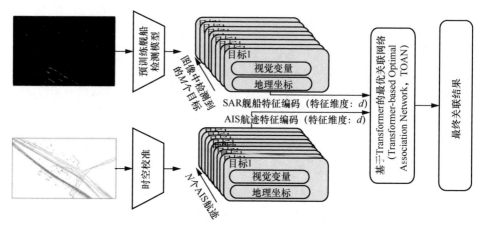

图 4-14　数据关联处理流程

　　模型具体结构如图 4-15 所示，改进的 Transformer 模块学习目标特征，关联推理模块基于 Transformer 提取的目标特征计算出目标的关联结果，最后计算航迹点分类损失、SAR 与 AIS 的关联损失，通过损失值更新 Transformer 模块与关联推理模块的可学习参数。

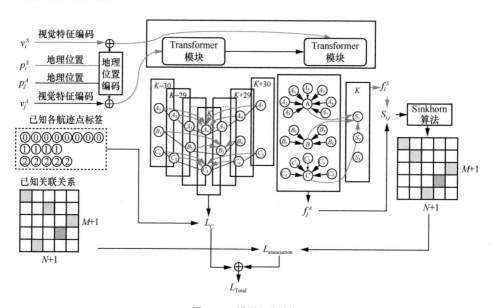

图 4-15　模型具体结构

图 4-15 中，v_i^S 表示第 i 个 SAR 目标的视觉特征，p_i^S 表示第 i 个 SAR 目标的位置特征，p_j^A 表示第 j 条 AIS 舰船航迹的位置特征，v_j^A 表示第 j 条 AIS 舰船航迹的视觉特征，K 表示 SAR 成像时间，f_i^S 表示第 i 个 SAR 目标经过 Transformer 获取的特征，f_j^A 表示第 j 条 AIS 舰船航迹经过 Transformer 获取的特征，$S_{i,j}$ 表示第 i 个 SAR 目标特征与第 j 个 AIS 舰船航迹特征的相似度，M 表示 SAR 目标的数量，N 表示 AIS 舰船航迹的数量，L_C 表示 AIS 舰船航迹点分类损失，$L_{\text{association}}$ 表示 SAR 与 AIS 的关联损失，L_{Total} 表示 L_C 与 $L_{\text{association}}$ 之和。

（1）Transformer 模块

Transformer 利用一系列自注意力机制与交叉注意力机制分别处理 SAR 和 AIS 获取的舰船目标信息。对于 SAR，令 $S_{\text{in}} \in \mathbb{R}^{M \times F_D}$ 表示 M 个 SAR 遥感图像检测到的舰船目标的集合，F_D 表示每个 SAR 目标的初始特征维度；对于 AIS，令 $A_{\text{in}} \in \mathbb{R}^{K \times F_D}$ 表示 K 个 AIS 图像检测的舰船目标的集合。需要注意的是，在 A_{in} 中的一些目标可能拥有相同的标签（它们归属于同一段航迹）。对于 SAR 或者 AIS，输入的信息将以矩阵形式通过维度为 d_{model} 的线性嵌入层 L_D，并分别产生新的特征 $S_{\text{in}}' \in \mathbb{R}^{M \times d_{\text{model}}}$ 和 $A_{\text{in}}' \in \mathbb{R}^{H \times d_{\text{model}}}$。

$$\begin{cases} S_{\text{in}}' = L_D(S_{\text{in}}) \in \mathbb{R}^{M \times d_{\text{model}}} \\ A_{\text{in}}' = L_D(A_{\text{in}}) \in \mathbb{R}^{H \times d_{\text{model}}} \end{cases} \tag{4-18}$$

其中，H 表示 AIS 舰船航迹点总数。

将新的特征 S_{in}' 和 A_{in}' 输入 Transformer 模块进行进一步特征提取，分别得到 SAR 的目标特征 $S_{\text{out}} \in \mathbb{R}^{M \times d_{\text{model}}}$ 和 AIS 的目标特征 $A_{\text{out}} \in \mathbb{R}^{N \times d_{\text{model}}}$，计算式如下。

$$S_{\text{out}}, A_{\text{out}} = \text{Transformer}(S_{\text{in}}', A_{\text{in}}'; \theta_{\text{Transformer}}) \tag{4-19}$$

其中，$\theta_{\text{Transformer}}$ 是 Transformer 结构的一系列参数，A_{out} 表示每条 AIS 舰船航迹的总体特征。值得注意的是，每个 AIS 点都将计算其权重大小，对于一条航迹，筛选出该航迹的所有点，并基于其权重计算出该航迹的总体特征。

（2）航迹点分类模块

在模型训练过程中添加了一个航迹点分类模块，尝试预测航迹点集合 $z_{1:n}$ 中各个航迹点分别来自哪条航迹。添加该模块往往能在刚开始训练时改善模型的参数更新性能（因为刚开始的特征提取结果不太准确，导致关联推理任务在开始阶段比较困难，可能无法提供太多梯度信息）和最终模型的泛化性能[19]。

为了实现该分类的想法，基于文献[20]的思想，在模型训练时，让相同类别的样本产生相似的预测，而对于不同类别的样本，则产生不同的预测。在数据生成过程中，对每一个航迹点 $z_i, i \in \mathbb{N}_n$ 都赋予一个整数类型的标签 b_i，以此来记录该航迹点来自哪一条航迹。定义 $\mathbb{P}_i = \{j \in \mathbb{N}_n \mid j \neq i, b_i = b_j\}$ 来记录某一航迹点 z_i 来自某条航迹的索引值。航迹点的分类损失 L_C 则可以通过航迹点的标签 $\boldsymbol{b}_{1:n}$ 及其本身的编码特征 $\boldsymbol{e}_{1:n}$ 计算得到：

$$L_C(\boldsymbol{e}_{1:n}, \boldsymbol{b}_{1:n}) = \beta \sum_{i=1}^{n} \frac{-1}{\|\mathbb{P}_i\|} \sum_{i^+ \in \mathbb{P}_i} \ln \frac{e^{\boldsymbol{u}_i^{\mathrm{T}} \boldsymbol{u}_{i^+}}}{\sum_{j \in \mathbb{N}_n \backslash i} e^{\boldsymbol{u}_i^{\mathrm{T}} \boldsymbol{u}_j}} \tag{4-20}$$

$$\boldsymbol{u}_{1:n} = \frac{\mathrm{FFN}(\boldsymbol{e}_{1:n})}{\left| \mathrm{FFN}(\boldsymbol{e}_{1:n}) \right|_2} \tag{4-21}$$

其中，β 是一个大于 0 的超参数，用于航迹点分类任务和关联推理任务之间的平衡；$\mathrm{FFN}(\cdot)$ 表示各航迹点的航迹归属预测值。该损失函数可直观理解为：来自同一条航迹（ $b_i = b_j$ ）的不同航迹点 z_i、z_j 的嵌入特征 $\boldsymbol{u}_i$ 和 $\boldsymbol{u}_j$ 更相似（ $\boldsymbol{u}_i^{\mathrm{T}} \boldsymbol{u}_j$ 将更大），来自不同航迹（ $b_i \neq b_j$ ）的不同航迹点 z_i、z_j 的嵌入特征 $\boldsymbol{u}_i$ 和 $\boldsymbol{u}_j$ 更不一致（ $\boldsymbol{u}_i^{\mathrm{T}} \boldsymbol{u}_j$ 将更小）。

（3）关联推理模块

该模块根据 SAR 和 AIS（航迹层面）的特征分布计算出相似性矩阵，从 SAR 和 AIS 中求得舰船目标关联的最小成本，进而产生一个最佳分配矩阵，主要分为以下 3 个步骤。

① 计算相似性矩阵：基于 Transformer 获取的 SAR 和 AIS 分布特征分别为 S_{out} 和 A_{out}。SAR 和 AIS 分别有 M 和 N 个目标，对应的索引可分别表示为 $\mathcal{R} := \{1, \cdots, M\}$ 和 $\mathcal{A} := \{1, \cdots, N\}$。基于余弦相似度计算方法，关联相似性矩阵计算如下。

$$S_{i,j} = \frac{S_i A_j}{\|S_i\| \|A_j\|}, \forall (i, j) \in \mathcal{A} \times \mathcal{R} \tag{4-22}$$

其中，$S_{i,j}$ 表示第 i 个 SAR 目标与第 j 个 AIS 舰船航迹的相似性得分。

② 基于 Dustbin Score 机制的相似性矩阵更新：人工标注或基于深度学习的目标检测可能会导致 SAR 目标出现虚警和漏检，且并非所有舰船都安装了 AIS 设备。因此，能在虚警和漏检情况下准确关联变得尤为重要。本节基于 SuperGlue 模型中

的 Dustbin Score 机制，筛选出不应与其他任何目标关联的 SAR 和 AIS 目标，因此，这里在相似性矩阵 $\boldsymbol{S}$ 中分别增加一行和一列，通过可训练的学习参数 bin_score 计算出一个新的关联矩阵 $\boldsymbol{S}'$。

$$S'_{i,N+1} = S'_{M+1,j} = S'_{M+1,N+1} = \text{bin\_score} \in \mathbb{R} \tag{4-23}$$

在 $\boldsymbol{S}'$ 中，每个 SAR 中的舰船点迹不仅需要考虑是否与 N 条 AIS 舰船航迹中的一个舰船目标相关联，还需要考虑是否没有可关联的 AIS 舰船航迹。同样地，每条 AIS 舰船航迹不仅需要考虑是否与 M 个 SAR 中的舰船点迹中的一个相关联，还需要考虑是否没有可关联的 SAR 舰船点迹。

③ 基于 Sinkhorn 算法的关联结果计算：上述优化问题的解决方案即计算 $\boldsymbol{S}'$ 的最优分布，其熵的规则化表述会自然地产生一个期望的软分配结果，并且能通过已有的 Sinkhorn 算法在 GPU 上高效求得。它是匈牙利算法的可微分版本，通常被用到目标匹配中，其包括沿着行和列的迭代归一化，类似于行和列的 Softmax 计算。在进行了 T 次迭代之后，得到最终的分配矩阵。

（4）损失函数模块

Transformer 与最优匹配层都是可微分的，基于 Sinkhorn 算法计算出来的矩阵代表每个 SAR 目标与每条 AIS 舰船航迹的关联概率及找不到对应目标进行关联的概率。这就将关联问题转换成一种二分类问题，即关联或不关联。由于在实际的关联矩阵中，关联数量远小于非关联数量，容易造成关联与非关联样本不平衡。为了解决这个问题，在计算模型损失时，定义 ω_0 为非关联损失权重，ω_1 为关联损失权重，模型关联过程中的损失函数与关联/非关联损失权重计算式如下。

$$\begin{cases} \omega_0 = \dfrac{n_1}{n_0 + n_1} \\ \omega_1 = 1 - \omega_0 \\ L_{\text{association}} = -\displaystyle\sum_{i \in M, j \in N} \omega_{i,j} \ln S'_{i,j} - \sum_{i \in M+1, j \in N} \omega_{i,j} \ln S'_{i,j} - \sum_{i \in M, j \in N+1} \omega_{i,j} \ln S'_{i,j} \end{cases} \tag{4-24}$$

其中，n_0 表示非关联数，n_1 表示关联数，$\omega_{i,j}$ 表示第 i 个 SAR 目标与第 j 个目标的关联权重。

最终，模型总的损失函数计算如下。

$$L_{\text{Total}} = L_{\text{association}} + L_C \tag{4-25}$$

4.2.2.2 实验验证

（1）网络参数

本节基于 Windows10 系统进行实验，使用深度学习的框架是 PyTorch。GPU 内存为 8 GB，使用 CUDA11.1 调用 GPU 进行训练加速。在训练过程中，使用 Adam 优化器进行参数更新，实验设置的初始学习率为 0.00005，模型采用从头训练的方式，训练的 batchsize 取决于当前场景的 AIS 场景数。模型具体的参数如表 4-4 所示。

表 4-4　模型具体的参数

参数	数值
编码器输入数据维度（维）	5
解码器输入数据维度（维）	5
输出数据维度（维）	256
多头注意力的头数（头）	2
编码器数目（个）	2
解码器数目（个）	2
前向传播网络大小	2048
隐藏层大小	256
Dropout 率	0.1

（2）评估指标

为了验证本节提出方法的有效性，实验采用了 4 个不同的指标，即整体准确率（Overall Accuracy, OA）、准确率（Precision）、召回率（Recall）及 F1 Score。准确率反映了关联模型误报情况，召回率反映了关联模型漏报情况，F1 Score 反映了准确率和召回率的整体水平，其中准确率（如式（2-2）所示）、召回率（如式（2-3）所示）及 F1 Score 最能反映模型的关联性能。

$$F1 \ Score = \frac{2 \times Precision \times Recall}{Precision + Recall} \qquad (4\text{-}26)$$

$$OA = \frac{TP+TN}{TP+FN+TN+FP} \qquad (4\text{-}27)$$

其中，TP 表示预测正确的正样本数，FP 表示预测错误的正样本数，TN 表示预测正确的负样本数，FN 表示预测错误的负样本数。

本节将所提方法与基于 GNN、DS（Dempster-Shafer）证据理论和模糊决策等方法的目标关联算法进行比对。

（3）仿真数据实验

① 训练数据及参数说明

在模型训练与测试时，使用的仿真数据由两部分组成：一是基于概率分布随机生成（80%的生成数据用于训练，剩余 20%的生成数据用于测试）；二是在美国海岸 AIS 数据基础上生成，使用的 AIS 数据时间为 2021 年 1 月 1 日至 2021 年 2 月 10 日每天 9:00 到 18:00（2021 年 1 月 1 日至 2021 年 2 月 3 日的 AIS 数据用于训练，2021 年 2 月 4 日至 10 日的数据用于测试）。其中每组数据最长持续时间为 1 h，时间间隔为 1 min。如果同一目标的 AIS 报告间隔时间超过 1 min，则对该目标进行数据拟合得到时间间隔为 1 min 的 AIS 目标信息。合作目标的 SAR 量测在 AIS 的基础上添加噪声 w_s 计算得到。对于非合作目标，仿真数据在测量区域内均匀分布。以上仿真的 SAR 目标在 x 方向与 y 方向的定位标准中误差为 σ_x 与 σ_y，方位角标准中误差为 σ_h，长度标准中误差为 σ_l，出现的概率为 P_{DS}，虚警率为 P_{FS}；仿真的 AIS 舰船航迹出现的概率为 P_{DA}，其根据目标长度分段变化。详细的仿真参数设置如表 4-5 所示。

表 4-5　详细的仿真参数设置

SAR 参数	数值	AIS 参数	数值
$\sigma_x \sigma_y$	0.2 km	P_{DA} [Length≤50]	50%
$\sigma_{heading}$	15°	P_{DA} [50<Length≤100]	70%
σ_{length}	15 m	P_{DA} [Length>100]	90%
P_{DS}	90%		
P_{FS}	50%		

在进行数据仿真时，通过高斯分布来模拟噪声，从而生成仿真的 SAR 目标，但在过程中可能会由于误差过大而出现不合格的关联情况，所以在仿真结束后会对仿

真结果进行重新校核与筛选，算法如下。

算法 2　数据过滤算法

输入　仿真数据 D，关联矩阵 $\boldsymbol{M}$，σ_x，σ_y，σ_h，σ_l

输出　仿真数据 D

1:计算 AIS 和 SAR 目标在 x 方向的误差矩阵 $\boldsymbol{E}_x$

2:计算 AIS 和 SAR 目标在 y 方向的误差矩阵 $\boldsymbol{E}_y$

3:计算 AIS 和 SAR 目标方位角的误差矩阵 $\boldsymbol{E}_h$

4:计算 AIS 和 SAR 目标长度的误差矩阵 $\boldsymbol{E}_l$

5:for D 中的 AIS 舰船航迹 A_i

6:　　for D 中的 SAR 目标 S_j

7:　　　　if $E_x^{(i,j)} > 3\sigma_x$ or $E_y^{(i,j)} > 3\sigma_y$ or $E_h^{(i,j)} > 3\sigma_h$ or $E_l^{(i,j)} > 3\sigma_l$

8:　　　　　　$M^{(i,j)} = 0$

9:　　　　else if ($E_x^{(i,j)} > 2\sigma_x$ and $E_y^{(i,j)} > 2\sigma_y$) or $E_x^{(i,j)} > 2\sigma_x$ and $E_h^{(i,j)} > 2\sigma_h$ or ($E_y^{(i,j)} > 2\sigma_y$ and $E_h^{(i,j)} > 2\sigma_h$)

10:　　　　　　$M^{(i,j)} = 0$

11:　　　　else if $E_x^{(i,j)} > \sigma_x$ and $E_y^{(i,j)} > \sigma_y$ and $E_h^{(i,j)} > \sigma_h$

12:　　　　　　$M^{(i,j)} = 0$

13:　　end

14:end

② 结果分析

基于仿真数据的关联实验结果对比如表 4-6 所示，基于仿真数据的关联场景如图 4-16 所示。

表 4-6　基于仿真数据的关联实验结果对比

方法	Precision	Recall	F1 Score	OA
GNN	54.52%	84.20%	66.18%	51.71%
DS 证据理论	85.43%	91.10%	88.17%	80.14%
模糊决策	47.50%	**98.40%**	64.07%	53.82%
本节方法	**93.86%**	94.50%	**94.08%**	**89.95%**

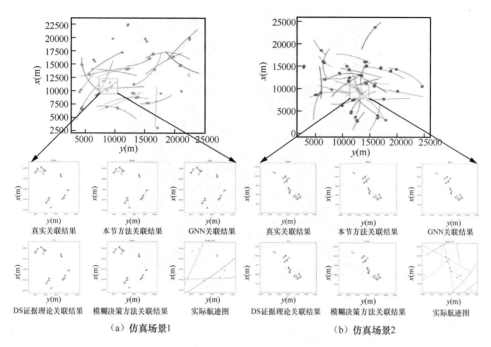

图 4-16　基于仿真数据的关联场景

（4）实测数据实验

本节选取了 GF-3 SAR 遥感图像和 AIS 数据中 2 个舰船相对密集的场景进行算法评估，场景 1 的 SAR 成像开始时间为 2021-05-24 05:51:21，SAR 成像结束时间为 2021-05-24　05:51:25，成像范围的经纬度分别为 [121.3°E，31.5°N] 到 [121.5°E，31.7°N]，图像分辨率为 10 m，AIS 时间范围为 SAR 成像时间的前后半小时。将 SAR 图像与 AIS 舰船航迹进行叠加后，得到图 4-17，可见，场景中存在大量静止的船在持续发出 AIS 信号，且经过数据检校发现，大部分静止舰船所发 AIS 信号中的 COG 值偏差较大，所以在本节的实验中，会将静止舰船的 AIS 数据剔除，对于一些异常的、跳跃性极大的 AIS 舰船航迹也将剔除。另外，在进行关联之前基于 SAR 成像时的卫星参数数据与 AIS 轨迹数据，对运动目标进行多普勒逆补偿，以此减小多普勒频移对关联的影响。

为了对比各方法的性能，图 4-18 展示了部分区域的关联结果。

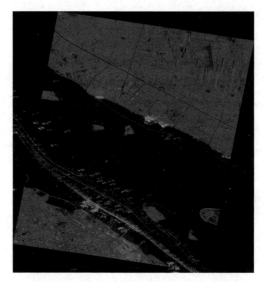

图 4-17　GF-3 SAR 图像和 AIS 数据关联场景 1

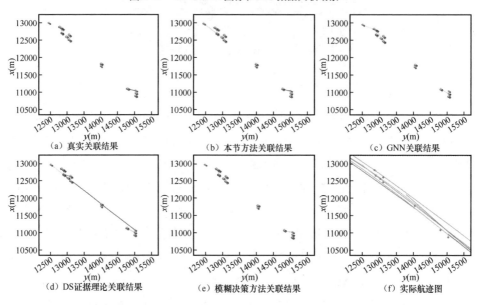

（a）真实关联结果　　　　　　（b）本节方法关联结果　　　　　　（c）GNN关联结果

（d）DS证据理论关联结果　　　（e）模糊决策方法关联结果　　　　（f）实际航迹图

图 4-18　GF-3 SAR 图像和 AIS 数据关联场景 1 部分区域关联结果

　　图 4-19 所示为场景 1 所选局部区域左上角的关联情况，模糊决策方法取得的效果最好，其次是本节方法，最后是 GNN 与 DS 证据理论方法。

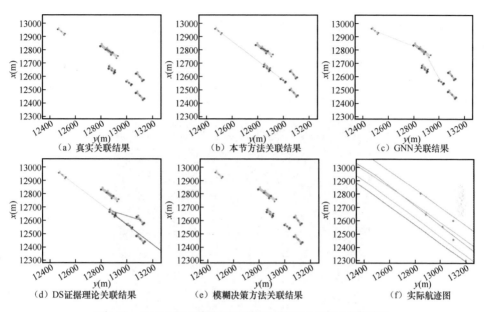

图 4-19　GF-3 SAR 图像和 AIS 数据关联场景 1 区域 1 关联结果

　　图 4-20 所示为场景 1 所选局部区域右下角的关联情况，本节方法与模糊决策方法取得了较好的结果，而 GNN 与 DS 证据理论方法都存在错误关联情况。

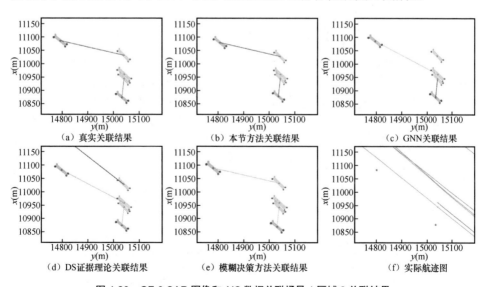

图 4-20　GF-3 SAR 图像和 AIS 数据关联场景 1 区域 2 关联结果

场景 2 的 SAR 成像开始时间为 2021-12-10 18:03:52，SAR 成像结束时间为 2021-12-10 18:03:56，成像范围为[120.4°E, 32.0°N]到[120.6°E, 32.1°N]，图像分辨率为 10 m，AIS 时间范围为 SAR 成像时间的前后半小时。将 SAR 图像与 AIS 舰船航迹进行叠加后，得到图 4-21。数据预处理与场景 1 相同。

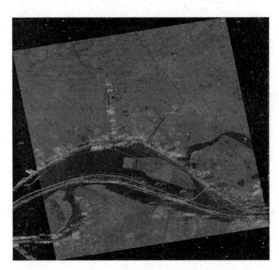

图 4-21　GF-3 SAR 图像和 AIS 数据关联场景 2

图 4-22 展示了场景 2 区域 1 的关联结果，4 种方法关联结果都正确。

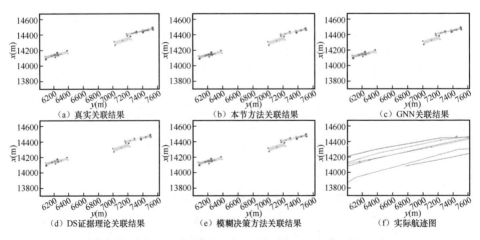

图 4-22　GF-3 SAR 图像和 AIS 数据关联场景 2 区域 1 关联结果

图 4-23 展示了场景 2 区域 2 的关联结果。在结果中，本节方法和 DS 证据理论方法得到了正确的关联结果，而 GNN 与模糊决策方法在距离误差增大的情况下出现了欠关联情况。

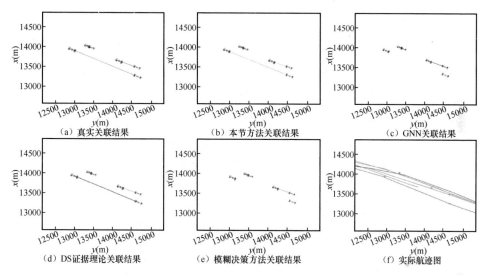

（a）真实关联结果　（b）本节方法关联结果　（c）GNN 关联结果
（d）DS 证据理论关联结果　（e）模糊决策方法关联结果　（f）实际航迹图

图 4-23　GF-3 SAR 图像和 AIS 数据关联场景 2 区域 2 关联结果

综合两个场景，各方法的性能对比如表 4-7 所示。通过表 4-7 可以看出，本节方法的 3 个指标（Precision、F1 Score、OA）均领先，达到了较好的效果，但是在错误关联的处理方面还需改进，并且从实验结果可以看出，本节方法对目标的特征（航向、船长）依赖度较高，导致距离较远但特征相似的目标出现误关联情况。

表 4-7　各方法的性能对比

方法	Precision	Recall	F1 Score	OA
GNN	60%	75%	66.45%	55.95%
DS 证据理论	80%	80%	80%	71.43%
模糊决策	90%	**100%**	94.45%	91.67%
本节方法	**97%**	94.15%	**95.46%**	**92.85%**

4.3　基于高轨遥感卫星的舰船目标关联

静止轨道凝视光学遥感卫星的工作模式可以根据卫星观测任务而不同，以 GF-4 卫星为例，其工作模式主要分为凝视成像、区域成像和机动巡查。其中，凝视成像模式是对监视地区连续成像，区域成像模式是对监视区域拼接成像，机动巡查模式是根据任务要求，利用姿态机动快速地完成多个区域的成像[13, 21-22]。受星上资源制约，卫星每天工作的时长是有限的，不能长时间开机。图 4-24 所示为 2017 年 GF-4 卫星每月观测的图像景数（统计数据来源于中国资源卫星应用中心官网），可以看出，平均每天的观测量为 20～50 景。因此，静止轨道凝视光学遥感卫星需要利用更少的时间资源获取更多的空间信息，尽可能覆盖更多的目标区域，实现广域搜索与跟踪。在海洋监视中，静止轨道凝视光学遥感卫星可以结合凝视成像模式与机动巡查模式，先对某一海域进行连续成像，间隔一段时间再连续成像。由于每次凝视成像都会形成舰船目标的航迹，需要将不同成像时刻的航迹进行关联，即中断航迹关联（Track Segment Association, TSA），又称为航迹片段关联或者断续航迹关联，实现舰船目标的重识别，提高该区域的海上态势感知能力，具体的航迹关联框架如图 4-25 所示。通过中断航迹关联还可以判断目标是否偏离预期航线，检测出机动性较强的目标航迹，实现异常航迹检测。通过关联后的航迹连接，可以得到更完整、连续、准确的舰船目标航迹。

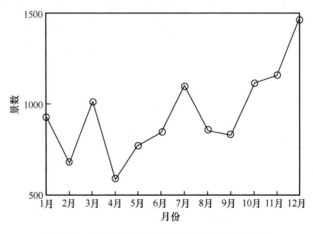

图 4-24　2017 年 GF-4 卫星每月观测的图像景数

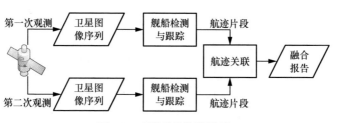

图 4-25　具体的航迹关联框架

中断航迹关联问题早在 20 世纪 80 年代就被提出，一直是国内外学者研究的热点。传统研究领域的中断航迹主要由目标遮挡、目标机动等原因造成。Yeom 等[23]提出了基于统计距离的航迹片段关联算法，是中断航迹关联方法研究发展的基础。TSA 算法通过航迹预测将两个时刻的航迹进行时空对准，并通过马氏距离约束与二维最优分配进行关联。研究人员还提出基于模糊理论和证据理论解决中断航迹关联问题，但是方法具有较强的主观性。Zhang 等[24]利用 TSA 算法结合停跳模型解决了停跳状态下的航迹关联问题，齐林等[25]在 TSA 算法基础上利用多假设运动模型解决机动目标的中断航迹关联问题，取得了一定的效果，但是非常依赖先验模型。王江峰等[26]提出了航迹的双向预测，盛卫东[27]提出利用运动约束解决航迹中断问题，二者本质上还是利用两段航迹的运动信息进行关联，并没有利用更多的信息。

根据静止轨道凝视光学遥感卫星舰船目标航迹中断的应用背景，本节以 GF-4 卫星为例，重点研究舰船目标的中断航迹关联问题。在传统 TSA 算法的基础上，提出了幅度辅助的舰船目标中断航迹关联，结合运动信息与幅度信息，提高在长中断时间、目标密集等情况下的关联正确率。

4.3.1　基于运动信息与幅度信息结合的双阶段舰船目标中断航迹关联

本节关联算法主要分为两个阶段，第一阶段关联弱机动目标，第二阶段关联强机动目标。首先利用距离、速度、航向等条件约束实现航迹片段的粗关联，有效减少了关联的候选组合，提高了关联效率。在第一阶段关联中，通过运动信息假设检验、构建代价函数，求解二维最优关联组合，从而关联上弱机动目标。在第二阶段关联中，对剩余航迹片段利用距离信息求解二维最优关联组合，采用幅度信息进行异常检测，增加航迹关联的可靠性与置信度。最后，采用多项式来拟合关联的航迹片段，完成整个观测时间内航迹的连接与融合，具体流程如图 4-26 所示。

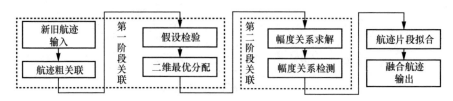

图 4-26　中断航迹关联流程

4.3.1.1　第一阶段关联

（1）新旧航迹输入

本节针对 GF-4 卫星进行研究，其中，GF-4 卫星图像采用静态校正，目标检测与跟踪方法参考第 3 章。假设在间隔时间 ΔT 下，GEO 卫星对监视海域进行两次成像，每次监视持续一段时间，生成舰船目标的航迹片段。中断航迹关联需要判断前后两次观测的航迹是否为同一个舰船目标的航迹，其中两次观测的航迹片段定义如下。

- 旧航迹，同一区域内第一次观测的航迹，即：

$$\boldsymbol{T}_i^o = \{\hat{\boldsymbol{x}}^i(k\,|\,k), k = k_{s_i}^o, \cdots, k_{e_i}^o\}, i = 1, \cdots, I \tag{4-28}$$

- 新航迹，同一区域内第二次观测的航迹，即：

$$\boldsymbol{T}_j^y = \{\hat{\boldsymbol{x}}^j(k\,|\,k), k = k_{s_j}^y, \cdots, k_{e_j}^y\},\ j = 1, \cdots, J \tag{4-29}$$

其中，I、J 分别为旧、新航迹的数目，$\hat{\boldsymbol{x}}^i(k\,|\,k)$ 表示 k 时刻航迹 i 的状态估计矢量。

$$\hat{\boldsymbol{x}}^i(k\,|\,k) = (\hat{\varphi}_k^i, \hat{\dot{\varphi}}_k^i, \hat{\lambda}_k^i, \hat{\dot{\lambda}}_k^i)^{\mathrm{T}} \tag{4-30}$$

$$\hat{\theta}_k = F_\theta(\hat{\dot{\lambda}}_k, \hat{\dot{\varphi}}_k) = \begin{cases} \arctan(\hat{\dot{\lambda}}_k / \hat{\dot{\varphi}}_k), & \hat{\dot{\lambda}}_k \geqslant 0, \hat{\dot{\varphi}}_k > 0 \\ 360° + \arctan(\hat{\dot{\lambda}}_k / \hat{\dot{\varphi}}_k), & \hat{\dot{\lambda}}_k < 0, \hat{\dot{\varphi}}_k > 0 \\ 180° + \arctan(\hat{\dot{\lambda}}_k / \hat{\dot{\varphi}}_k), & \hat{\dot{\varphi}}_k < 0 \\ 90°, & \hat{\dot{\lambda}}_k > 0, \hat{\dot{\varphi}}_k = 0 \\ 270°, & \hat{\dot{\lambda}}_k < 0, \hat{\dot{\varphi}}_k = 0 \end{cases} \tag{4-31}$$

$$\hat{s}_k = \sqrt{\hat{\dot{\lambda}}_k^2 + \hat{\dot{\varphi}}_k^2} \tag{4-32}$$

其中，$k_{s_i}^o$、$k_{e_i}^o$ 分别为旧航迹的起始与终止时刻，$k_{s_j}^y$、$k_{e_j}^y$ 分别为新航迹的起始与终止时刻，$\hat{\lambda}_k^i$、$\hat{\varphi}_k^i$ 分别表示 k 时刻航迹 i 的经度与纬度，$\dot{\hat{\lambda}}_k^i$、$\dot{\hat{\varphi}}_k^i$ 为经度与纬度方向的速度分量，F_θ 为求解航向的函数，$\hat{\theta}_k$、$\hat{s}_k$ 分别为 k 时刻估计的航向、航速。$\dot{\hat{\lambda}}_k = 0$、$\dot{\hat{\varphi}}_k = 0$ 代表目标静止，无法估计出 $\hat{\theta}_k$。k 时刻所有可能的航迹组合为：

$$\Phi = \left\{ (\boldsymbol{T}_{i_1}^o, \boldsymbol{T}_{j_1}^y), (\boldsymbol{T}_{i_1}^o, \boldsymbol{T}_{j_2}^y), (\boldsymbol{T}_{i_2}^o, \boldsymbol{T}_{j_1}^y), \cdots, (\boldsymbol{T}_{i_I}^o, \boldsymbol{T}_{j_J}^y) \right\} \tag{4-33}$$

（2）航迹粗关联

通过旧航迹的后向外推与新航迹的前向外推，可以得到旧、新航迹 k 时刻的状态估计，分别表示为 $\hat{\boldsymbol{x}}^i(k|k_e^o)$ 与 $\hat{\boldsymbol{x}}^j(k|k_s^y)$，则在 k_s^y 时刻的状态估计分别为 $\hat{\boldsymbol{x}}^i(k_s^y|k_e^o)$ 与 $\hat{\boldsymbol{x}}^j(k_s^y|k_s^y)$，相应的航速估计分别为 $\hat{s}^i(k_s^y|k_e^o)$ 与 $\hat{s}^j(k_s^y|k_s^y)$，相应的航向估计分别为 $\hat{\theta}^i(k_s^y|k_e^o)$ 和 $\hat{\theta}^j(k_s^y|k_s^y)$。假设旧航迹 $\boldsymbol{T}_i^o$ 与新航迹 $\boldsymbol{T}_j^y$ 是同一个舰船目标的两条航迹，则在速度、方位与距离上需要满足一定的约束条件。通过设置粗略的约束条件，可以得到初步的关联组合。

$$\Phi_v = \left\{ (\boldsymbol{T}_i^o, \boldsymbol{T}_j^y) \in \Phi, (\boldsymbol{T}_i^o, \boldsymbol{T}_j^y) : \begin{array}{l} \left| \hat{s}^i(k_s^y|k_e^o) - \hat{s}^j(k_s^y|k_s^y) \right| < s_{\text{th}} \\ \left| \hat{\theta}^i(k_s^y|k_e^o) - \hat{\theta}^j(k_s^y|k_s^y) \right| < \theta_{\text{th}} \\ \sqrt{[\hat{\varphi}^i(k_s^y|k_e^o) - \hat{\varphi}^j(k_s^y|k_s^y)]^2 + [\hat{\lambda}^i(k_s^y|k_e^o) - \hat{\lambda}^j(k_s^y|k_s^y)]^2} < p_{\text{th}} \end{array} \right\}$$

$$\tag{4-34}$$

其中，s_{th}、θ_{th}、p_{th} 分别为航速、航向及位置关联门限，位置距离用欧氏距离近似代替。航速、航向及中断时间间隔等因素会造成位置偏差（实际位置与预测位置的差值），航向与航速误差引起的位置误差如图 4-27 所示。

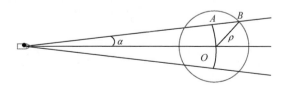

图 4-27　航向与航速误差引起的位置误差

其中，航向误差与航速误差引起的位置误差分别为 OA、AB，总误差 $\rho = \sqrt{OA^2 + AB^2}$，设置：

$$\begin{cases} p_{th} = \sqrt{p_{th1}^2 + p_{th2}^2} \\ p_{th1} = s_{th} \cdot \Delta T \\ p_{th2} = s_{mean} \cdot \Delta T \cdot \pi \cdot \theta_{th}/180° \end{cases} \qquad (4\text{-}35)$$

其中，p_{th1}、p_{th2} 分别为航速变化与航向变化引起的位置变化，s_{mean} 为舰船目标的平均速度。在实际应用中，根据监视区域内目标的机动情况设置相应的阈值，本节设置 s_{th}、s_{mean} 分别为 20 kn 与 10 kn，θ_{th} 为 60°。

（3）假设检验

由于同一目标同一时刻的航迹状态估计误差统计独立，且服从高斯分布，可以采用 χ^2 分布的假设检验方法对航迹片段进一步关联。设 H_0、H_1 分别表示航迹片段关联与否的两个假设，H_0、H_1 定义如下。

H_0：$\hat{\boldsymbol{x}}^i(k \mid k_e^o)$ 和 $\hat{\boldsymbol{x}}^j(k \mid k_s^y)$ 是同一目标的新旧航迹在同一时刻的状态估计。

H_1：$\hat{\boldsymbol{x}}^i(k \mid k_e^o)$ 和 $\hat{\boldsymbol{x}}^j(k \mid k_s^y)$ 不属于同一个目标的新旧航迹。

在 H_0 假设中，k_s^y 时刻旧航迹 $\boldsymbol{T}_i^o$ 与新航迹 $\boldsymbol{T}_j^y$ 估计误差为：

$$\boldsymbol{D}^{ij} = \hat{\boldsymbol{x}}^i(k_s^y \mid k_e^o) - \hat{\boldsymbol{x}}^j(k_s^y \mid k_s^y) \qquad (4\text{-}36)$$

相应误差的协方差为：

$$\boldsymbol{P}^{ij} = \boldsymbol{P}^i(k_s^y \mid k_e^o) + \boldsymbol{P}^j(k_s^y \mid k_s^y) \qquad (4\text{-}37)$$

则在 $1 - Q$ 的置信度下，航迹进一步关联的集合为：

$$\Phi_h = \left\{ (\boldsymbol{T}_i^o, \boldsymbol{T}_j^y) \in \Phi_v, (\boldsymbol{T}_i^o, \boldsymbol{T}_j^y) : (\boldsymbol{D}^{ij})'(\boldsymbol{P}^{ij})^{-1}(\boldsymbol{D}^{ij}) \leqslant \chi_{n_x}^2 (1 - Q) \right\} \qquad (4\text{-}38)$$

其中，$(\boldsymbol{D}^{ij})'(\boldsymbol{P}^{ij})^{-1}(\boldsymbol{D}^{ij})$ 服从 n_x 自由度的 χ^2 分布，n_x 是状态向量的维数。

在完成假设检验后，需要对初步关联的新旧航迹进行全局的最优关联，其中关联的代价函数 $c(i, j)$ 定义为估计误差似然函数 $\Gamma_{i,j}$ 的负对数。

$$\Gamma_{i,j} = \left| 2\pi \boldsymbol{P}^{ij} \right|^{-\frac{1}{2}} \cdot \exp\left\{ -\frac{1}{2} (\boldsymbol{D}^{ij})'(\boldsymbol{P}^{ij})^{-1}(\boldsymbol{D}^{ij}) \right\} \qquad (4\text{-}39)$$

$$c(i, j) = \begin{cases} -\ln(\Gamma_{i,j}), (\boldsymbol{T}_i^o, \boldsymbol{T}_j^y) \in \Phi_h \\ \infty, (\boldsymbol{T}_i^o, \boldsymbol{T}_j^y) \notin \Phi_h \end{cases} \qquad (4\text{-}40)$$

（4）二维最优分配

最优航迹关联的本质是一个二维分配问题，需要考虑所有新旧航迹的关联组合，选出其中全局代价最小的组合。二维分配变量 $a(i,j)$ 的取值需要使分配代价的加权和最小，即：

$$\min_a \sum_{i=1}^{I} \sum_{j=1}^{J} c(i,j)a(i,j) \tag{4-41}$$

同时，$a(i,j)$ 需要满足以下限制条件。

$$\begin{cases} \sum_{i=1}^{I} a(i,j) = 1, j = 1,\cdots,J \\ \sum_{j=1}^{J} a(i,j) = 1, i = 1,\cdots,I \end{cases} \tag{4-42}$$

其中，$a(i,j) = \{0,1\}$，$a(i,j)=1$ 表示两个航迹片段关联，否则不关联。式（4-42）表示每条新航迹最多只能与其中一条旧航迹关联，同时每条旧航迹最多只能与某一条新航迹关联。二维分配可以通过 Munkres 算法最终求解，得到关联集合。

$$\varPhi_w = \left\{ (T_i^o, T_j^y) \in \varPhi_h, (T_i^o, T_j^y) : a(i,j) = 1 \right\} \tag{4-43}$$

4.3.1.2　第二阶段关联

对目标的运动状态进行假设检验，属于保守的关联策略，可以确保航迹片段关联的可靠性。而在长时间间隔下，部分舰船目标会表现出一些机动性，如变向、加速等，如果只用运动状态对剩余航迹进行关联，可能会造成一些航迹错误关联，因此，利用目标的运动信息与幅度信息进行第二阶段关联。

（1）幅度关系求解

受观测时间的影响，两次观测中光照等条件不同，导致同一目标在新旧航迹中的目标幅度是不同的，但是具有一定的相关性。理想情况下，可以采用图像直方图配准的方式来调整图像的幅度，即相对辐射校正，从而实现两次观测中同一舰船目标幅度的不变性。但是，由于直方图匹配是整体匹配，而海面背景占图像的比例较大，舰船目标所占像素较少，造成直方图匹配时的不均匀性，舰船目标幅度校正不准确。因此，本节直接利用前面已经关联的舰船目标对，采用线性回归模型分析两次观测下舰船目标幅度的对应关系。设满足关联条件的舰船目标幅度集合为：

$$\Phi_a = \left\{ (A_i^o, A_i^y), i = 1, \cdots, K \right\} \tag{4-44}$$

其中，A_i^y、A_i^o 分别为第 i 个关联对中新、旧关联航迹的幅度，幅度为当前观测下各时刻目标幅度的平均值，K 为第一阶段关联航迹对的个数。假设两次观测下目标幅度之间的关系满足线性回归，即：

$$A_i^y = \beta_0 + \beta_1 A_i^o + \varepsilon, \varepsilon \sim N(0, \sigma^2) \tag{4-45}$$

其中，β_0、β_1 为线性回归系数，通过已关联的航迹片段对的幅度，由最小二乘得到线性回归系数的估计值 $\hat{\beta}_0$、$\hat{\beta}_1$，则新航迹幅度估计值 $\hat{A}_i^y$ 为：

$$\hat{A}_i^y = \hat{\beta}_0 + \hat{\beta}_1 A_i^o \tag{4-46}$$

为了度量回归模型的线性程度，采用 R^2 判定系数（相关系数的平方）。R^2 取值范围为 $[0,1]$，R^2 越接近 1，表明回归模型的线性程度越高，幅度间的相关度越高；R^2 越接近 0，表明相关度越低。R^2 表达式为：

$$\begin{cases} R^2 = 1 - \dfrac{SS_{res}}{SS_{tot}} \\ SS_{res} = \displaystyle\sum_i (A_i^y - \hat{A}_i^y)^2 \\ SS_{tot} = \displaystyle\sum_i (A_i^y - \overline{A})^2 \\ \overline{A} = \dfrac{1}{K} \displaystyle\sum_{i=1}^K A_i^y \end{cases} \tag{4-47}$$

其中，SS_{tot} 为总平方和，SS_{res} 为残差平方和。

（2）幅度关系检测

在第一阶段没有关联上但是满足初步关联条件的航迹片段，主要是机动性较强的目标，需要进一步关联。因此，采用距离二维最优分配求解可能的关联片段对，即：

$$\min_a \sum_{i=1}^{I'} \sum_{j=1}^{J'} Dis(i,j) a(i,j) \tag{4-48}$$

其中，$Dis(i,j)$ 为新旧航迹之间的距离，且需要满足：

$$\begin{cases} \displaystyle\sum_{i=1}^{I'} a(i,j) = 1, j = 1, \cdots, J' \\[4mm] \displaystyle\sum_{j=1}^{J'} a(i,j) = 1, i = 1, \cdots, I' \end{cases} \tag{4-49}$$

其中，I'、J' 分别为两次观测的剩余航迹片段个数。为提高航迹关联的置信度，对关联上的航迹通过幅度关系检测来剔除错误关联对。为了度量关联的航迹片段对是否异常，即是否服从线性回归方程，这里采用 3 倍标准差准则。若幅度预测误差小于 3 倍标准差，则认为关联有效，是正确的关联航迹片段对，否则认为是偏离线性的异常关联，予以剔除。

4.3.1.3　中断航迹连接

为了提高监视区域内航迹的完整性与连续性，需要在航迹片段关联的基础上进行航迹连接，本节采用多项式拟合来连接满足关联关系的航迹片段。其中，拟合数据采用新旧航迹片段中的位置状态估计值，即：

$$\begin{cases} \left(\hat{\lambda}^{i}(k|k), \hat{\varphi}^{i}(k|k) \right), k = k_{s_i}^{o}, \cdots, k_{e_i}^{o}, i = 1, \cdots, K' \\[3mm] \left(\hat{\lambda}^{j}(k|k), \hat{\varphi}^{j}(k|k) \right), k = k_{s_j}^{y}, \cdots, k_{e_j}^{y}, j = 1, \cdots, K' \end{cases} \tag{4-50}$$

其中，K' 为两个阶段关联航迹对的总个数。在 GF-4 卫星的两次观测之间，舰船目标的运动状态可能发生变化，从而导致舰船偏离等角航线行驶。为了将旧航迹和新航迹平滑地连接起来，以时间为自变量，采用 N 阶多项式分别对经度与纬度方向轴的位置状态估计值进行拟合，从而得到目标在整个时间段的航迹。当拟合阶数较大时，拟合曲线波动性较大，与目标运动状态不符；当拟合阶数较小时，如一阶直线拟合，难以准确描述复杂的运动状态。根据实际中舰船目标通常的运动情况，这里选择三阶拟合。

4.3.1.4　实验验证

为了验证静止轨道凝视光学遥感卫星中断航迹关联算法的有效性，本节选取了东海海域两个 GF-4 卫星成像场景，如图 4-28 所示，Coastline、GF-4 T1、GF-4 T2、ROI 分别代表海岸线数据、第一次成像区域、第二次成像区域及研究选取的区域，具体的成像时间如表 4-8 所示，其中，场景 2 的两次成像的最短时间间隔为场景 1 的 2 倍多。每帧 GF-4 卫星图像均为 1A 级，并提供卫星直传姿轨数据生产的 RPC 文件。这里选取的 ROI 大小均为 5000 像素×5000 像素，区域大小约为 250 km×250 km。

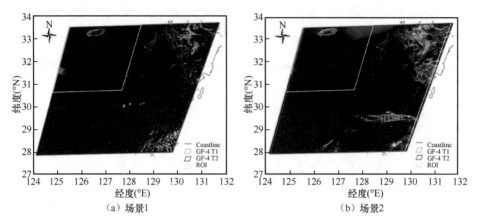

图 4-28   航迹关联场景 1

表 4-8   GF-4 卫星图像成像时间

场景	成像时间		
	第一次	第二次	两次成像的最短时间间隔（h）
1	2017-04-28 10:26:20	2017-04-28 11:31:58	0.96
	2017-04-28 10:28:56	2017-04-28 11:34:34	
	2017-04-28 10:31:32	2017-04-28 11:37:10	
	2017-04-28 10:34:08	2017-04-28 11:39:46	
2	2017-04-30 10:26:20	2017-04-30 13:02:20	2.47
	2017-04-30 10:28:56	2017-04-30 13:04:56	
	2017-04-30 10:31:32	2017-04-30 13:07:32	
	2017-04-30 10:34:08	2017-04-30 13:10:07	

图 4-29 所示为两个场景的风速与有效波高分布，其中，图 4-29（a）和图 4-29（b）所示为场景 1 的数据，图 4-29（c）和图 4-29（d）所示为场景 2 的数据，风速单位为 m/s，波高单位为 m，根据图中的气象水文数据预测可知，场景 1 区域的海况约为 2 级海况，场景 2 区域的海况约为 3 级海况。

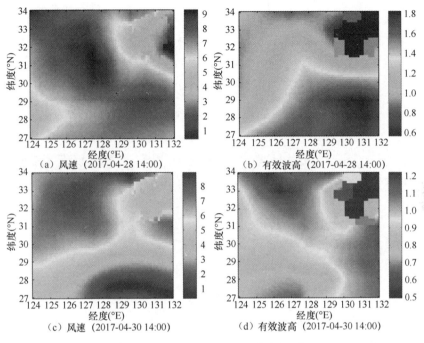

图 4-29　两个场景的风速与有效波高分布

图 4-30 所示为两个场景 ROI 的 DN 直方图，其中"IMG-*m-n*"为图像编号，*m* 与 *n* 分别表示成像次数与当前成像次数下的成像帧数，如"IMG-1-1"表示第一次成像 的第 1 帧数据。可以看出，同一个成像时刻数值（Digital Numbet, DN）直方图相同，不同成像时刻直方图相差较大且形状不同，主要是不同时刻的光照等条件引起的。

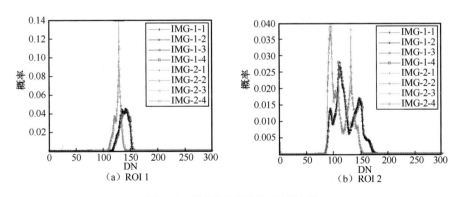

图 4-30　两个场景 ROI 的 DN 直方图

通过舰船目标检测与跟踪，可以得到舰船目标的航迹。其中，检测的点迹与跟踪的航迹（由物方映射到像方，并与原灰度图像叠加）如图 4-31 所示，绿色代表检测结果，红色代表航迹。通过人工鉴别，可以得到各场景下的实际目标数目，进一步得到检测与跟踪性能，如表 4-9 所示。需要说明的是，由于场景没有实际的 AIS 信息，人工鉴别结果有一定的误差，但是不会影响算法的评估，如存在一些小目标，由于目标太小没有被检测出来，且人工也无法鉴别。从图 4-31 中可以看出，与场景 1 相比，场景 2 中的虚假目标更多，同时真实目标数目也更多，在卫星间隔时间较长的情况下关联难度更大。通过目标跟踪不仅可以有效减少虚假目标，还可以生成目标航迹。

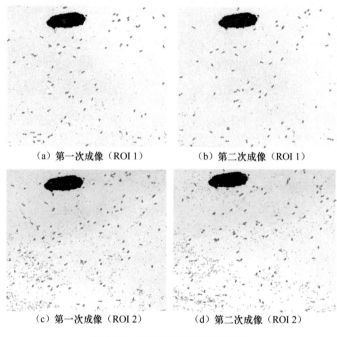

（a）第一次成像（ROI 1）　　　　　　（b）第二次成像（ROI 1）

（c）第一次成像（ROI 2）　　　　　　（d）第二次成像（ROI 2）

图 4-31　检测的点迹与跟踪的航迹

表 4-9　检测与跟踪性能

ROI	检测		跟踪	
	正确率	完整率	正确率	完整率
1	34.9%	95.7%	98.1%	95.7%
2	6.9%	90.1%	96.6%	90.1%

图 4-32 所示为第一阶段利用运动信息的关联结果，通过利用运动信息进行假设检验与二维最优分配，可以关联弱机动性的舰船目标。由于关联上的目标需要服从近似直线航行，为强条件下的关联，因此关联结果具有很高的可信度。

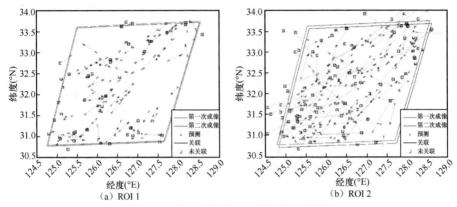

(a) ROI 1　　　　　　　　　(b) ROI 2

图 4-32　第一阶段利用运动信息的关联结果

图 4-33 所示为同一目标在不同成像时刻的切片，其中，第一行为第一次成像时刻的切片，第二行为第二次成像时刻的切片。可以看出，同一次成像下，目标的幅度变化值较小，可以作为目标跟踪的辅助信息。但是，不同成像时刻下，同一目标的幅度不相同。图 4-34 所示为两次成像时刻下目标幅度线性拟合，可见，幅度关系曲线符合线性变化。场景 1 与场景 2 的 R^2 分别为 0.93 与 0.89，也说明了幅度间满足线性关系，可以辅助第二阶段强机动目标的关联。场景 1 在第二阶段关联中没有检测到异常的幅度关系，场景 2 中检测到两个异常幅度关系，如图 4-34 中圆圈所示，予以剔除。需要注意的是，随着中断间隔时间增大，幅度间的相关性可能呈现下降趋势，需要更多的实验样本进行验证与研究。

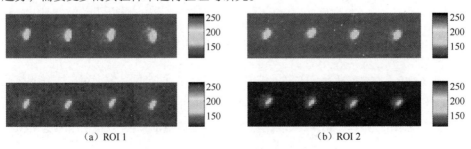

(a) ROI 1　　　　　　　　　(b) ROI 2

图 4-33　同一目标在不同成像时刻的切片

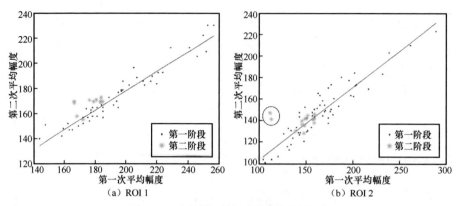

图 4-34　两次成像时刻下目标幅度线性拟合

　　图 4-35 所示为第二阶段利用运动信息及幅度信息的航迹关联结果,可见,利用幅度信息的中断航迹关联可以有效关联上运动偏离预测航线的目标。同时需要注意到,还有一些孤立航迹没有关联上,主要是由于大部分目标超出了 ROI 边界,还有部分目标为虚假的跟踪结果,以及部分目标没有被有效地检测与跟踪出来。

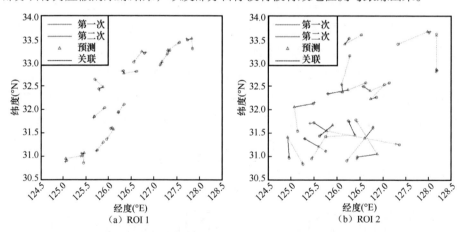

图 4-35　第二阶段利用运动信息及幅度信息的航迹关联结果

　　表 4-10 所示为中断航迹关联的性能分析,其中,两个区域最多可以关联的航迹总数分别为 62 条与 71 条,可以看出,第二阶段利用幅度信息辅助航迹关联可以有效提高航迹关联的完整率,ROI 2 关联正确率的降低主要受部分错误跟踪结果及边界效应的影响。

表 4-10　中断航迹关联的性能分析

ROI	第一阶段关联		第二阶段关联	
	正确率	完整率	正确率	完整率
1	100%	83.9%	100%	100%
2	100%	83.3%	94.7%	100%

图 4-36 所示为两个 ROI 中断航迹连接效果，可以看出，通过航迹连接能够掌握整个监视时间与区域内的航迹动态，而采用三阶多项式拟合比较符合舰船目标的运动轨迹。图 4-37 所示为从场景中选取的第二阶段单个目标航迹的连接效果，其中，目标 *A*、*B* 来自 ROI 1，目标 *C*、*D* 来自 ROI 2，可以看出，舰船目标的运动具有机动性，速度或者方向上的变化使得最终位置偏离预测位置，而通过航迹关联与连接能够准确掌握机动目标的航迹。

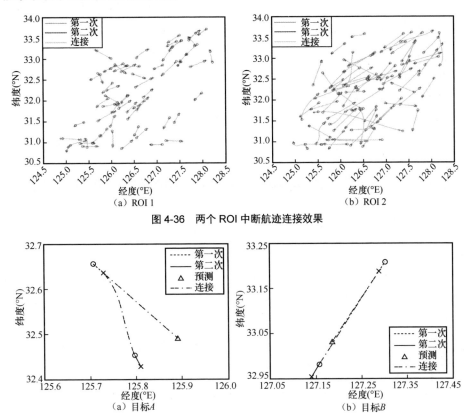

（a）ROI 1　　　　　　　　　　（b）ROI 2

图 4-36　两个 ROI 中断航迹连接效果

（a）目标 *A*　　　　　　　　　　（b）目标 *B*

图 4-37　第二阶段单个目标航迹的连接效果

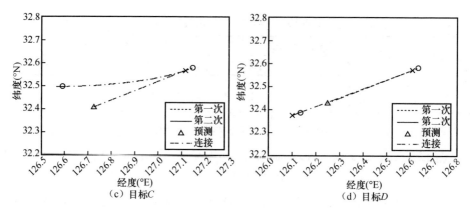

图 4-37　第二阶段单个目标航迹的连接效果（续）

　　本节选取的每个场景每次成像均为 4 幅图像，每次成像间隔为 1～2.5 h。可以看到，只需要同一地区两次观测的多帧数据，通过航迹片段关联的方式，就可以实现长时间舰船目标的运动感知，大大节省了卫星资源。对于中海、远海海域，两次观测的时间差可以为小时级。而对于近岸舰船密集海域，两次观测的时间差需要缩短到分钟级。当无观测时间差或者时间差很小时，即连续观测，能够实现对舰船目标的准实时跟踪。在实际应用中，两次观测的时间差可以根据具体的任务及需求来决定。

4.3.2　基于长短期记忆网络和点集配准的舰船目标中断航迹关联

　　卫星对同一区域的探测由于卫星调度、重访周期等原因，并不能保证长时间监视。因此，遥感卫星获取的舰船目标航迹均为短小航迹，无法在有限的探测时间内充分展现舰船目标航迹的机动特性。在一个较长的重访周期内，调度其他卫星对该区域进行探测成为解决这一问题的重要手段。判断多源卫星探测的舰船目标航迹片段是否属于同一舰船目标成为一个关键问题，对构建舰船目标监视体系具有重要意义。这里，从时域上将两个卫星探测的舰船目标航迹划分开，先探测得到的航迹为旧航迹，后探测得到的航迹为新航迹。

　　本节提出了一种基于长短期记忆（Long Short-Term Memory, LSTM）网络和点集配准的多源卫星探测舰船目标中断航迹关联方法，整体框架如图 4-38 所示。首先，针对卫星探测获取的舰船目标航迹特点，构建用于航迹外推的 LSTM 网络并进行预训练。其次，对航迹进行航迹预处理并将旧航迹多个时刻的多维航迹特征输入 LSTM 网络，将旧航迹合理外推，使其与新航迹处在同一时空域下。最后，基于流形正则化的鲁棒点匹配（Manifold Regularization based Robust Point Matching, MR-RPM）算法，设计基于 MR-RPM 的航迹关联方法。

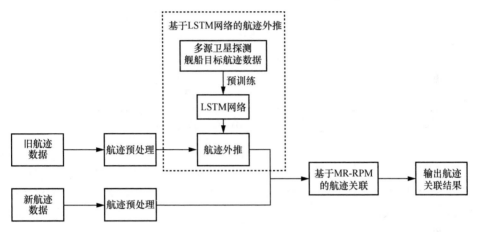

图 4-38　本节提出的航迹关联方法整体框架

4.3.2.1　基于长短期记忆网络的航迹外推

对于处理时序数据，RNN 是一种比较理想的网络结构。然而，在实际应用 RNN 时，经常会面临一些难题，尤其是伴随着模型的不断加深，RNN 对长期记忆并不能很好地处理，会出现梯度爆炸或者梯度消失的情况。经过大量的研究，RNN 的变体不断出现，LSTM 网络就是其中之一，并被广泛使用。

本节设计了一种基于 LSTM 网络的航迹外推模型，利用旧航迹的多个时刻的多维特征将旧航迹进行合理外推。该模型的结构如图 4-39 所示，包括 1 个输入层、3 个隐藏层（由 LSTM 层、Dropout 层和全连接层构成）及 1 个输出层。输入层输入航迹序列 X 的长度为 k，特征维度为 5，即对于单个舰船目标在 t 时刻输入的轨迹特征为 $X(t) = \{\Delta t, \Delta \text{lon}, \Delta \text{lat}, \text{cog}, \text{sog}\}$，其中，$\Delta t$、$\Delta \text{lon}$、$\Delta \text{lat}$、$\text{cog}$、$\text{sog}$ 分别表示舰船目标在 t 与 $t-1$ 时刻的时间间隔、经度差、纬度差、t 时刻航向、t 时刻航速 5 个特征。引入时间间隔这一特征能够解决模型只能对时域上均匀分布的航迹数据进行训练和预测的问题，满足预测时域上非均匀分布的舰船目标航迹需求。

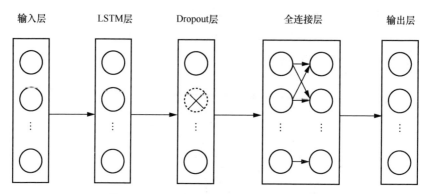

图 4-39 基于 LSTM 网络的航迹外推模型结构

通过隐藏层的训练，在输出层获得 $t+1$ 时刻的位置预测 Y，特征维度为 2，其中包括预测的经度和纬度。Dropout 层的作用是防止网络训练出现过拟合现象，可根据经验设定丢弃的比例。全连接层的作用是对上一层神经元进行全连接，达到特征非线性组合的目的。在该模型中，选择非线性的双曲正切函数作为激活函数，目的是在模型中引入非线性函数，提高模型的训练效果。

作为该网络核心模块的 LSTM 是由 Gers 等[28]提出的引入遗忘门的 LSTM。遗忘门的引入让 LSTM 能够有选择地重置其内部状态，像人的记忆一样选择性地记住和遗忘信息。

LSTM 主要通过多个门限来稳定误差，解决了 RNN 在处理长序列时梯度消失和梯度爆炸的问题。图 4-40 为单层 LSTM 模型的结构。其中，$c(t-1)$ 表示上一节点传递给当前节点状态的输入，$h(t-1)$ 也表示一种传递状态，但与 $c(t-1)$ 在状态传递时的缓慢变化不同，$h(t-1)$ 在进行状态传递时有可能会发生巨大的改变。

构造输入向量 $\boldsymbol{\alpha} = [x(t), h(t-1)]^{\mathrm{T}}$，单层 LSTM 模型的内部结构如图 4-41 所示。单层 LSTM 模型内部主要由 3 个门限来决定其功能，分别是遗忘门限、记忆门限、输出门限。3 个门限决定了 LSTM 模型内部的三大功能，分别是选择性遗忘、选择性记忆和输出。

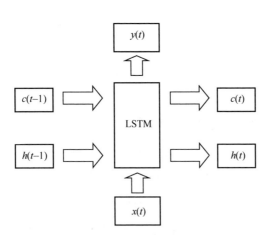

图 4-40 单层 LSTM 模型的结构

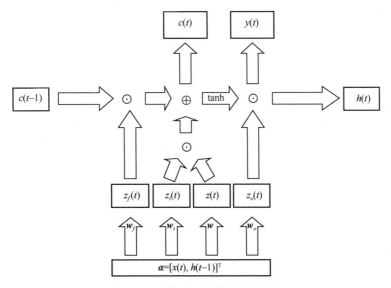

图 4-41 单层 LSTM 模型的内部结构

其中，⊙ 表示矩阵的点乘，即矩阵对应行列上的元素相乘；⊕ 表示矩阵相加。门限控制变量 $z_f(t)$、$z_i(t)$、$z_o(t)$ 分别由输入向量与对应的权重矩阵 w_f、w_i、w_o 相乘，再通过 sigmoid 激活函数获得。$z(t)$ 则是将输入向量 α 与权重矩阵 w 相乘后通过 tanh 激活函数得到，其表达式如下。

$$\begin{cases} z(t) = \tanh(w\alpha) \\ z_i(t) = \sigma(w_i\alpha) \\ z_f(t) = \sigma(w_f\alpha) \\ z_o(t) = \sigma(w_o\alpha) \end{cases} \tag{4-51}$$

因此，可以推导出 LSTM 当前节点输出 $y(t)$ 和状态输出 $c(t)$、$h(t)$ 的表达式。

$$\begin{cases} c(t) = z_f(t) \odot c(t-1) + z_i(t) \odot z(t) \\ h(t) = z_o(t) \odot \tanh\big(c(t)\big) \\ y(t) = \sigma\big(w_0 h(t)\big) \end{cases} \tag{4-52}$$

这里所使用的多源卫星探测舰船目标航迹数据也属于时间序列数据的一种，相对于使用其他类型的神经网络，使用 LSTM 网络对航迹进行合理外推更能够发挥 LSTM 网络在处理时间序列类型数据上的优势。通过基于 LSTM 网络的航迹外推方法将旧航迹进行合理外推并得到外推航迹，使外推航迹与新航迹置于同一时域空间中。

4.3.2.2　基于 MR–RPM 算法的航迹关联

本节采用的 MR-RPM 算法是一种利用流形正则化（MR）[29]的全局集合约束从假定的对应关系中进行鲁棒变换学习的方法，在低维度的流形上给定点集的内在集合性质，充分利用输入数据，提高精度。

首先，将新航迹根据外推航迹的采样频率进行重采样，使外推航迹与新航迹的时刻保持一致。采用线性插值法，对重采样的新航迹目标位置进行估计。

将外推航迹和重采样后的新航迹分别转化成两个点集 $X = \{x_i\}, i = 1, 2, \cdots, M$ 和 $Y = \{y_j\}, j = 1, 2, \cdots, N$。其中，$M$、$N$ 分别是两个点集的大小，x_i、y_j 分别表示点集中点的位置且均为实数。在这两个点集之间有且仅有 L 组匹配点对并且 $L \leqslant \min(M, N)$。此时，剩下的 $M - L$、$N - L$ 个无匹配的点必然存在一些额外的空间几何信息。为了充分利用这些几何结构信息，在原先损失函数的基础上再增加一个流形正则项 $\|\mathcal{T}\|_{\mathcal{I}}^2$，即：

$$T^* = \min_{\mathcal{T} \in \mathcal{H}} \sum_{i=1}^{L} \|y_i - \mathcal{T}(x_i)\|^2 + \lambda_1 \|\mathcal{T}\|_{\mathcal{H}}^2 + \lambda_2 \|\mathcal{T}\|_{\mathcal{I}}^2 \tag{4-53}$$

其中，$\mathcal{H}$ 表示再生核希尔伯特空间（RKHS），$\mathcal{T}$ 表示点集匹配的变换关系矩阵。

定义 W_{ij} 为 x_i、y_j 之间的权重，当 $\left\| x_i - y_j \right\|^2 \leqslant \varepsilon$ 时，有：

$$W_{ij} = \mathrm{e}^{\frac{1}{\varepsilon} \left\| x_i - y_j \right\|^2} \tag{4-54}$$

对于矩阵 $\boldsymbol{D}$，有 $D_{ij} = \mathrm{diag}\left(\sum_{i=1}^{M} W_{ij} \right), i = 1, 2, \cdots, M$，其中 diag 表示求对角矩阵，则令矩阵 $\boldsymbol{A}$ 中的任一元素为 $A_{ij} = D_{ij} - W_{ij}$。令向量 $\boldsymbol{t} = \left(\mathcal{T}(x_1), \mathcal{T}(x_2), \cdots, \mathcal{T}(x_M) \right)^{\mathrm{T}}$，此时，$\left\| \mathcal{T} \right\|_{\mathcal{I}}^2$ 可以表示为：

$$\left\| \mathcal{T} \right\|_{\mathcal{I}}^2 = \sum_{i=1}^{M} \sum_{j=1}^{M} W_{ij} (t_i - t_j)^2 = \mathrm{tr}(\boldsymbol{t}^{\mathrm{T}} \boldsymbol{A} \boldsymbol{t}) \tag{4-55}$$

其中，$\mathrm{tr}(\cdot)$ 表示矩阵的迹。

$$T^* = \min_{\mathcal{T} \in \mathcal{H}} \sum_{i=1}^{L} \left\| y_i - \mathcal{T}(x_i) \right\|^2 + \lambda_1 \left\| \mathcal{T} \right\|_{\mathcal{H}}^2 + \lambda_2 \mathrm{tr}(\boldsymbol{t}^{\mathrm{T}} \boldsymbol{A} \boldsymbol{t}) \tag{4-56}$$

假设已知的匹配点对中每个点位置分量上的噪声为各向同性的高斯噪声，即满足分布 $\mathcal{N}(0, \sigma^2 \boldsymbol{I})$，$\boldsymbol{I}$ 表示单位矩阵。对于与第 i 个对应关系相关联的状态变量 $z_i \in \{0,1\}$，其中 $z_i = 0$ 和 $z_i = 1$ 分别表示均匀分布和高斯分布。此时，匹配点对正确性的概率模型是一个混合模型，即：

$$p(Y|X,\theta) = \prod_{i=1}^{L} \sum_{z_i} p(y_i, z_i | x_i, \theta) = \prod_{i=1}^{L} \left(\frac{1}{(2\pi\sigma^2)^{D/2}} \mathrm{e}^{-\frac{\left\| y_i - \mathcal{T}(x_i) \right\|}{2\sigma^2}} + \frac{1-\gamma}{a} \right) \tag{4-57}$$

其中，$\theta = \{\mathcal{T}, \sigma^2, \gamma\}$ 包含要求解的变量，γ 表示状态变量 z_i 的边缘分布。

由损失函数可知，非刚性变换 $\mathcal{T}$ 在 RKHS 内，且充分利用了输入数据的几何结构。可将这些已知条件作为一种先验知识，得到：

$$p(\mathcal{T}) \propto \mathrm{e}^{-\frac{1}{2}\left(\lambda_1 \left\| \mathcal{T} \right\|_{\mathcal{H}}^2 + \lambda_2 \left\| \mathcal{T} \right\|_{\mathcal{I}}^2 \right)} \tag{4-58}$$

利用贝叶斯估计求解 θ，得到：

$$\theta^* = \arg\max p(\theta | X, Y) = \arg\max p(Y | X, \theta) p(\mathcal{T}) \tag{4-59}$$

通过期望最大化（Expectation Maximum, EM）算法求解出流形正则化风险泛函，即：

$$\varepsilon(T) = \frac{1}{2\sigma^2}\sum_{i=1}^{L} p_i \|y_i - \mathcal{T}(x_i)\|^2 + \frac{\lambda_1}{2}\|\mathcal{T}\|_{\mathcal{H}}^2 + \frac{\lambda_2}{2}\|\mathcal{T}\|_{\mathcal{I}}^2 \qquad （4-60）$$

其中，$p_i = P(z_i = 1 | x_i, y_i, \theta^{\text{old}})$。

对于航迹片段关联，对角可分解核 $\boldsymbol{\Gamma}$ 足以精准地捕获空间变换。因此，流形正则化风险泛函的最优解可表示为：

$$\mathcal{T}^*(x) = \sum_{i=1}^{L} \Gamma(x_i, x)c_i \qquad （4-61）$$

其中，系数集合 $\{c_i\}, i = 1, 2, \cdots, M$ 由下面的线性系统确定，即：

$$(\boldsymbol{J}^{\text{T}}\boldsymbol{PJ\Gamma} + \lambda_1\sigma^2\boldsymbol{I} + \lambda_2\sigma^2\boldsymbol{A\Gamma})\boldsymbol{C} = \boldsymbol{J}^{\text{T}}\boldsymbol{PY} \qquad （4-62）$$

其中，$\boldsymbol{\Gamma}$ 为 $M \times M$ 的格拉姆矩阵，且 $\Gamma_{ij} = \kappa(x_i, x_j)$；$L \times L$ 的单位矩阵和 $L \times (M-L)$ 的零矩阵构成了矩阵 $\boldsymbol{J}$，即 $\boldsymbol{J} = (\boldsymbol{I}_{L \times L}, \boldsymbol{0}_{L \times (M-L)})$；$\boldsymbol{C} = (c_1, c_2, \cdots, c_M)^{\text{T}}$。

得到变换关系 $\mathcal{T}$ 后，将外推航迹进行变换得到变换后的航迹。选取经纬度坐标系下两点间的距离作为代价，建立变换后航迹与新航迹的距离代价矩阵，根据距离代价矩阵，完成两航迹之间的关联，并根据变换后航迹与旧航迹之间的一一对应关系完成航迹片段的点迹关联。

建立关联统计矩阵，矩阵列元素编号为旧航迹的航迹编号，行元素编号为航迹片段的时刻，记录每个时刻两个航迹片段中点迹的关联结果。建立阈值约束，剔除不确定的航迹关联结果，完成航迹片段的初步关联。

提取初步关联中未关联上的旧航迹和新航迹，同样用经纬度坐标系下两点间的距离作为代价构建距离代价矩阵。将旧航迹对应的外推航迹与新航迹进行关联，完成二次关联。

4.3.2.3　实验验证

针对卫星探测的舰船目标航迹特点，模拟生成仿真数据，对仿真数据进行实验验证。仿真环境设置为：所有舰船目标均在经纬度坐标系下进行合理机动，但并未进行大幅度转向、停泊等机动。舰船目标的最大机动航速不超过 40 kn，最小机动航速不低于 5 kn。舰船目标新旧航迹的经度范围为[119°E, 122°E]，纬度范围为[36°N,

39°N]。其中，旧航迹为仿真高分四号（GF-4）卫星航迹，新航迹为仿真 AIS 卫星航迹，旧航迹的采样间隔为 75 s，新航迹的采样间隔为 15 s，新旧航迹片段的时间间隔为 20 min。仿真时依据经验误差对航迹增加扰动，扰动服从均值为 0、标准差为 2 km 的高斯分布。图 4-42 为仿真的原始航迹数据。

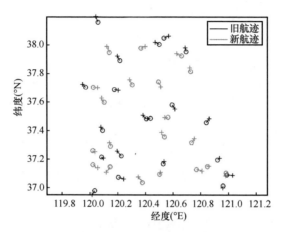

图 4-42　仿真的原始航迹数据

将仿真数据通过基于轨迹预测的航迹关联算法（对比算法）和本节算法分别进行关联，得到关联结果如图 4-43 所示。

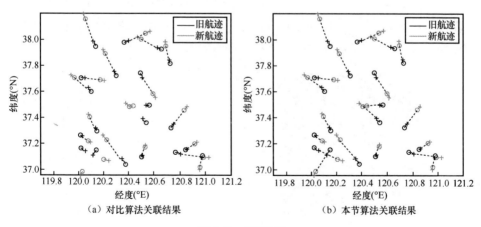

（a）对比算法关联结果　　　　　（b）本节算法关联结果

图 4-43　关联结果

图 4-43（a）为对比算法剔除错误关联后的关联结果。图 4-43 中黑色航迹为旧航迹，即仿真 GF-4 卫星航迹；浅灰色航迹为新航迹，即仿真 AIS 卫星航迹；虚线表示关联结果，并不代表新旧航迹在时间间隔内的真实航迹。可以直观地看出，对比算法并不能进行完整的关联，有所遗漏。表 4-11 为对比算法和本节算法在多次仿真统计后的关联结果对比，表 4-11 中结果为多次实验后的结果取平均值。其中，关联正确率为正确关联数与可关联总数的比值。

表 4-11　关联结果对比

算法	正确 关联数（个）	错误 关联数（个）	遗漏 关联数（个）	可关联 总数（个）	关联 正确率
对比算法	17.8	0.6	1.6	20	89.0%
本节算法	19.3	0.7	0	20	96.5%

从表 4-11 可以看出，对比算法存在遗漏关联现象，本节算法的关联正确率明显高于对比算法，且无遗漏关联的舰船目标航迹，验证了本节算法的有效性。

为了进一步验证算法的有效性和适应性，选取 GF-4 卫星和 AIS 卫星实测数据进行实验验证，场景地点为韩国附近海域，其中，旧航迹为 GF-4 卫星 PMS 的观测数据，成像时间为 2017 年 4 月 28 日 10:26:20 至 2017 年 4 月 28 日 10:34:08，平均帧频约为 150 s/帧；新航迹为 AIS 卫星观测数据，成像时间为 2017 年 4 月 28 日 11:31:58 至 2017 年 4 月 28 日 11:39:58，数据更新周期为 1 min，新旧航迹之间的成像时间间隔约为 0.97 h。图 4-44（a）为 10:26:20 时刻 GF-4 卫星对该区域的成像结果，为未校正的 1A 级数据，图 4-44（b）为新旧航迹场景。

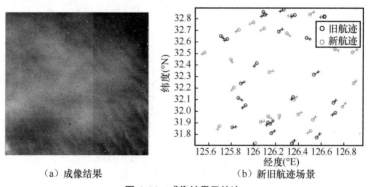

（a）成像结果　　　　　　　（b）新旧航迹场景

图 4-44　成像结果及航迹

本节对实测数据的预处理过程为：对于 GF-4 卫星观测数据，利用第 3.3 节的方法从序列图像中提取航迹，再通过人工标注的方法确定 GF-4 舰船航迹和 AIS 舰船航迹的真实对应关系，得到正确关联结果。对比算法关联结果如图 4-45（a）所示，本节算法关联结果图 4-45（b）所示，实验关联结果对比如表 4-12 所示。

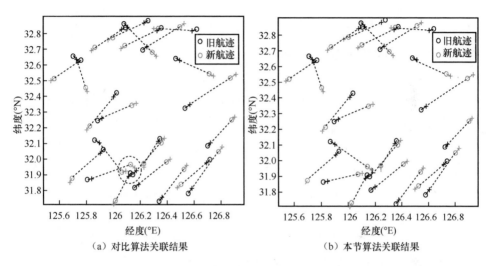

（a）对比算法关联结果　　　　　　　（b）本节算法关联结果

图 4-45　实测场景的舰船目标航迹数据

如图 4-45 所示，虚线为新旧航迹关联线，并不代表时间间隔内舰船目标的模拟航迹。对比算法和本节算法均能实现新旧航迹片段的关联，仅在个别航迹片段关联出现差异，与正确关联结果比对后发现，对比算法在图 4-45 虚线圆框内存在错误关联。通过表 4-12 可以看出，本节算法在关联正确率指标上优于对比算法，在航迹密集、交汇等场合下，对比算法性能要低于本节算法。

表 4-12　实验关联结果对比

算法	正确关联数（个）	错误关联数（个）	遗漏关联数（个）	可关联总数（个）	关联正确率
对比算法	21	2	0	23	91.3%
本节算法	23	0	0	23	100%

4.4　基于高轨遥感卫星与星载 AIS、低轨遥感卫星的舰船目标关联

4.4.1　基于高轨遥感卫星与星载 AIS 的舰船目标关联

静止轨道凝视光学遥感卫星可以作为独立的海洋监视系统，能够检测、跟踪合作与非合作舰船目标，但是由于分辨率不高，无法提供有关舰船身份的任何信息。AIS 是一种合作的自播报系统，可以提供舰船准确的静态数据（如船名、类型、尺度等）、动态数据（如位置、实际航迹向（Course Over Ground, COG）、实际航速（Speed Over Ground, SOG）等），以及与航行有关的数据。目前，AIS 的主要平台是陆基 AIS 和天基 AIS。天基 AIS 在地理上没有限制，为全球海上合作目标监视提供了可能。AIS 数据可用作静止轨道凝视光学遥感卫星图像中舰船目标检测和跟踪的实验验证，但也可以与静止轨道凝视光学遥感卫星融合，提供更多信息，尤其对跟踪非合作舰船非常有用。静止轨道凝视光学遥感卫星与 AIS 的融合可以克服各自的一些局限性，有效提高海洋目标监视能力。本节研究的是静止轨道凝视光学遥感卫星与星载 AIS 获取的相同时刻的舰船航迹关联问题。

同步航迹的关联与融合经常被广泛应用到工程实践中。目前，主流的航迹关联算法主要包括神经网络、点模式匹配[30]等。然而，静止轨道凝视光学遥感卫星和 AIS 之间的舰船航迹关联是一项具有挑战性的任务，上述大多数算法都无法很好地解决。由于静止轨道凝视光学遥感卫星远离地球，舰船的整体定位精度不高，以 GF-4 卫星为例，在不使用 GCP 的情况下，定位精度约为 5 km。因此，静止轨道凝视光学遥感卫星舰船目标同步航迹关联可被看成存在系统误差的航迹关联问题。点模式匹配算法，如相干点集分析和薄板样条−鲁棒点匹配（Thin Plate Spline-Robust Point Matching, TPS-RPM）可以解决多传感器的数据关联问题。但是，这些算法很复杂，并且仅基于位置信息进行关联。本节基于第 3.3.4 节中的 ICP 与 GNN 算法结合多个特征提高关联的有效性，最后利用 GF-4 卫星与 AIS 在我国东海海域的联合监视实

验，验证了航迹关联的有效性。

本节提出的 GF-4 卫星和 AIS 舰船航迹关联的工作流程如图 4-46 所示。首先，将 GF-4 图像的预处理和检测器应用于舰船检测。然后，通过坐标转换和跟踪器实现舰船跟踪，并将 AIS 数据投影到 GF-4 图像的采集时间。最后，基于具有多个特征的组合算法，使用作为数据融合架构核心的同步航迹关联，并且通过关联航迹来校正 GF-4 舰船航迹的定位误差。

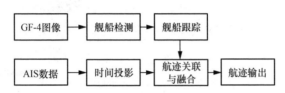

图 4-46　GF-4 卫星与 AIS 舰船航迹关联的工作流程

舰船目标 k 时刻的目标状态可以描述为：

$$\boldsymbol{x}_k = (\varphi_k, \dot{\varphi}_k, \lambda_k, \dot{\lambda}_k)^{\mathrm{T}} \tag{4-63}$$

其中，φ_k、λ_k 和 $\dot{\varphi}_k$、$\dot{\lambda}_k$ 分别表示沿纬度和经度方向的位置和速度分量，纬度、经度和航向的基本单位是度（°），速度单位为节（kn）。可得航向 θ_k 和速度 s_k（相对于真北）为：

$$\theta_k = \begin{cases} \arctan(\dot{\lambda}_k / \dot{\varphi}_k), & \dot{\lambda}_k \geqslant 0, \dot{\varphi}_k > 0 \\ 360° + \arctan(\dot{\lambda}_k / \dot{\varphi}_k), & \dot{\lambda}_k < 0, \dot{\varphi}_k > 0 \\ 180° + \arctan(\dot{\lambda}_k / \dot{\varphi}_k), & \dot{\varphi}_k < 0 \\ 90°, & \dot{\lambda}_k > 0, \dot{\varphi}_k = 0 \\ 270°, & \dot{\lambda}_k < 0, \dot{\varphi}_k = 0 \end{cases} \tag{4-64}$$

$$s_k = \sqrt{\dot{\lambda}_k^2 + \dot{\varphi}_k^2} \tag{4-65}$$

将量测输入 MHT 跟踪器后，输出有关舰船的动态信息。GF-4 的跟踪得到的航迹可以表示为：

$$\boldsymbol{y}_k^j = (\varphi_k^j, \lambda_k^j, \theta_k^j, s_k^j)^{\mathrm{T}} \tag{4-66}$$

4.4.1.1　GF–4/AIS 数据融合

（1）时空对准

对于给定的 GF-4 图像，需要时空滤波来选择对数据融合有用的 AIS 数据。AIS 数据基于舰船的海上移动业务识别（Maritime Mobile Service Identity, MMSI）号进行组织。k 时刻的 AIS 舰船航迹可以表示为：

$$z_k^i = (\text{MMSI}^i, \text{lat}_k^i, \text{lon}_k^i, \text{COG}_k^i, \text{SOG}_k^i)^{\text{T}} \tag{4-67}$$

其中，MMSI、lat、lon、COG、SOG 分别代表舰船 MMSI 号、纬度、经度、COG 和 SOG。需要将 AIS 舰船航迹投影到 GF-4 图像采集时间，从而实现 GF-4 舰船航迹和 AIS 舰船航迹之间的时间对齐。AIS 数据通常连续产生，而 GF-4 以固定间隔进行数据采集，因此需要将 AIS 数据线性插值或外推到卫星图像的采集时间。由于 NIR 波段用于舰船目标检测，需要在 NIR 波段和采集时间之间加上约 40 s 的时延。

（2）航迹关联

进行 GF-4 和 AIS 的舰船航迹关联时，可能发生以下情况：GF-4 目标和 AIS 目标代表同一艘舰船，AIS 目标在 GF-4 目标中没有对应物（如被云遮蔽或者相对于卫星分辨率而言为小目标），在 AIS 中未显示 GF-4 目标（如缺少 AIS 应答器或虚假目标）。航迹关联主要是为了辨别来自两个系统的相同舰船的对应关系，舰船的运动信息由两个传感器共同测量。因此，本节使用运动信息进行关联。对于 AIS 而言，其误差主要是 GPS 定位误差（大约 100 m）和插值误差。由于误差很小，AIS 位置可以被视为真实的目标位置。然而，由于 GF-4 卫星远离地球并且存在 RPC 的系统误差，因此，GF-4 图像的定位误差将比 AIS 大一个数量级。为了解决这个问题，结合 ICP 和 GNN 算法，将航迹关联转换为点模式匹配问题进行处理。ICP 是一种精确可靠的点模式匹配算法，它基于最小二乘最优匹配。ICP 的目标是找到将一组场景点与几何模型对齐的最佳刚性变换（旋转矩阵 $\boldsymbol{R}$ 和平移矢量 $\boldsymbol{T}$）。通过迭代，两个点集的误差平方和可以单调地收敛到局部最小值。在 GF-4 图像的一个小区域中，偏差可以近似为刚体变换（仅旋转和平移）。k 时刻 AIS 和 GF-4 舰船航迹集合分别表示为 $\boldsymbol{Z} = \{z_k^i\}_{i=1}^{N_A}$ 与 $\boldsymbol{Y} = \{y_k^j\}_{j=1}^{N_S}$。本节在航迹上方使用 "‾" 来表示航迹的位置信息。为了提高 ICP 的稳健性，通过应用舰船的运动信息来增强 ICP。AIS 舰船航迹 z_k^i

与 GF-4 舰船航迹 $\boldsymbol{y}_k^j$ 之间不同特征的距离度量可以表示为：

$$d_k^{\text{position}} = R_{\text{earth}} \arccos\left[\sin(\text{lat}_k^i)\sin(\varphi_k^j) + \cos(\text{lat}_k^i)\cos(\varphi_k^j)\cos(\text{lon}_k^i - \lambda_k^j) \right] \qquad (4\text{-}68)$$

$$d_k^{\text{course}} = \min\{360° - |\text{COG}_k^i - \theta_k^j|, |\text{COG}_k^i - \theta_k^j|\} \qquad (4\text{-}69)$$

$$d_k^{\text{speed}} = \left| \text{SOG}_k^i - s_k^j \right| \qquad (4\text{-}70)$$

其中，d_k^f 为特征 f 的距离，$f \in \{\text{position}, \text{course}, \text{speed}\}$；$R_{\text{earth}}$ 是地球半径。航迹关联算法如下。

算法 3　航迹关联算法

输入　$m = 0$，$\boldsymbol{R}^{(0)} = \boldsymbol{I}$，$\boldsymbol{T}^{(0)} = \boldsymbol{0}$，$\boldsymbol{Y}$，$\boldsymbol{Z}$，$\bar{z}_k^{i(0)} = \boldsymbol{R}^{(0)}\bar{z}_k^i + \boldsymbol{T}^{(0)}$

1: 重复

2:　　$m = m + 1$

3:　　$\boldsymbol{y}_k^{i(m-1)} = \text{CP}(\boldsymbol{z}_k^{i(m-1)}, \boldsymbol{Y})$

4:　　$[\hat{\boldsymbol{R}}, \hat{\boldsymbol{T}}] = \underset{\boldsymbol{R}, \boldsymbol{T}}{\arg\min} \sum_{i=1}^{N} \left\| \bar{\boldsymbol{y}}_k^{i(m-1)} - \boldsymbol{R}\bar{z}_k^{i(m-1)} - \boldsymbol{T} \right\|^2$

5:　　$\boldsymbol{Z}^{(m)} \leftarrow \boldsymbol{Z}^{(m-1)}$, where $\bar{z}_k^{i(m)} = \hat{\boldsymbol{R}}\bar{z}_k^{i(m-1)} + \hat{\boldsymbol{T}}$

6:　　$\boldsymbol{R}^{(m)} = \hat{\boldsymbol{R}}\boldsymbol{R}^{(m-1)}$

7:　　$\boldsymbol{T}^{(m)} = \hat{\boldsymbol{R}}\boldsymbol{T}^{(m-1)} + \hat{\boldsymbol{T}}$

8: 直至收敛

9:　　$\left| r^{(m)} - r^{(m-1)} \right| < \varepsilon$，$r^{(m)} = \sum_{i=1}^{N} \left\| \bar{\boldsymbol{y}}_k^{i(m)} - \boldsymbol{R}\bar{z}_k^{i(m)} - \boldsymbol{T} \right\|^2$

输出　$\boldsymbol{A} \leftarrow \text{GNN}(\boldsymbol{Z}^{(m)}, \boldsymbol{Y})$

在一次迭代中，算法 3 中的 $\text{CP}(\cdot)$ 表示找到距离 $\boldsymbol{z}_k^{i(m-1)}$ 最近的对应点。最近点还需要满足以下条件：

$$d_k^{\text{position}} \leqslant \Delta p，\quad d_k^{\text{course}} \leqslant \Delta\theta，\quad d_k^{\text{speed}} \leqslant \Delta s \qquad (4\text{-}71)$$

其中，Δp、$\Delta\theta$ 与 Δs 分别确定关联门限的位置、角度和速度阈值，对于第 1 帧，它只需要满足位置条件。N 是最近点的数量。

将对应点之间的位置均方误差最小化，在不改变航向和航速的情况下进行位置对齐。ICP 的旋转矩阵 $\hat{\boldsymbol{R}}$ 可以通过奇异值分解等技术获得。由于 ICP 不能保证航迹之间一一对应，对于一些航迹来说，通过 ICP 找到的可能是最近的航迹，这将引起关联误差。为了进一步提高航迹关联的有效性，在 ICP 之后，采用基于 Munkres 分配算法的 GNN 进行精细相关，以找到最佳匹配。

为了利用航迹历史，这里采用 3/5 准则，需要检查在连续帧中航迹是否保持关联，从而消除错误关联。在航迹关联后进行 GF-4 舰船航迹位置校正，利用已经关联上的航迹对解算出变换关系，从而补偿 GF-4 舰船航迹的偏差。航迹间的位置校正可以建模为二阶多项式变换，通过最小二乘法求解。由于 AIS 舰船航迹的位置精度较高，与 GF-4 舰船航迹相关联的 AIS 舰船航迹最终作为融合航迹输出。

4.4.1.2 实验验证

本节采用 5 帧 GF-4 PMS 图像（1A 级）进行算法验证。如图 4-47 所示，实验区域位于我国东海，成像时间为 2017 年 3 月 9 日 11:47:24—11:59:47。GF-4 图像的采样时间为 186 s。每个观测有 5 个波段，每个波段的大小为 10240 像素×10240 像素，分辨率为 50 m，研究海域约为 3 级海况。同时，采集的 AIS 数据来自陆基平台，覆盖时间为 2017 年 3 月 9 日 11:40—12:10。AIS 数据更新周期为 1 min，如图 4-47 中的两个矩形海域所示，选择两个 ROI 来验证和评估 GF-4 图像和 AIS 数据的航迹融合算法。

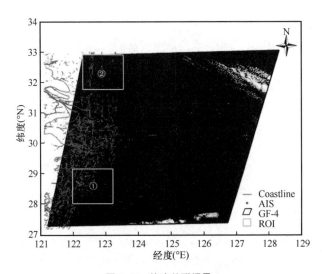

图 4-47　航迹关联场景 2

在舰船目标检测和跟踪之后，两个 ROI 的检测与跟踪结果如图 4-48 所示，检测结果为点迹，航迹表示为一条线，"○" 与 "+" 分别是航迹的起点和终点。通过 AIS 信息和人工识别，两个 ROI 5 帧图像的舰船目标检测的整体准确率约为 40%，而舰船目标跟踪的整体准确率接近 100%，这表明舰船目标跟踪中的数据关联可以有效减少虚假目标。

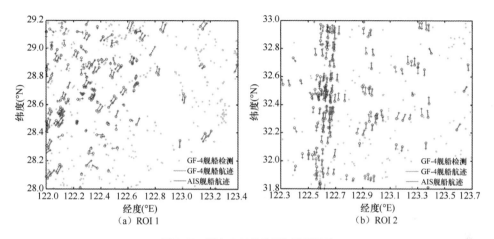

图 4-48　两个 ROI 的检测与跟踪结果

从图 4-48 中可以看出，AIS 和 GF-4 舰船航迹之间存在位置偏差，这增加了航迹关联的难度。在 ROI 1 中，位置偏差较大。同时，两个系统的航迹数量不同，GF-4 或 AIS 中缺少一些舰船航迹。在 ROI 2 中，舰船较为密集，特别是在左侧部分。在航迹关联部分，本节进行了 ICP、TPS-RPM、GNN 和本节算法的性能比较。在本节算法中，ICP 中的阈值 Δp =6 km，$\Delta\theta$ =20°，Δs =4 kn，ε =10^{-5}，用于 GNN 精细相关的 Δp 设置为 1 km。在 GNN 算法中，参数设置为 Δp =6 km，$\Delta\theta$ =20°，Δs =4 kn。在 ICP 和 TPS-RPM 算法中，航迹仅使用位置相关参数。图 4-49 给出了本节算法的航迹关联结果。可以看出，本节算法正确反映了位置偏差的方向。表 4-13 给出了不同算法的航迹关联正确率。可以看出，本节算法在两个 ROI 中的每帧具有最高的关联正确率，并且使用跟踪历史的最终相关率可以达到 100%。在该算法中，具有特征约束的 ICP 步骤可以比原始 ICP 和 TPS-RPM 算法更有效地估计偏差。在 ICP 步骤之后，GNN 步骤用于确保全局最佳关联。因此，本节使用的基于 ICP 与 GNN 结合多个特征的算法优于其他算法。在 ICP 和 TPS-RPM 算法中，没有关联约束和航迹数量的不匹配会导致对偏差的不良估计，从而影响关联正确率。在 GNN 算法中，因为不考虑偏差，AIS 舰船航迹可以与任何相邻的 GF-4 舰船航迹相关联，导致关联正确率在 ROI 2 中较低。同时可以看到，在第 2～5 帧的运动信息关联可以提高 GNN 和本节算法的关联正确率。

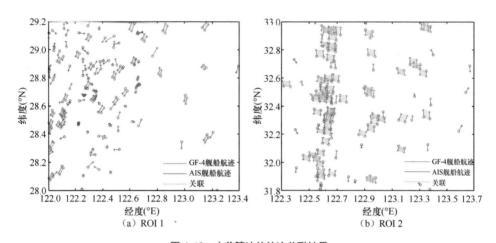

图 4-49　本节算法的航迹关联结果

表 4-13　不同算法的航迹关联正确率

帧号	ROI 1				ROI 2			
	ICP	TPS-RPM	GNN	本节算法	ICP	TPS-RPM	GNN	本节算法
1	14%	5%	67%	97%	60%	44%	65%	98%
2	12%	5%	97%	100%	68%	57%	78%	100%
3	12%	11%	100%	100%	67%	60%	82%	100%
4	15%	10%	100%	100%	60%	60%	82%	100%
5	14%	8%	100%	100%	66%	56%	81%	100%
总体	14%	9%	100%	100%	68%	63%	82%	100%

　　两个 ROI 的航迹融合结果如图 4-50 所示，将 102 条航迹（ROI 1 中的 36 艘舰船和 ROI 2 中的 66 艘舰船）相关联并用于校正所有 GF-4 舰船航迹。可以看出，GF-4 舰船航迹的偏差得到了补偿，最终形成了综合的海洋目标监视图，从而提高海上态势感知能力。一些 AIS 舰船航迹与任何 GF-4 舰船航迹没有关联，主要因为在 GF-4

图像中没有有效地检测到对应的舰船。与此同时，一些与 AIS 舰船航迹没有关联的 GF-4 舰船航迹被怀疑是非合作目标，需要进一步确认。GF-4 和 AIS 的舰船航迹关联确实可以作为跟踪非合作目标的重要手段。通过对 AIS 数据的分析，关联上的 AIS 舰船和没有关联上的 AIS 舰船的大小如图 4-51 所示，可以看到关联上的舰船长度为 35～400 m，甚至有两个目标的长度低于 GF-4 的空间分辨率。在两个 ROI 中，与 GF-4 舰船航迹没有关联的目标长度分布在 30～120 m，其中 66% 小于 GF-4 空间分辨率。因此，仍然需要针对小型舰船目标使用更加先进的舰船目标检测技术。

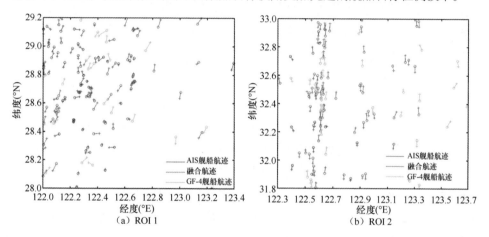

图 4-50　两个 ROI 的航迹融合结果

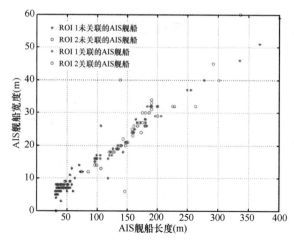

图 4-51　关联上的 AIS 舰船和没有关联上的 AIS 舰船的大小

表 4-14 为校正前后运动参数的绝对误差。可以看出，校正前的 5 帧中，GF-4 舰船航迹的平均位置误差为 3711.7 m（误差为千米量级）。校正后的平均位置误差减小到 84.7 m，定位精度优于 2 个像素。由于序列图像的准确配准，校正前的平均角度误差和速度误差分别为 2.6° 和 0.3 kn。可见，校正后误差基本上可以满足海洋监视的要求。

表 4-14　校正前后运动参数的绝对误差

帧号	校正前			校正后
	位置（m）	角度（°）	速度（kn）	位置（m）
1	3717.3	—	—	90.5
2	3719.4	2.9	0.4	80.0
3	3708.8	2.2	0.3	79.1
4	3713.9	2.6	0.3	82.9
5	3699.2	2.7	0.3	90.9
平均	3711.7	2.6	0.3	84.7

未来同一监视区域将会出现两颗甚至多颗中高分辨率的静止轨道凝视光学遥感卫星，每颗静止轨道凝视光学遥感卫星都会生成舰船目标的航迹信息，需要将这些同步航迹关联起来，生成统一的航迹态势。多颗静止轨道凝视光学遥感卫星舰船目标同步航迹关联与本节的静止轨道凝视光学遥感卫星、AIS 同步航迹关联具有很大的相似性，本节算法也可以应用到上述场景中。

4.4.2　基于高轨遥感卫星与低轨遥感卫星的舰船目标关联

静止轨道凝视光学遥感卫星可以进行大范围、长时间、连续跟踪监视舰船，但是较高的轨道高度使得卫星成像分辨率降低，目前静止轨道凝视光学遥感卫星的分辨率还远达不到低轨遥感卫星的分辨率，几何等特征提取比较困难，更无法识别出舰船目标的类型。低轨遥感或者 SAR 卫星图像分辨率很高，有利于舰船目标的检测与特征提取，同时无控定位精度很高，有利于舰船目标的精确定位。因此，可以利用静止轨道凝视光学遥感卫星、低轨遥感卫星进行舰船目标联合监视，实现多源卫星信息的融合，提高海洋目标态势感知能力。通过需求分析，主要有以下两种基本的联合监视模式：

① 低轨卫星在任务海域进行监视，检测与识别出舰船目标，引导高轨卫星进行连续跟踪；

② 高轨卫星在任务海域进行监视，检测与跟踪目标，引导低轨卫星进行类型识别与身份确认。

在高低轨多星联合监视中，舰船目标关联是非常重要的环节，低轨卫星舰船目标点迹与高轨卫星舰船目标航迹的关联是两种卫星信息融合的关键。在一定程度上，目标关联的过程可被看成在不同时相下进行决策层的融合检测。根据高低轨卫星的特点，结合实际获得的数据，本节提出了一种高低轨卫星舰船目标关联框架，以及该框架下的多特征目标关联方法，采用 GF-4 和 GF-1 卫星多个场景的实测数据进行验证。

高低轨卫星舰船目标关联框架如图 4-52 所示，主要包括：高轨卫星舰船目标检测与跟踪，低轨卫星舰船目标检测与特征提取，基于位置、大小、航向等特征的目标关联。其中，特征提取与图像的分辨率有关，分辨率越高，则细节描述越多，可以提取的特征越多，高分辨率的低轨卫星可以进行类型甚至个体识别。

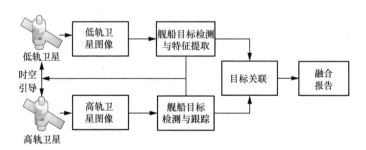

图 4-52　高低轨卫星舰船目标关联框架

4.4.2.1　特征参数提取

GF-1 卫星是我国"高分辨率对地观测系统"重大专项的首发星，01 星的无控定位精度为 50 m，02、03、04 星的无控定位精度可以达到 30 m。GF-1 卫星搭载了一台 2 m 分辨率全色相机和一台 8 m 分辨率多光谱相机，4 台成像幅宽为 200 km 的 16 m 分辨率宽视场（Wide Field of View, WFV）传感器，拼接后图像幅宽大于 800 km，具体的载荷技术指标如表 4-15 所示[31]。其中，由于大幅宽的优势，WFV 多光谱图像为本节用于舰船检测的 GF-1 卫星遥感图像。

表 4-15 GF-1 卫星载荷技术指标

传感器	谱段号	谱段范围（μm）	空间分辨率（m）	幅宽	重访时间（天）
PMS	1	0.45～0.90	2	60 km，2 台相机组合	4
	2	0.45～0.52	8		
	3	0.52～0.59			
	4	0.63～0.69			
	5	0.77～0.89			
WFV	6	0.45～0.52	16	800 km，4 台相机组合	2
	7	0.52～0.59			
	8	0.63～0.69			
	9	0.77～0.89			

由第 3.3 节可知，采用 GF-4 卫星 NIR 波段图像进行舰船目标检测时，信噪比较高，同时虚假目标也多，GF-4 卫星可以通过跟踪中的数据关联去掉一部分虚假目标。对于 GF-1 卫星，本节也采用 NIR 波段进行舰船目标检测，检测算法与 GF-4 卫星的相同。在实际目标检测中，碎云、碎浪、海藻[32]等可能会被误检测为舰船目标。由于 GF-1 卫星图像分辨率比 GF-4 卫星高，为了进一步减少虚假目标，提取出目标在各波段的切片，再进行人工舰船鉴别。对于 GF-4 卫星图像序列，采用海岸线数据进行地理校正，在帧间图像配准后进行目标检测与跟踪，具体内容参考第 3.3 节。

GF-4 图像分辨率太低，很难提取目标大小等细节信息，GF-1 图像分辨率相对较高，本节采用拉东变换来提取 GF-1 目标切片中的目标长度与船身角度信息，同时将船身角度近似为航向。在图像处理中，拉东变换常用作直线检测，它沿特定角度方向径向线进行图像强度的投影，会在图像的倾斜角方向进行能量积累。由于舰船目标是狭长的，在目标切片中以直线形式分布，因此可以用拉东变换提取目标的角度。为了避免对角线上的能量累积超过目标倾斜角方向，先对检测后的目标切片去均值，再进行拉东变换，提取目标在切片上的旋转角度。图像 $f(x, y)$ 的拉东变换可以表示为：

$$R(\rho, \theta) = \int_{-\infty}^{+\infty} \int_{-\infty}^{+\infty} f(x, y)\delta(x\cos\theta + y\sin\theta - \rho)\mathrm{d}x\mathrm{d}y = \\ \int_{-\infty}^{+\infty} f(\rho\cos\theta - l\sin\theta, \rho\sin\theta + l\cos\theta)\mathrm{d}l \tag{4-72}$$

其中，δ 为狄拉克函数，平面直角坐标 (x, y) 与 (ρ, l) 之间的关系为：

$$\begin{cases} \rho = x\cos\theta + y\sin\theta \\ l = -x\sin\theta + y\cos\theta \end{cases} \tag{4-73}$$

如图 4-53 所示，通过将平面直角坐标 (x,y) 逆时针旋转角度 θ，可以得到新的平面直角坐标 (ρ,l)。以不同的 ρ 值平行于 l 轴积分，就得到了拉东变换。其中，$-\infty < \rho < +\infty$ 且 $0 < \theta < \pi$，ρ 代表原点移动的位置。拉东变换是 ρ 和 θ 的二维函数，是一种广义积分或投影积分。假设 $f(x,y)$ 的能量集中分布在直线 PQ 上，当 θ 变化使 ρ 轴与直线 PQ 相互垂直时，直线 PQ 投影到 ρ 轴上的能量最大，此时 θ 对应 $R(\rho,\theta)$ 中的最大值。

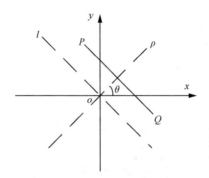

图 4-53　拉东变换的坐标关系

根据目标倾斜角将切片旋转到水平位置，进行水平方向投影，得到目标能量的轮廓图。通过设置一定的阈值，得到目标两端，从而得到目标长度。对轮廓图进行直线拟合，得到目标能量的分布角度。根据角度方向与大小，判断目标在图像中的方向。判断的主要依据是运动目标航行时会产生尾迹，造成光学图像能量分布上有一定长度的拖尾。通过线性拟合后得到的斜率，判断航向的正负，消除航向 180°模糊，航向提取过程如图 4-54 所示。为了保证航向提取的可靠性，防止航向提取错误带来的关联错误，设置当目标估计长度超过 150 m 时，才能判断出航向，否则无航向信息。在光学图像中，一些更特殊的尾迹，如开尔文波，可以用来估计航速，但是只有在分辨率较高、海况与光照良好等情况下才能得到。因此，在 GF-1 图像中，尾迹提供的主要是航向信息。为了得到目标在地理坐标下的航向 θ_{true}（真实航向），需将图像角度 θ 进一步转化。设目标在图像上的质心为 A 点，坐标为 (x,y)，在角度

方向进行 L 像素的延伸，得到 B 点 $(x + L\cos\theta, y - L\sin\theta)$，则通过像方到物方的坐标转换函数 $f_{\text{sat}}(\cdot)$（如 RPC 变换关系）得到地理坐标。

$$A' = f_{\text{sat}}(A) = (\varphi_1, \lambda_1), \quad B' = f_{\text{sat}}(B) = (\varphi_2, \lambda_2) \tag{4-74}$$

则真实的航向为：

$$\theta_{\text{true}} = f_{\text{course}}(\Delta\lambda\cos\varphi_1, \Delta\varphi) \tag{4-75}$$

其中，$\Delta\lambda = \lambda_2 - \lambda_1$，$\Delta\varphi = \varphi_2 - \varphi_1$，$f_{\text{course}}(x, y)$ 为角度转换函数。

$$f_{\text{course}}(x, y) = \begin{cases} \arctan(x/y), & x \geqslant 0, y > 0 \\ 360° + \arctan(x/y), & x < 0, y > 0 \\ 180° + \arctan(x/y), & y < 0 \\ 90°, & x > 0, y = 0 \\ 270°, & x < 0, y = 0 \end{cases} \tag{4-76}$$

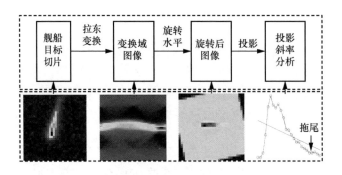

图 4-54　航向提取过程

4.4.2.2　多层次舰船目标关联

在舰船目标关联中，影响关联正确率的因素主要有如下几种。

① 航迹预测精度。卫星探测时间间隔（时延）越长，卫星对目标的定位精度越低，则舰船运动的不确定性越大，造成航迹预测精度降低。同时，目标本身的复杂运动也会影响航迹预测精度，从而影响关联正确率。

② 舰船分布密度。舰船越密集，越容易造成邻近舰船关联模糊。

③ 关联要素。关联信息越丰富越准确，则关联正确率越高。

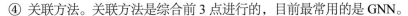

④ 关联方法。关联方法是综合前 3 点进行的，目前最常用的是 GNN。

在舰船分布密度、卫星探测时间间隔及定位精度无法改变情况下，只能通过提取更多的特征或者挖掘更多的运动规律来提高关联正确率。高轨卫星可以提供目标的航迹信息，而低轨卫星由于分辨率较高，除位置信息外，还可以提取目标的其他特征，如大小、航向等信息。通过运动外推，将高轨航迹投影到低轨卫星的观测时间，得到预测的目标位置。如果仅仅利用位置信息进行目标关联，在局部目标密集海域，容易造成关联错误。为了提高关联的正确率与鲁棒性，本节采用位置、航向等作为关联参数。

舰船目标根据运动状态可以分为运动目标（航行）与静止目标（抛锚）。在前面的 GF-4 卫星舰船目标跟踪中，对于速度很低的目标，很难判断是固定杂波（如海藻区域）还是静止目标，统一当作杂波予以剔除。然而，通过高低轨卫星联合监视，低轨卫星由于分辨率高，可以对疑似静止目标进行鉴别与确认。同时，不同状态下目标位置的预测误差（实际位置与预测位置的差值）不同，静止目标不需要进行预测且没有航向信息，需要采用不同的关联策略。另外，舰船目标根据长度可以分为小型目标与大中型目标，能够提取的目标特征是不同的，由于 GF-4 遥感图像序列小目标航向提取不准确，只有大中型目标才能提取可靠航向从而辅助目标关联。因此，本节采用多层次目标关联，先对 GF-4 图像中的静止舰船目标进行关联，再对有航向信息的 GF-1 大中型舰船目标进行关联，最后对无航向信息的 GF-1 小型舰船目标进行关联。

本节首先依据速度大小进行舰船目标分类，将 GF-4 舰船航迹中速度小于 $v_{\min}$ 的舰船目标作为疑似静止目标。当场景中有多个 GF-1 成像区域重叠时，需要先将舰船的点迹进行合并。这里假设 GF-1 图像中的舰船与 GF-4 图像中疑似静止目标的坐标分别为 $(\mathrm{lat}_i^{\mathrm{GF1}}, \mathrm{lon}_i^{\mathrm{GF1}})$、$(\mathrm{lat}_j^{\mathrm{GF4(s)}}, \mathrm{lon}_j^{\mathrm{GF4(s)}})$，设置距离关联门限 K_{s}，以 GF-1 图像中舰船间的地理距离为代价函数进行二维最优分配，即：

$$d_{ij} = D_{\mathrm{geo}}(\mathrm{lat}_i^{\mathrm{GF1}}, \mathrm{lon}_i^{\mathrm{GF1}}, \mathrm{lat}_j^{\mathrm{GF4(s)}}, \mathrm{lon}_j^{\mathrm{GF4(s)}})$$

$$\min \sum_{j=1}^{M} \sum_{i=1}^{N} d_{ij} T_{ij} \qquad (4\text{-}77)$$

$$\mathrm{s.t.} \begin{cases} d_{ij} \leqslant K_{\mathrm{s}}, i \leftrightarrow j \\ \sum_{i=1}^{N} T_{ij} \leqslant 1, \sum_{j=1}^{M} T_{ij} \leqslant 1, T_{ij} \in \{0,1\} \end{cases}$$

其中，M、N 为目标个数；d_{ij} 为目标之间的地理距离；T_{ij} 为二值变量，$T_{ij}=1$ 表示能关联，$T_{ij}=0$ 表示不能关联；$D_{\text{geo}}(\cdot)$ 如式（3-62）所示。若疑似静止目标与 GF-1 点迹关联上，说明该目标为真实静止目标，否则当作固定杂波予以剔除，这主要是因为 GF-1 图像分辨率高于 GF-4，GF-4 图像检测到的目标在 GF-1 图像中都应该能检测到。

对于 GF-4 图像序列中的运动舰船目标，需要前向或者后向预测 GF-1 成像的中间时刻，再基于位置与航向信息进行目标关联。设预测后 GF-4 图像中运动舰船目标的状态为 $(\text{lat}_k^{\text{GF4(m)}}, \text{lon}_k^{\text{GF4(m)}}, \text{sog}_k^{\text{GF4(m)}}, \text{cog}_k^{\text{GF4(m)}})$，剩余的有航向信息的 GF-1 图像中舰船目标信息为 $(\text{lat}_l^{\text{GF1}}, \text{lon}_l^{\text{GF1}}, \text{cog}_l^{\text{GF1}})$，则航向差为：

$$\Delta\theta_{lk} = \min\{360° - |\cos g_k^{\text{GF4(m)}} - \cos g_l^{\text{GF1}}|, |\cos g_k^{\text{GF4(m)}} - \cos g_l^{\text{GF1}}|\} \qquad (4\text{-}78)$$

其中，航向门限设为 $\Delta\theta$，由于速度、航向及中断时间间隔等因素造成了位置偏差，因此运动关联的距离门限设为：

$$\begin{cases} K_{\text{m}} = \sqrt{K_{\text{m1}}^2 + K_{\text{m2}}^2} \\ K_{\text{m1}} = \Delta s \cdot \Delta T \\ K_{\text{m2}} = s_{\text{mean}} \cdot \Delta T \cdot \pi \cdot \Delta\theta / 180° \end{cases} \qquad (4\text{-}79)$$

其中，ΔT 为卫星间隔时间，即航迹预测时间；Δs 为最大速度差；s_{mean} 为目标的平均速度；则目标关联问题可以转化为以下优化问题。

$$\min \sum_{k=1}^{M'} \sum_{l=1}^{N'} d_{lk} T_{lk}$$
$$\text{s.t.} \begin{cases} d_{lk} \leqslant K_{\text{m}}, \Delta\theta_{lk} \leqslant \Delta\theta, l \leftrightarrow k \\ \sum_{l=1}^{N'} T_{lk} \leqslant 1, \sum_{k=1}^{M'} T_{lk} \leqslant 1, T_{lk} \in \{0,1\} \end{cases} \qquad (4\text{-}80)$$

最后，对剩余 GF-1 小目标与 GF-4 目标基于距离进行关联，即式（4-80）中没有航向差限制下的关联，得到最后的关联结果。综上所述，多层次多特征目标关联流程如图 4-55 所示。

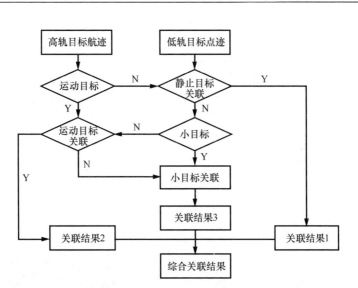

图 4-55　多层次多特征目标关联流程

4.4.2.3　实验验证

　　为了验证高低轨卫星舰船目标关联算法的有效性，本节选取了 3 个场景的 GF-4 与 GF-1 卫星数据，如图 4-56 所示，Coastline、GF-4、GF-1、ROI 分别代表海岸线、GF-4 与 GF-1 卫星数据覆盖范围以及研究选择的区域。场景 1 与场景 2 位于韩国南部海域（GF-4 数据 4 帧，GF-1 数据 2 景），场景 3 位于我国东海海域（GF-4 数据 5 帧，GF-1 数据 1 景），为舰船密集海域。卫星数据均为 1A 级产品，具体的成像时间如表 4-16 所示。其中，关于场景 1，GF-1 卫星早于 GF-4 卫星成像；关于场景 2 与场景 3，GF-4 卫星早于 GF-1 卫星成像。

表 4-16　数据成像时间

场景	成像时间		
	GF-4	GF-1	GF-4 与 GF-1 成像的最短时间间隔（h）
1	2017-04-28 11:31:58 2017-04-28 11:34:34 2017-04-28 11:37:10 2017-04-28 11:39:46	2017-04-28 11:06:08—11:06:38(WFV2) 2017-04-28 11:06:08—11:06:38(WFV3)	0.42

续表

| 场景 | 成像时间 | | GF-4 与 GF-1 成像的最短时间间隔（h） |
	GF-4	GF-1	
2	2017-05-18 10:21:26 2017-05-18 10:24:04 2017-05-18 10:26:43 2017-05-18 10:29:21	2017-05-18 10:53:59—10:54:30(WFV2) 2017-05-18 10:53:59—10:54:30(WFV3)	−0.41
3	2017-05-18 10:12:53 2017-05-18 10:14:02 2017-05-18 10:15:12 2017-05-18 10:16:21 2017-05-18 10:17:31	2017-05-18 10:54:27—10:54:57(WFV1)	−0.62

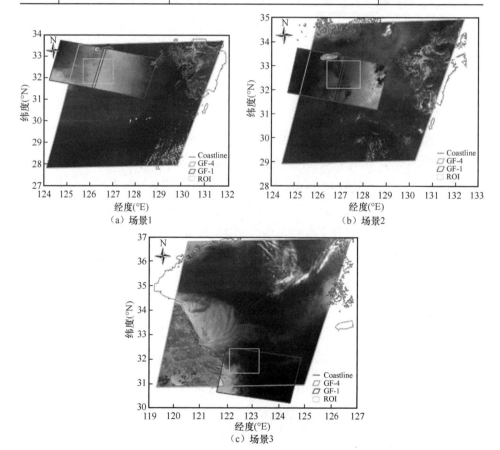

（a）场景1

（b）场景2

（c）场景3

图 4-56 高低轨关联场景

图 4-57 为 3 个场景的风速与有效波高分布，其中，图 4-57（a）和图 4-57（b）为场景 1 的数据，图 4-57（c）和图 4-57（d）为场景 2 的数据，图 4-57（e）和图 4-57（f）为场景 3 的数据，风速单位为 m/s，波高单位为 m。根据图中的气象水文数据预测可得，场景 1、场景 2、场景 3 的研究区域的海况分别为 3 级、2 级、2 级海况，海况均达到良好，有利于算法的验证。

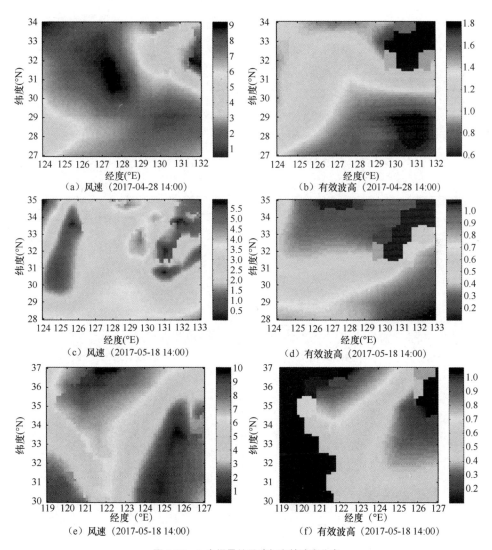

图 4-57　3 个场景的风速与有效波高分布

图 4-58 为本节算法在 3 个场景下的检测与跟踪、预测与关联结果，可以看出，通过目标关联可以有效综合各卫星信息，形成统一的海上监视态势。其中，场景 1 中 GF-4 舰船航迹为后向预测，场景 2、场景 3 为前向预测。由于 GF-1 卫星分辨率高于 GF-4 卫星，其目标检测个数更多，很多小目标不能在 GF-4 卫星中有效检测出来，因此，无法进行关联，这也表明低轨卫星可以用来弥补高轨卫星不能有效探测小目标的不足。

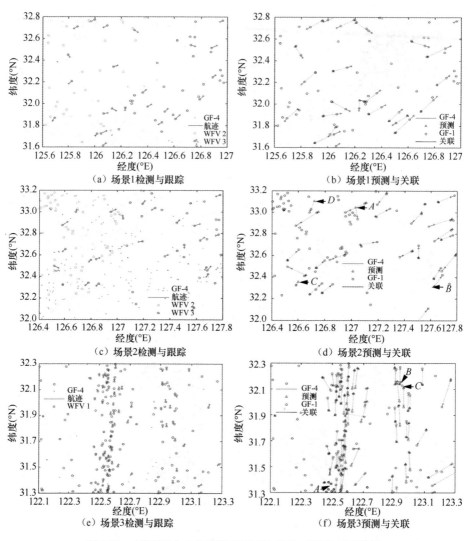

图 4-58 本节算法在 3 个场景下的检测与跟踪、预测与关联结果

本节采用正确率与完整率评估各个场景的关联性能，其中，最大目标关联总数为检测结果最多可以关联的目标数，各场景下的正确目标关联个数通过人工与部分 AIS 信息鉴别得到。目标关联性能对比如表 4-17 所示，可以看出，通过多层次多特征的关联，关联正确率得到了提高，特别是在舰船密集海域，有效解决了舰船间的关联模糊问题。

表 4-17　目标关联性能对比

| 场景 | 最大目标关联总数（个） | | 位置信息 | | 多特征信息 | |
	静止目标	运动目标	正确率	完整率	正确率	完整率
1	0	21	90.5%	90.5%	100%	100%
2	2	20	100%	90.9%	100%	100%
3	10	64	95.3%	82.4%	100%	100%

在场景 1 中，基于位置信息的关联错误出现在图 4-59（a）标注的圆圈内，结合图 4-59（b）的 GF-1 切片可见，只利用位置信息造成两个目标相互关联错误，侧面说明了航向信息可以辅助目标关联，减少关联模糊，提高目标关联正确率。

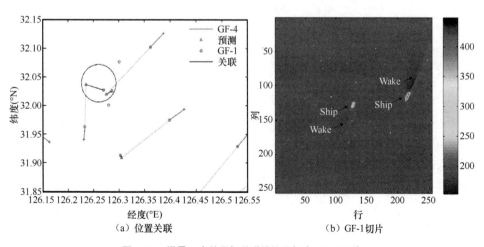

（a）位置关联　　　　　　（b）GF-1 切片

图 4-59　场景 1 中的目标关联错误及相应 GF-1 切片

在场景 2 中，有 4 个 GF-4 图像检测的目标没有关联上，其中，两个目标在 GF-1 图像中没有被检测出来，如图 4-58（d）中标注的目标 A、B，另外的为虚假目标，如标注的目标 C、D。根据 GF-4 序列图像预测的目标位置，得到大致的 GF-1 目标区域，如图 4-60 切片中"Ship"标注的位置。可以看出，两个目标周围的背景起伏较大，杂波方差较大，导致检测器漏检。两个目标均有很长的尾迹"Wake"，可判断出航向，且与 GF-4 目标航向相符，这也说明 GF-4 目标航迹预测可以引导 GF-1 图像进行目标的快速检测及人工分析。

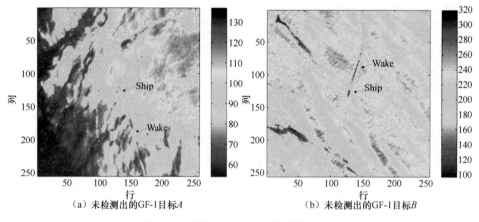

（a）未检测出的 GF-1 目标 A （b）未检测出的 GF-1 目标 B

图 4-60　场景 2 中的 GF-1 舰船目标切片

　　场景 1 与场景 2 远离陆地，没有采集到相应的 AIS 信息，而场景 3 采集了实时的 AIS 信息。图 4-61 为场景 3 中的部分目标切片，位置在图 4-58（f）中标注，其中，图 4-61（a）为关联的静止目标 A 的 GF-1、GF-4 卫星遥感图像切片及 AIS 信息，图 4-61（b）为关联的运动目标 B 的 GF-1、GF-4 卫星遥感图像切片及 AIS 信息，图 4-61（c）为没有关联的小目标 C 的 GF-1 卫星遥感图像切片及 AIS 信息，3 个目标的参数提取结果如表 4-18 所示。可以看出，分辨率较低的 GF-4 卫星遥感图像已经很难提取目标的尺度信息，如果目标太小，则很难检测到。目标关联后不仅可以从高轨卫星得到目标准确的运动信息，还可以从低轨卫星得到目标的尺度信息，甚至更丰富的特征信息（取决于低轨卫星分辨率），没有关联上的目标（如小目标）只能得到单一卫星的信息，这充分体现了高低轨卫星舰船目标信息融合的优势。

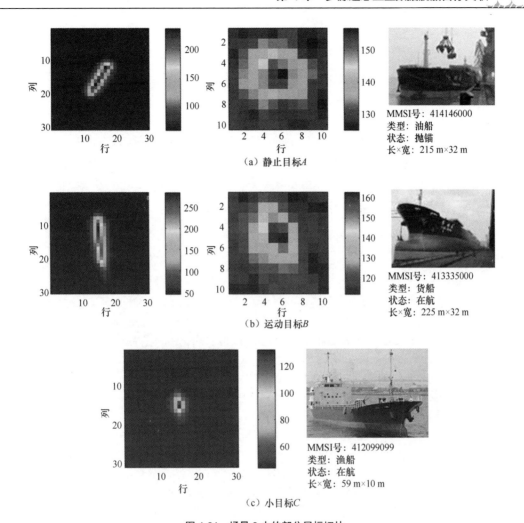

图 4-61 场景 3 中的部分目标切片

表 4-18 3 个目标的参数提取结果

参数	目标 A		目标 B		目标 C	
	真实值	估计值	真实值	估计值	真实值	估计值
长度（m）	215	160	225	224	59	64
航向（°）	—	—	7.0	0.8	359.3	—
航速（kn）	0	0	13.0	13.1	9.2	—

4.5　本章小结

　　舰船目标准确关联是多源卫星探测信息融合处理的前提和基础。本章针对多源卫星海洋目标信息关联技术开展研究，针对低轨遥感卫星、高轨遥感卫星、星载 AIS 等获取的舰船目标点迹、航迹关联开展深入研究，并利用高分系列等遥感卫星开展实测数据实验，验证了所提算法的可行性。

参考文献

[1]　GREIDANUS H, KOURTI N. A detailed comparison between radar and optical vessel signatures[C]//Proceedings of the 2006 IEEE International Symposium on Geoscience and Remote Sensing. Piscataway: IEEE Press, 2006: 3267-3270.

[2]　VELOTTO D, BENTES C, TINGS B, et al. Comparison of Sentinel-1 and TerraSAR-X for ship detection[C]//Proceedings of the 2015 IEEE International Geoscience and Remote Sensing Symposium (IGARSS). Piscataway: IEEE Press, 2015: 3282-3285.

[3]　VELOTTO D, BENTES C, TINGS B, et al. First comparison of Sentinel-1 and TerraSAR-X data in the framework of maritime targets detection: South Italy case[J]. IEEE Journal of Oceanic Engineering, 2016, 41(4): 993-1006.

[4]　VELOTTO D, BENTES C, LEHNER S. Ships and maritime targets observation campaigns using available C- and X-Band SAR satellite[C]//Proceedings of the International Workshop on Science and Applications of SAR Polarimetry and Polarimetric Interferometry. [S.l.:s.n.], 2015: 1-6.

[5]　LI X M, JIA T, VELOTTO D. Spatial and temporal variations of oil spills in the north sea observed by the satellite constellation of TerraSAR-X and TanDEM-X[J]. IEEE Journal of Selected Topics in Applied Earth Observations and Remote Sensing, 2016, 9(11): 4941-4947.

[6]　刘宁波, 姜星宇, 丁昊, 等. 雷达大擦地角海杂波特性与目标检测研究综述[J]. 电子与信息学报, 2021, 43(10): 2771-2780.

[7]　VELOTTO D, NUNZIATA F, MIGLIACCIO M, et al. Dual-polarimetric TerraSAR-X SAR data for target at sea observation[J]. IEEE Geoscience and Remote Sensing Letters, 2013, 10(5): 1114-1118.

[8]　HANNEVIK T N. Evaluation of RadarSat-2 for ship detection[R]. 2011.

[9]　VOINOV S, SCHWARZ E, KRAUSE D, et al. Identification of SAR detected targets on sea in near real time applications for maritime surveillance[J]. Free and Open Source Software for Geospatial (FOSS4G) Conference Proceedings. 2016, 16(1): 40-48.

[10]　GRAZIANO M D, D'ERRICO M, RUFINO G. Wake component detection in X-Band SAR images for ship heading and velocity estimation[J]. Remote Sensing, 2016, 8(6): 498-512.

[11]　LIN I I, KWOH L K, LIN Y C, et al. Ship and ship wake detection in the ERS SAR imagery using computer-based algorithm[C]//Proceedings of the IGARSS'97.1997 IEEE International Geoscience and Remote Sensing Symposium Proceedings. Remote Sensing - A Scientific Vision for Sustainable Development. Piscataway: IEEE Press, 1997: 151-153.

[12]　种劲松. 合成孔径雷达图像舰船目标检测算法与应用研究[D]. 北京: 中国科学院研究生院(电子学研究所), 2002.

[13]　HU X R, LIN C C. A preliminary study on targets association algorithm of radar and AIS using BP neural network[J]. Procedia Engineering, 2011, 15: 1441-1445.

[14]　FANG H, WANG Y H. Track correlation algorithm based on modified Kohonen neural network[J]. Journal of Computer Applications, 2013, 33(5): 1476-1480.

[15]　PINTO J, HESS G, LJUNGBERGH W, et al. Deep learning for model-based multiobject tracking[J]. IEEE Transactions on Aerospace and Electronic Systems, 2023, 59(6): 7363-7379.

[16]　李文娜, 张顺生, 王文钦. 基于 Transformer 网络的机载雷达多目标跟踪方法[J]. 雷达学报, 2022, 11(3): 469-478.

[17]　SARLIN P E, DETONE D, MALISIEWICZ T, et al. SuperGlue: learning feature matching with graph neural networks[C]//Proceedings of the 2020 IEEE/CVF Conference on Computer Vision and Pattern Recognition (CVPR). Piscataway: IEEE Press, 2020: 4937-4946.

[18]　XU Y H, ŠEP A, BAN Y T, et al. How to train your deep multi-object tracker[C]//Proceedings of the 2020 IEEE/CVF Conference on Computer Vision and Pattern Recognition (CVPR). Piscataway: IEEE Press, 2020: 6786-6795.

[19]　CARUANA R. Multitask learning[J]. Machine Learning, 1997, 28(1): 41-75.

[20]　KHOSLA P, TETERWAK P, WANG C, et al. Supervised contrastive learning[J]. Advances in Neural Information Processing Systems, 2020, 33: 18661-18673.

[21]　孔祥皓, 李响, 陈卓一, 等. 面向持续观测的静止轨道高分辨率光学成像卫星应用模式设计与分析[J]. 影像科学与光化学, 2016, 34(1): 43-50.

[22]　王殿中, 何红艳. "高分四号" 卫星观测能力与应用前景分析[J]. 航天返回与遥感, 2017, 38(1): 98-106.

[23]　YEOM S W, KIRUBARAJAN T, BAR-SHALOM Y. Track segment association, fine-step IMM and initialization with Doppler for improved track performance[J]. IEEE Transactions

on Aerospace and Electronic Systems, 2004, 40(1): 293-309.

[24] ZHANG S, BAR-SHALOM Y. Track segment association for GMTI tracks of evasive move-stop-move maneuvering targets[J]. IEEE Transactions on Aerospace and Electronic Systems, 2011, 47(3): 1899-1914.

[25] 齐林, 王海鹏, 熊伟, 等. 基于先验信息的多假设模型中断航迹关联算法[J]. 系统工程与电子技术, 2015, 37(4): 732-739.

[26] 王江峰, 张茂军, 包卫东, 等. 双向时空连续性轨迹片段关联的目标跟踪方法[J]. 国防科技大学学报, 2011, 33(2): 44-48.

[27] 盛卫东. 天基光学监视系统目标跟踪技术研究[D]. 长沙: 国防科学技术大学, 2011.

[28] GERS F A, SCHMIDHUBER J, CUMMINS F. Learning to forget continual prediction with LSTM[J]. Neural Computation, 2000, 12(10): 2451-2471.

[29] BELKIN M, NIYOGI P, SINDHWANI V. On manifold regularization[C]//Proceedings of the International Workshop on Artificial Intelligence and Statistics. [S.l.:s.n.], 2005: 17-24.

[30] ZHU H Y, WANG W, WANG C. Robust track-to-track association in the presence of sensor biases and missed detections[J]. Information Fusion, 2016, 27: 33-40.

[31] 陆春玲, 王瑞, 尹欢. "高分一号" 卫星遥感成像特性[J]. 航天返回与遥感, 2014, 35(4): 67-73.

[32] 陈晓英, 张杰, 崔廷伟, 等. 基于高分四号卫星的黄海绿潮漂移速度提取研究[J]. 海洋学报, 2018, 40(1): 29-38.

第5章

多源遥感卫星舰船
目标数据在轨融合

5.1 引言

现代卫星对地观测技术发展非常迅速，以 Planet Labs、ICEYE 为代表的新兴商业遥感卫星公司，借助小卫星技术，快速组建遥感卫星星座，其卫星数量超过了以往发射的所有遥感卫星数量，极大缩短了卫星对同一地区重复观测的时间间隔。同时，以 MDA、Airbus 为代表的传统商业公司大幅提升单星的性能指标和数据质量，使得单星具有更高的空间分辨率、辐射分辨率、光谱分辨率，更大的幅宽，更强的机动性和更多的工作模式，并且大力发展综合型遥感卫星。未来，现代卫星对地观测系统将具备单星多载荷协同观测和多星组网多载荷协同对地观测能力，获取更高精度、更多维度、更高时空分辨率的对地观测数据。由于信息融合能够有效降低多源卫星数据之间的冲突信息，充分利用互补信息，实现多源卫星信息的综合印证和协同推理，多源卫星信息的融合处理将是未来卫星对海洋目标监视领域的研究热点[1-5]。

传统的卫星对地观测模式是在地面进行任务规划、数据处理和产品制作，卫星多载荷协同对地观测数据融合处理也在地面进行，产品通过地面网络发送至用户端，传统的卫星对地观测模式针对的是常规化和流程化的非紧急、时效性不高的对地观测任务。由于传输节点多、时延长，传统的卫星对地观测模式对于灾害救援等紧急任务和时敏目标监视等高时效性任务的快速响应能力弱，对于中远海舰船监视、广域导弹预警等多星协同探测任务的多源信息快速引导与融合能力较弱，多源卫星数据在轨智能融合处理是提升卫星对地观测时效性尤其是对时敏目标监视的重要途径。

本章结合我国商业遥感卫星的发展，介绍和研究了光学和 SAR 遥感卫星舰船目标在轨智能检测分类、关联跟踪的轻量化处理网络，第 5.2 节研究了遥感卫星舰船目标在轨智能检测与分类，第 5.3 节研究了遥感卫星多源数据在轨智能关联与跟踪。

5.2　遥感卫星舰船目标在轨智能检测与分类

5.2.1　基于特征优化的 SAR 卫星遥感图像舰船目标快速检测

5.2.1.1　模型整体框架

SAR 卫星具有全天时、全天候探测的优势，在海洋目标监视中发挥着重要作用，SAR 卫星遥感图像，尤其是大幅宽 SAR 图像在轨目标快速检测能够极大地提升发现海洋目标的速度，组网后可以实现对重点目标的连续观测。

本节介绍的模型在经典的通用目标检测器 SSD（Singie Shot MultiBox Detector）模型基础上进行改进，2016 年由 Liu 等[6]提出的 SSD 模型是单阶段检测模型的典型方法之一。SSD 模型框架如图 5-1 所示。在特征提取方面，SSD 在卷积神经网络提取的多尺度分层特征图上实施检测，低层特征空间分辨率高、细节信息丰富，更适合检测小目标；而高层特征空间分辨率低但语义信息丰富，适合大目标检测，SSD 模型适用于多尺度目标检测。在每个尺度特征图上，都会生成一系列锚框（Anchor）去遍历特征图各点，并生成目标候选区域，多尺度检测器进一步对这些边框进行类别预测和位置回归。对于每个边框，都要预测 C 个类别的得分和 4 个边框要素偏移值。因此，对 $m \times n$ 大小的特征图，若设置的一组锚框共有 k 个，则检测器需要输出 $(C+4) \times k \times m \times n$ 个预测值。SSD 生成了太多锚框，其中大部分都是负样本，正负样本严重不均衡，导致训练难以收敛，因此 SSD 模型内部采用难例挖掘（Hard Negative

Mining）的方法保证正、负样本的比例为固定值。同时，为使模型对目标尺度、图像亮度等更加鲁棒，SSD 模型引入了数据增强的策略来提升数据多样性。

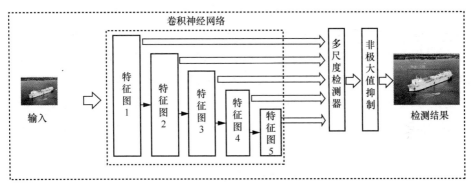

图 5-1　SSD 模型框架

　　SSD 的检测精度通常低于双阶段检测器，SSD 使用低层特征对小目标进行检测，会影响对高级语义信息的应用，也影响检测效果。因此，为进一步发挥 SSD 模型的速度优势，本节提出聚类算法辅助网络参数设置使其更适合遥感数据，并进一步优化检测特征以提升检测精度。本节提出的基于特征优化的快速检测模型框架如图 5-2 所示。整个框架由 3 个部分组成：特征提取网络、特征优化模块和检测器。特征提取网络采用改进的轻量级 VGG16 网络[7]，选择特定的特征层通过双向特征融合和注意力机制进行进一步优化。优化后的特征图连接目标检测器，输出目标位置预测和类别得分。最后通过非极大值抑制（Non-Maximum Suppression, NMS）算法移除无效边界框并生成最终检测结果。

　　去掉全连接层的 VGG16 网络常被用作 SSD 模型的特征提取网络。经典的 VGG16 等分类网络的输入为 3 通道图像，但对于 SAR 图像、全色图像等单通道遥感图像，为直接应用自然图像数据集中预训练好的模型，一般做法是将单通道图像重复扩展为 3 通道图像作为输入。这样不仅为网络带来了冗余信息，还使网络训练了一些不必要的参数，增加了训练负担。SSD 模型保留了 VGG16 的前 5 个卷积模块，去掉了全连接层，并在后面连接了 6 个卷积单元，最终的卷积单元输出的特征图空间维度变成 1×1，用于检测尺度较大的目标，但是对遥感图像舰船目标检测来说，受空间分辨率影响，单个舰船目标通常不会占满整张图像（以大小为 300 像素×300 像素的图像为例），因此，在原始 SSD 模型中去掉后面几个负责检测大目标的卷积单元，设计轻量化 SSD（Lightweight SSD, LSSD）模型：首先，直接以单通道图像作为网络输入，然后将 SSD 中全部卷积单元的通道数减半，并去掉 SSD 中最后 3 个卷积单元。网络结构的具体参数如图 5-2 右侧所示，各卷积单元命名为 Conv1 到 Conv8。这样，与 SSD 相比，需要训练的参数量为原来的四分之一。实验结果表明，规模相对较小的数据集也可以实现 LSSD 模型的从头训练（Training from Scratch），训练和测试速度显著提高。其中，目标检测模型从头训练的概念由 Shen 等[8]首次提出，即对检测模型随机初始化，使用检测数据集从零训练，可从头训练的模型不必依赖其他分类数据集（如 ImageNet[9]中的预训练参数），从而设计更加灵活。借鉴 SSD 的设置，选取 LSSD 中 Conv4_3、Conv7、Conv8 输出的特征图输入检测器中实施后续的检测。

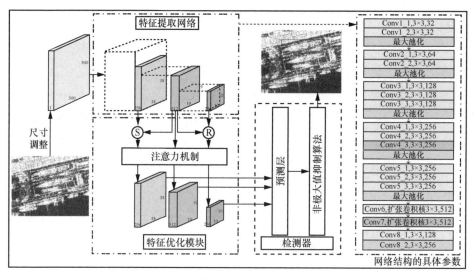

图 5-2　基于特征优化的快速检测模型框架

5.2.1.2　基于聚类的自适应锚框设置

与 SSD 模型一样，LSSD 也是基于锚框遍历机制实施检测的。锚框的参数设置，包括尺度和长宽比，对网络检测性能有着重要的影响。当设置的参数符合检测对象尺度、长宽比特性时，锚框能够更好地包围潜在目标，有利于检测精度的提升。因此，本节提出一种基于聚类的数据集目标几何特性分布学习算法，学习数据集中目标尺度和长宽比的统计特性，以此来指导锚框参数的设置。

假设图像大小为 $M \times N$，舰船目标检测框大小为 $w \times h$。目标尺度 s 和长宽比 r 的定义为：

$$s = \frac{w \times h}{M \times N} \tag{5-1}$$

$$r = \frac{w}{h} \tag{5-2}$$

首先，学习数据集中舰船目标的尺度分布。假设数据集中所有舰船目标的尺度集合为 $S = \{s_1, s_2, \cdots, s_n\}$，设定 k 个聚类中心 $U = \{\mu_1, \mu_2, \cdots, \mu_k\}$，$\mu_i(i \in [1,k])$ 初值为 $[0,1]$ 区间内的随机值，且 μ_1 到 μ_k 从小到大排序。通过最小化 d_s 来更新 U 的参数。

$$\min d_s = \sum_{i=1}^{n} \|s_i - \mu_j\|^2 \tag{5-3}$$

其中，$j \in \{1, \cdots, k\}$，μ_j 为最接近 s_i 的聚类中心。每次迭代中，μ_j 更新为所有以其为聚类中心的目标尺度均值，不断迭代，直到 d_s 小于设定阈值。迭代完成后，将学习到的尺度聚类中心 U 分配到合适的特征层中，尺度由小到大依次分配给由浅至深的特征层，根据 SSD 模型设置，每个特征层的锚框通常有两个尺度。

然后，利用类似思路学习目标的长宽比分布特性。对于特征层 l_x，假设长宽比聚类中心个数为 g，该特征层负责检测的舰船目标长宽比集合为 $R_x = \{r_1, r_2, \cdots, r_m\}$，$g$ 个长宽比聚类中心为 $V_x = \{\gamma_1, \gamma_2, \cdots, \gamma_g\}$，$\gamma_i > 0$，$i \in \{1, \cdots, g\}$，初值为随机正数并从小到大排列。$V_x$ 通过最小化 d_{rx} 进行优化。

$$\min d_{rx} = \sum_{i} \|r_i - \gamma_j\|^2 \tag{5-4}$$

其中，$j \in \{1, \cdots, g\}$，γ_j 为最接近 r_i 的长宽比聚类中心。每次迭代中，γ_j 更新为以其为聚类中心的目标长宽比的均值，不断迭代，直到 d_{rx} 小于设定阈值。最后，根据收敛得到的长宽比聚类中心设置该特征层锚框的长宽比。

5.2.1.3 双向特征融合机制

CNN 提取的特征是分层的。一般来说，层数越高，特征图上每个点的感受野越大，提取出的特征越抽象，语义信息也越丰富；而低层特征层主要提取的是一些低级细节信息，如边缘信息等。在 LSSD 模型中，低层特征层具有小的感受野，主要负责小目标的检测，感受野较大的高层特征层则负责大目标检测。

为弥补低层特征中语义信息的不足，通常做法是将高层特征加成到低层特征中，如 FPN、TDM 等模型均采用这种方式，但是它们忽略了对高层特征的信息弥补。因此，本节提出了一种新的包含语义聚合和特征重用的双向特征融合机制，可同时增强低层特征与高层特征。双向特征融合模块示意图如图 5-3 所示。

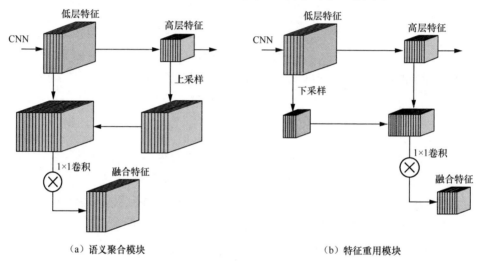

（a）语义聚合模块　　　　　　　　　　（b）特征重用模块

图 5-3　双向特征融合模块示意图

（1）语义聚合模块

将高层特征信息融合到低层特征的过程称为语义聚合。假设低层特征图为 F_1（大小为 $W_1 \times H_1 \times C_1$），高层特征图为 F_2（大小为 $W_2 \times H_2 \times C_2$）。显然，$F_2$ 具有更大的感受野和更低的空间分辨率。首先，统一它们的空间分辨率。在空间维度对 F_2 进行上采样，将其空间分辨率调整为 $W_1 \times H_1 \times C_2$；然后沿通道维度将其与 F_1 连接起来，得到大小为 $W_1 \times H_1 \times (C_1 + C_2)$ 的融合特征图。最后连接 1×1 卷积层，将融合特征图的通道数调整为 C_1。具体过程如图 5-3（a）所示。

（2）特征重用模块

与语义聚合模块相反，特征重用模块以由下至上的方式对高层特征图进行信息加成。具体过程如图 5-3（b）所示，首先，对 F_1 进行下采样操作，使其空间分辨率变为 $W_2 \times H_2 \times C_1$。然后类似语义聚合，将其与 F_2 在通道维度串接，并采用 1×1 卷积降低维度。在正向传播中，特征图 F_2 本来就间接源自 F_1，只是经过了一系列的卷积和池化操作。通过特征重用模块，F_1 的信息直接进入 F_2 中。因此，将这种融合方式称为特征重用。

语义聚合和特征重用模块均可方便地嵌入网络架构，额外引入的待训练参数量分别为 $C_1 \times (C_1 + C_2)$、$C_2 \times (C_1 + C_2)$，这不会增加太大的训练负担。

5.2.1.4　注意力机制

注意力机制通过学习得到特征图，然后对特征图进行加权，增强重要的特征并抑制非重要特征，从而实现特征的优化。在所提检测模型中，分别在特征图通道维度和空间维度引入注意力机制[10]对检测特征图作进一步优化。注意力机制处理流程如图 5-4 所示。

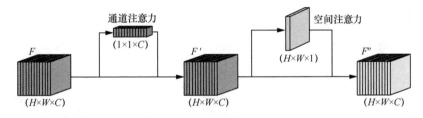

图 5-4　注意力机制处理流程

（1）通道注意力

以特征图 F（大小为 $W \times H \times C$）为例进行说明。特征图的不同通道代表网络提取出的不同特征，各通道对最终检测结果的贡献是不同的。通道注意力机制的引入就是让模型自动衡量特征图各通道的重要程度并实现对各通道特征图的加权，指导网络要"看什么"。通道注意力示意图如图 5-5 所示。

首先，采用平均池化和最大池化两种方式将 F 的空间维度调整为 1×1，得到两个向量 $\boldsymbol{F}_{C\text{-avg}}(1 \times 1 \times C)$ 和 $\boldsymbol{F}_{C\text{-max}}(1 \times 1 \times C)$。然后，连接两个向量与两个多层感知机（Multilayer Perceptron, MLP）[11]，其中隐藏层维度设为 $C/2$。然后将两个并行分支输出相加，输入 Sigmoid 函数，目的是将输出值变换到 [0,1] 区间，从而获得通道维度的权重向量。最后，将 F 与权重向量在通道维度进行逐元素相乘，获得通道维度优化的特征图 F'。该过程可以描述为：

$$F'=M_{\mathrm{C}} \otimes F = \sigma\big(\mathrm{MLP}\big(\mathrm{AvgPool}(F)\big)+\mathrm{MLP}\big(\mathrm{MaxPool}(F)\big)\big) \otimes F \qquad （5\text{-}5）$$

其中，$\otimes$ 代表逐元素相乘，σ 代表 Sigmoid 函数。

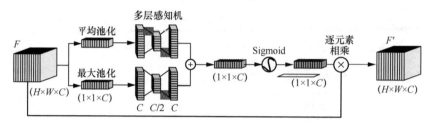

图 5-5　通道注意力示意图

（2）空间注意力

空间注意力机制获取的是特征空间维度的权重图，实现特征图在空间维度的优化。与人的视觉机制类似，它捕获的是特征图二维空间中的显著性信息，增强重点区域特征，指导网络"看哪里"。空间注意力示意图如图 5-6 所示。

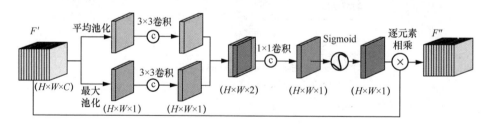

图 5-6　空间注意力示意图

空间注意力模块以通道注意力模块的输出 F' 作为输入。与通道注意力模块一样，首先，通过通道维度的平均池化与最大池化并行获取空间特征图 $F_{S\text{-avg}}$ 和 $F_{S\text{-max}}$，维度均为 $W \times H \times 1$。然后，将它们分别输入一个 3×3 卷积层。这里选择 3×3 卷积核而不是其他大小，是为了保持对小目标的敏感性。将并行分支输出结果在通道维度串联，输入一个 1×1 卷积层并通过 Sigmoid 函数，获取空间权重图 M_{S}。最后，将 F' 和 M_{S} 在空间维度进行逐元素相乘。该过程可表示为：

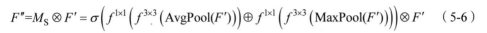

$$F''=M_{\mathrm{S}} \otimes F' = \sigma\left(f^{1\times1}\left(f^{3\times3}\left(\mathrm{AvgPool}(F')\right)\right) \oplus f^{1\times1}\left(f^{3\times3}\left(\mathrm{MaxPool}(F')\right)\right)\right) \otimes F' \qquad （5\text{-}6）$$

其中，σ 代表 Sigmoid 函数，$f^{3\times3}$ 与 $f^{1\times1}$ 分别代表 3×3 卷积与 1×1 卷积，$\oplus$ 代表通道维度连接，$\otimes$ 代表逐元素相乘。

5.2.1.5　模型训练与测试

与 SSD 类似，LSSD 模型的损失是分类损失和位置回归损失的加权和[12]，计算式如下。

$$L\left(\{p_i\},\{t_i\}\right) = \frac{1}{N}\sum_i L_{\mathrm{conf}}\left(p_i, p_i^*\right) + \lambda\frac{1}{N}\sum_i p_i^* L_{\mathrm{loc}}\left(t_i, t_i^*\right) \qquad （5\text{-}7）$$

$$L_{\mathrm{conf}}\left(p^*, p\right) = -\left(p^*\log(p) + (1-p^*)\log(1-p)\right) \qquad （5\text{-}8）$$

$$L_{\mathrm{loc}}\left(p^*, t_i^*, t_i\right) = \sum_{t_i^*} p^* \cdot \mathrm{smooth}_{L1}\left(t_i - t_i^*\right) \qquad （5\text{-}9）$$

$$\mathrm{smooth}_{L1}(x) = \begin{cases} 0.5x^2, |x| < 1 \\ |x| - 0.5, 其他 \end{cases} \qquad （5\text{-}10）$$

其中，p_i 为第 i 个样本的是否为目标的预测，p_i^* 为第 i 个样本的真值，t_i 为第 i 个样本的位置预测，t_i^* 为对应样本的位置真值，t_i 包含预测框中心点坐标 (x, y)、边框的宽 w 和高 h 共 4 个预测值。重叠的检测框通过非极大值抑制算法[13]进行合并。

由于所提模型待训练参数远小于 SSD 模型，因此，可以采用从头训练的方式进行训练，这意味着所提模型不必依赖分类数据集上的预训练参数来初始化网络，在训练期间可以充分利用待检测数据集以及检测任务的特征，避免受分类任务影响。

5.2.1.6　实验结果与分析

本节利用公开的 SSDD 数据集[14]对所提模型进行实验验证，分析模型的有效性。思路为以 SSD 模型作为实验中各模型对比的基准，首先对所提模型进行简化测试，依次验证所提的各部分改进内容有效性；然后将所提模型与最近文献中提出的经典的基于深度学习的舰船目标检测模型进行对比；最后利用在 SSDD 数据集上训练好的模型对 GF-3 卫星图像中的大幅海面场景图像进行测试，从而验证模型的泛化能力。

（1）数据集介绍与实验设置

SSDD 数据集全称为 SAR Ship Detection Dataset，是由中国人民解放军海军航空大学的李健伟等于 2017 年发布的首个公开天基 SAR 图像舰船目标检测数据集。数据来源为 RadarSat-2、TerraSAR-X 以及 Sentinel-1 卫星，包含 VV、VH、HV、HH 共 4 种极化方式的 SAR 数据。SSDD 数据集共包含 1160 张图片和 2456 个舰船实例，包括多尺度、多场景舰船目标，其中部分典型样例如图 5-7 所示。将数据集按照 7:2:1 的比例分为训练集、测试集和验证集，将训练集、验证集中的图像空间大小调整为 300 像素×300 像素并作为实验中各模型训练的输入。训练迭代次数为 12 万次，批量大小为 24，前 2 万次训练中学习率为 0.0001，后续 6 万次训练学习率为 0.00001，最后 4 万次学习率为 0.000001。

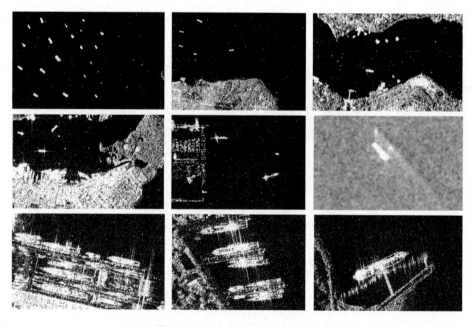

图 5-7　SSDD 数据集部分典型样例

实验计算机配置为 8 个 i7-6770K 型号 CPU、1 块 NVIDIA GTX 1080Ti 型号 GPU，搭载 Ubuntu 16.06 系统。实验采用 Python 编程语言，并使用 TensorFlow 深度学习框架。

如果检测目标框与真值目标框的交并比（ Intersection Over Union, IOU ）大于 0.5，认为检测结果正确。采用准确率、召回率、平均准确率（ Average Precision, AP ）作为各模型的评价指标。其中，IOU 的定义为检测框与真值框交集面积与并集面积的比值，值越高表示检测越精确。将检测结果分为以下 4 种类型：TP、FP、FN、TN。

准确率的定义为：

$$\text{Precision} = \frac{\text{TP}}{\text{TP+FP}} \tag{5-11}$$

召回率的定义为：

$$\text{Recall} = \frac{\text{TP}}{\text{TP+FN}} \tag{5-12}$$

平均准确率的定义为：

$$\text{AP} = \int_0^1 p(r)\mathrm{d}r \tag{5-13}$$

式（5-13）中，p 代表准确率，r 代表召回率。以上 3 个指标值越大，表示检测结果越精确。本节实验中，准确率、召回率均是在目标类别概率得分阈值大于 0.15 的条件下统计的。特别地，为了体现算法在小目标检测中的表现，还统计了测试集中小目标的检测召回率，小目标的定义为像素数少于 50 的舰船目标，在实验测试集中，小目标共有 124 个。此外，为了比较各模型的速度，选择训练、测试中单张图像平均处理时间（单位为 ms）为评价指标。

（2）模型简化实验

① 网络参数设置对检测结果的影响

首先，验证不同网络参数设置对检测结果的影响。本组实验在 SSD 模型上进行，采用两组参数设置：设置 1 为 SSD 模型原始参数，采用 SSD 模型原文中的 6 个特征单元输出的特征图作为多尺度检测的特征；设置 2 采用 LSSD 模型中的 3 个特征图，并使用基于聚类的数据集目标几何特性学习方法来设置网络参数，在学习目标特性时，k 设为 6，尺度、长宽比迭代阈值均设为 0.000001，参考 SSD 模型的设置，3 个特征层的长宽比聚类中心个数 g 分别 3、5、5。SSD 模型锚框参数设置如表 5-1 所示。

表 5-1　SSD 模型锚框参数设置

对比项	设置 1			设置 2		
	尺度	长宽比	额外尺度	尺度	长宽比	额外尺度
Conv4_3	0.1	1:1,1:2,2:1	0.1414	0.02	1:1,4:7,20:11	0.04
Conv7	0.2	1:1,1:2,2:1,1:3,3:1	0.2739	0.06	1:1,4:7,3:1,1:4,20:11	0.12
Conv8_2	0.375	1:1,1:2,2:1,1:3,3:1	0.4541	0.25	1:1,4:7,3:1,1:4,20:11	0.4
Conv9	0.55	1:1,1:2,2:1,1:3,3:1	0.6315	—	—	—
Conv10	0.725	1:1,1:2,2:1	0.8078	—	—	—
Conv11	0.9	1:1,1:2,2:1				

　　除了锚框设置不同，其余实验条件均相同。SSDD 数据集中，已将 SAR 图像保存为 3 通道的 ".jpg" 文件，因此可以直接作为 SSD 模型的输入。VGG16 特征提取网络初始化参数为 ImageNet 数据集上预训练模型参数，在训练集、验证集上完成训练并在测试集上进行测试，不同锚框参数设置下的检测结果如表 5-2 所示。从结果可以看出，锚框的参数设置对检测结果有很大影响。在其他条件不变的前提下，适合检测数据集的网络参数设置对于发挥模型的性能潜力非常重要。基于聚类的数据集的目标几何特性学习方法不受人为经验影响，结果完全基于数据集自身特性，能够优化网络参数的设置。

表 5-2　不同锚框参数设置下的检测结果

模型	AP	准确率	召回率
SSD（设置 1）	76.95%	86.35%	87.00%
SSD（设置 2）	**77.76%**	**88.89%**	**88.30%**

注：最佳结果加粗表示。

　　② LSSD 与 SSD 检测效果对比

　　下面对 LSSD 检测效果进行验证。基准对比算法采用上组实验中设置 2 的 SSD 模型，LSSD 模型中锚框参数选择同样的设置。在此选择两种方式对 LSSD 进行初始化：一种为随机初始化，对模型从头进行训练，训练出的模型称为 "LSSD_从头训练"；另一种采用分类数据集上的预训练参数进行模型初始化，采用大规模遥感场景分类数据集 DSRSID[15] 来训练通道数量减半的 VGG16 网络，经过 8 万次训练后，在 DSRSID 测试集上的分类准确率已达 98.91%，然后去掉 VGG16 全连接层，使用前 5 个卷积单元参数对 LSSD 进行初始化，随后利用 SSDD 数据集进行微调，这样训练出的模型称为"LSSD_预训练"。SSD 与 LSSD 模型测试结果如表 5-3 所示。

表 5-3　SSD 与 LSSD 模型测试结果

模型	AP	准确率	召回率	平均训练时间（ms）	平均测试时间（ms）
SSD	77.76%	88.89%	88.30%	20.49	14.08
LSSD_从头训练	**77.83%**	**89.78%**	**89.60%**	10.83	7.95
LSSD_预训练	77.59%	87.94%	89.00%	**10.75**	**7.68**

注：最佳结果加粗表示。

从表 5-3 中可以看出，两种 LSSD 模型的运行速度明显快于 SSD 模型，其中，训练阶段，LSSD 处理单张图像所用的时间比 SSD 少了将近 10 ms，但是两类模型的平均准确率却差不多。LSSD_从头训练取得了比 SSD 和微调的 LSSD（即 LSSD_预训练）略高的检测精度，原因为 LSSD_从头训练模型完全避免了分类任务对检测的影响。为了进一步展示两种训练方式的差异，对这两个模型训练过程中的损失函数进行可视化，如图 5-8 所示。从图 5-8 中可以看出，从头训练要比在预训练模型基础上微调的方式收敛略慢一些，但完全不影响最后的收敛。因此，完全可以采用从头训练的方式对 LSSD 进行训练。

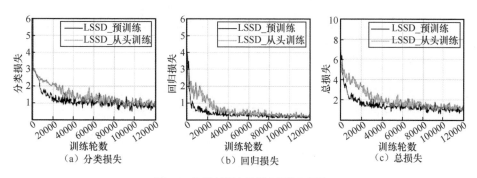

图 5-8　训练过程中的损失函数可视化

③ 双向融合机制对检测的影响

本组实验主要验证双向特征融合（Bi-Directional Feature Fusion, BFF）机制对检测的影响，并将所提融合方法与其他经典融合方法进行对比。首先，验证不同融合方式对检测结果的影响。经典的 FPN 模型里，采用了不同特征层逐元素相加的方式进行融合，而本节的方法对不同特征层的融合采用了通道维度相连的方法。这两种融合方式分别命名为"相加"和"相连"，在 SSD 和 LSSD 模型上分别进行了实验。不同融合方式下的检测结果如表 5-4 所示，可以看出，这两种方式都能提高检测准确率，尤其是小目标的召回率提升显著。但是"相连"方式的融合有着更佳的表现，与不采用特征融合的基准模型相比，AP 均提升了 1.19 个百分点。因为特征图各元素值有正有负，在"相加"方式里，同一位置处的特征值在逐元素相加的过程中，正负数值相加可能会相互抵消，影响特征表达。而"相连"的融合方式不会损失两个特征层的信息。此外，从表 5-4 中可以看出，在不使用 BFF、使用 BFF（相加）、使用 BFF（相连）这 3 种情况下，与 SSD 相比，LSSD 都有着更高的小目标召回率。

表 5-4　不同融合方式下的检测结果

模型	AP	准确率	召回率	小目标召回率
SSD	77.76%	88.89%	88.30%	73.39%
SSD_BFF（相加）	78.27%	95.72%	81.20%	74.19%
SSD_BFF（相连）	78.95%	95.36%	86.40%	77.42%
LSSD	77.83%	89.78%	**89.60%**	76.61%
LSSD_BFF（相加）	78.97%	95.17%	86.80%	80.65%
LSSD_BFF（相连）	**79.02%**	**96.49%**	88.00%	**82.26%**

注：最佳结果加粗表示。

接下来，将所提的采用相连融合方式的 BFF 与其他经典的特征融合方法进行对比，包括 FPN 模型的融合方法、TDM 模型的融合方法，其中，FPN 和 TDM 都采用了由上至下的单向融合。这 3 类方法都用在 LSSD 模型上用来比较检测效果。不同融合方法在 LSSD 上的检测结果如表 5-5 所示，可以看出，本节提出的 BFF 机制有着最高的 AP 值和准确率、小目标召回率，验证了所提方法的有效性。

为了进一步体现融合对检测的重要性，部分典型场景的检测结果如图 5-9 所示。其中，第一行为真值，其余依次为前面实验中采用的各模型的检测结果图。第一列、第二列是港口内舰船目标的检测，第三列体现了多尺度舰船目标检测结果，第四列代表的是小目标检测结果。

表 5-5　不同融合方法在 LSSD 上的检测结果

模型	AP	准确率	召回率	小目标召回率
LSSD	77.83%	89.78%	**89.60%**	76.61%
LSSD_FPN	78.14%	92.32%	84.20%	79.03%
LSSD_TDM	78.87%	94.55%	86.80%	79.03%
LSSD_BFF	**79.02%**	**96.49%**	88.00%	**82.26%**

注：最佳结果加粗处理。

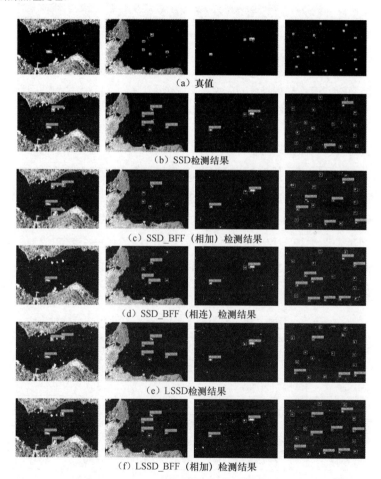

（a）真值

（b）SSD检测结果

（c）SSD_BFF（相加）检测结果

（d）SSD_BFF（相连）检测结果

（e）LSSD检测结果

（f）LSSD_BFF（相加）检测结果

注：蓝色矩形框代表检测结果，红色矩形框代表漏检目标，黄色矩形框代表虚假目标。

图 5-9　部分典型场景的检测结果

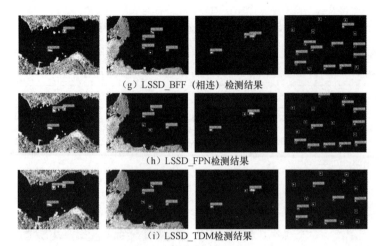

（g）LSSD_BFF（相连）检测结果

（h）LSSD_FPN检测结果

（i）LSSD_TDM检测结果

注：蓝色矩形框代表检测结果，红色矩形框代表漏检目标，黄色矩形框代表虚假目标。

图 5-9　部分典型场景的检测结果（续）

④ 注意力模块对检测的影响

所提模型中的注意力模块（AM）被应用在 SSD 与 LSSD 模型中测试其效果，同时，还与另外两种经典的用于卷积神经网络的注意力模型 SENet[16]与 CBAM 模型[10]进行了比较。其中，SENet 和 CBAM 最初都是用于分类任务的，与本节方法不同的是，上述两种注意力模型用于优化特征提取网络中的每一个卷积模块，而本节的 AM 仅用来优化用于检测的特征。应用不同注意力模型的 SSD 和 LSSD 检测结果如表 5-6 所示。

表 5-6　应用不同注意力模型的 SSD 和 LSSD 检测结果

模型	AP	准确率	召回率	小目标召回率
SSD	77.76%	88.89%	88.30%	73.39%
SSD_SENet	78.97%	93.89%	86.80%	82.26%
SSD_CBAM	78.85%	93.07%	86.00%	81.45%
SSD_AM	79.51%	94.86%	88.60%	82.26%
LSSD	77.83%	89.78%	89.60%	76.61%
LSSD_SENet	79.15%	89.36%	87.40%	79.84%
LSSD_CBAM	78.72%	82.57%	**91.00%**	**87.09%**
LSSD_AM	**79.45%**	**93.39%**	87.60%	79.84%

注：最佳结果加粗表示。

由于注意力模型能够优化特征表征，这 3 种方法都能提升检测精度。其中，AM 取得了最高的 AP 值。值得注意的是，LSSD_CBAM 在整体召回率和小目标召回率方面表现最佳，但是其准确率却最低，这说明检测结果中出现了一些虚假目标，也反映了单独的准确率和召回率指标不能很好地体现算法的整体表现。而 AP 作为检测率和召回率的综合指标，是反映检测结果的一个重要评价。SENet 和 CBAM 模型的复杂性均高于本节方法，但 AP 均低于本节方法，说明对于 SSDD 这种小数据集来说，算法复杂性太高往往会造成模型不能充分训练。因此，仅采用注意力模型优化检测使用的特征图更适合 SSDD 数据集。

⑤ 双向融合与注意力模块联合对检测的影响

本组实验将所提的双向特征融合（BFF）模块与注意力模块（AM）同时应用在 SSD 模型和 LSSD 模型中，来验证其联合应用对检测效果的影响。显然，这两种模块有两种结合方式，第一种是先使用 AM 进行优化，再使用 BFF 进行特征融合，称为方式 1；第二种是先使用 BFF 进行特征融合，再使用 AM 进行特征优化，称为方式 2。应用不同方式的 SSD 和 LSSD 检测结果如表 5-7 所示。

表 5-7　应用不同方式的 SSD 和 LSSD 检测结果

模型	BFF	AM	AP	准确率	召回率	小目标召回率
SSD	×	×	77.76%	88.89%	88.30%	73.39%
SSD_BFF	√	×	78.95%	95.36%	86.40%	77.42%
SSD_AM	×	√	79.51%	94.86%	88.60%	82.26%
SSD_方式 1	②	①	79.21%	92.98%	87.40%	79.03%
SSD_方式 2	①	②	79.85%	96.41%	86.80%	82.26%
LSSD	×	×	77.83%	89.78%	**89.60%**	76.61%
LSSD_BFF	√	×	79.02%	96.49%	88.00%	82.26%
LSSD_AM	×	√	79.45%	93.39%	87.60%	79.84%
LSSD_方式 1	②	①	78.90%	96.66%	86.80%	78.22%
LSSD_方式 2	②	②	**80.12%**	97.77%	87.80%	**83.06%**

注：①、②代表使用顺序，最佳结果加粗表示。

表 5-7 中有一个非常有意思的现象：单独使用 BFF 与 AM 这两个模块，都能提升模型检测性能；当同时使用这两个模块时，若先使用 AM，则检测效果不尽如人意，甚至不如单独使用其中任一模块；但若先使用 BFF 模块，则取得了最佳的检测效

果，在 SSD 和 LSSD 上都是这种情况。其中，方式 2 将 SSD 与 LSSD 的 AP 值分别提升了 2.09 个百分点和 2.29 个百分点。原因在于，特征融合与注意力机制在特征优化中的方式是不同的，甚至从某种意义上是"相反"的。注意力机制是为了引导网络"关注什么"和"关注哪里"，通过自适应加权的方式，将更重要的特征点或特征维度赋予更高的权重，因此，注意力机制可以理解为特征锐化的过程，突出的特征更突出了，而不太重要的特征则通过降低权重的方式被"忽视"。而特征融合的目的是，尽量将多层特征的信息聚合起来共同用于后续的检测，因此，特征融合可以理解成是特征综合的过程。如果在检测中，首先使用 BFF 模块将多层特征的信息综合起来，再使用注意力机制去对特征进行"锐化"，则对检测有利的特征得到加强，检测效果也得到进一步提升。相反地，若首先利用注意力机制对特征进行加权，然后后利用 BFF 模块对特征进行综合，则弱化了注意力机制对特征的强化，因此检测效果反而不如单独使用其中任一模块。因此，在使用提出的两个模块时，应采取方式 2，先对特征进行融合，再利用注意力机制对特征进行加权。这两种结合方式部分典型场景的检测结果示意图如图 5-10 所示。从图 5-10 中也可以看出，方式 2 模型的检测效果优于方式 1。

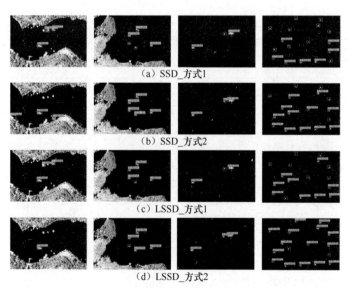

（a）SSD_方式1

（b）SSD_方式2

（c）LSSD_方式1

（d）LSSD_方式2

注：蓝色矩形框代表检测结果，红色矩形框代表漏检目标，黄色矩形框代表虚假目标。

图 5-10　部分典型场景的检测结果示意图

（3）与其他模型的比较

在本节中，将所提模型与近几年公开发表的几种基于深度学习的目标检测模型进行对比，除了 SSD、Faster R-CNN 模型，还包括 3 个针对遥感图像舰船目标检测的 FC-Faster R-CNN[17]、GAN-OHEM[18]、DC-Faster R-CNN[19]模型，其中这 3 个模型的参数采用原文中取得最佳表现的设置。不同模型的检测结果如表 5-8 所示。

表 5-8　不同模型的检测结果

模型	是否预训练	AP	准确率	召回率	小目标召回率	训练时间（ms）	测试时间（ms）
Faster R-CNN	是	73.24%	92.31%	**88.80%**	79.83%	540.42	159.11
FC-Faster R-CNN	是	78.90%	93.10%	86.40%	80.65%	572.67	185.53
GAN-OHEM	是	70.24%	82.01%	78.40%	72.50%	2152.09	330.78
DC-Faster R-CNN	是	77.84%	95.21%	83.60%	81.45%	561.82	180.95
SSD	是	77.63%	88.35%	88.00%	73.39%	20.49	14.08
所提模型	否	**80.12%**	**97.77%**	87.80%	**83.06%**	**11.25**	**9.28**

注：最佳表现加粗表示。

在这些模型中，FC-Faster R-CNN、DC-Faster R-CNN 都是在 Faster R-CNN 模型的基础上进行改进的，与 Faster R-CNN 模型相比，虽然都提升了检测精度，但是也增加了处理的时间。从表 5-8 中可以看出，这几个双阶段检测模型的检测精度大都差于所提模型，原因在于，这几个复杂模型在 SSDD 这种小数据集上得不到充分的训练。GAN-OHEM 模型利用生成对抗网络（Generative Adversarial Network, GAN）[20]进行数据增强，并引用了难例挖掘的方法，但该模型是在 R-CNN 模型的基础上改进的，无论训练还是测试，该模型的运算时间都是最长的。所提模型在平均准确率、准确率方面都有着最高的精度，同时在运算速度方面也有着明显的优势。与这几类方法中速度最快的 SSD 模型相比，所提模型的训练时间减少了 9.24 ms，测试时间减少了 4.8 ms。此外，对于小目标检测，所提模型的召回率也是最高，说明在多尺度目标检测中也有着较好表现。

尽管与其他模型相比，所提模型在进行舰船目标检测时保持着速度和精度的优势，但是仍然存在一些检测失败的案例，部分检测失败案例如图 5-11 所示。这些失败案例在各检测模型中都普遍存在。

（a）真值

（b）检测结果

注：绿色框代表真值标签，蓝色矩形框代表检测结果，红色矩形
框代表漏检目标，黄色矩形框代表虚假目标。

图 5-11　部分检测失败案例

图 5-11 第一列中，一个小岛被误检为舰船。第二列中一个高亮的陆上物体被误检为舰船，其形状和灰度特征与舰船目标有相似之处。针对这两类情况，若实施检测前能进行海陆分割，则能够有效减少这类检测的虚警案例。在第三列中，对于密集排列的舰船目标，检测模型不能很好地进行区分，这也是利用垂直矩形框作为目标边界框进行检测时的一个共性问题。第四列中，当图像中噪声干扰太多时，一些舰船会被淹没在噪声中，造成漏检，这是损失召回率的主要原因。这一点对小目标来说更为严重，因为小目标能被用于检测的空间信息更少，而特征图又进行了下采样，容易将小目标的特征与噪声特征混起来。本节所提的特征优化模块在一定程度上能够缓解这一问题，但是如何获取更强的特征表征，仍是一个值得研究的课题。

（4）GF-3 数据检测结果

为了进一步验证所提模型的泛化性能，将在 SSDD 上训练好的模型在 GF-3 卫星大幅场景实测数据上进行测试，GF-3 图像没有出现在 SSDD 数据集中。由于图像尺度比较大，将图像裁剪为 300 像素×300 像素的切片作为模型输入进行检测，然后再将检测结果拼接成原场景的大图，因此部分舰船目标可能被切割，并被重复检测（部分舰船也可能被单独检测出来）。GF-3 图像海面场景舰船目标检测结果如图 5-12 所示。经过人工判读统计，在以下几个场景中，舰船检测准确率超过 90%，召回率超过 80%。这说明，利用本节提出的模型具有良好的泛化能力，能够适用于多成像模式、多极化方式、多空间分辨率、多场景的 SAR 图像舰船目标检测。有的图像如图 5-12（e）、图 5-12（f）所示，其中有明显的相干噪声，若基于传统方法进行检测，噪声对舰船检测会有较大的影响；而采用本节模型，可以发现噪声对检测结果影响不大，这说明数据驱动的深度学习模型具有良好的抗噪声干扰能力。

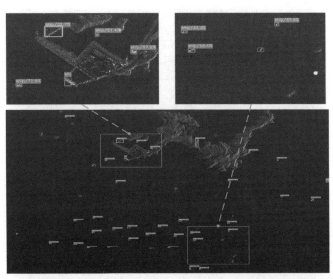

（a）检测场景1（成像模式为FSI，图像分辨率为5 m，极化方式为VH）

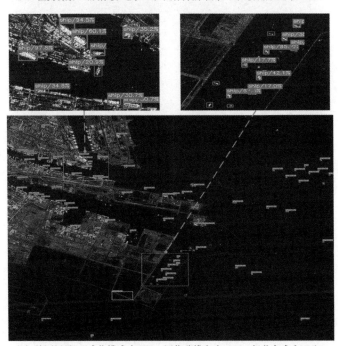

（b）检测场景2（成像模式为FSII，图像分辨率为10 m，极化方式为VV）

注：蓝色矩形框代表检测结果，红色矩形框代表漏检目标，黄色矩形框代表虚假目标。

图 5-12　GF-3 图像海面场景舰船目标检测结果

（c）检测场景3（成像模式为SL，图像分辨率为1 m，极化方式为HH）

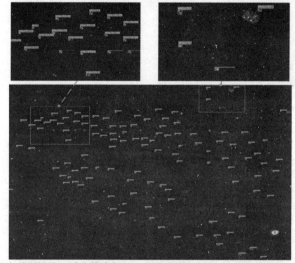

（d）检测场景4（成像模式为FSII，图像分辨率为10 m，极化方式为VV）

（e）检测场景5（成像模式为SL，图像分辨率为1 m，极化方式为HH）

注：蓝色矩形框代表检测结果，红色矩形框代表漏检目标，黄色矩形框代表虚假目标。

图 5-12　GF-3 图像海面场景舰船目标检测结果（续）

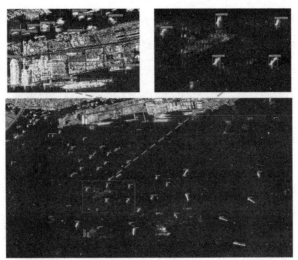

（f）检测场景6（成像模式为UFS，图像分辨率为3 m，极化方式为VH）

注：蓝色矩形框代表检测结果，红色矩形框代表漏检目标，黄色矩形框代表虚假目标。

图 5-12　GF-3 图像海面场景舰船目标检测结果（续）

5.2.2　基于特征共享的光学卫星遥感图像舰船目标一体化检测与识别

实际应用（如预警探测、敌我识别等）中，需要同时快速获取舰船的位置与精确类别信息，即实现检测与识别同步[21-22]。在遥感图像的人工判读中，判读员对目标的检测和识别都是一步完成的，在定位目标后，随即对目标进行进一步的观察，并根据经验给出目标的具体类别。但目前的算法研究工作往往侧重于其中的某个环节，检测和识别任务采用不同的模型进行解决。例如美国 MIT Lincoln 实验室提出了 SAR 图像目标自动识别（Automatic Target Recognition, ATR）标准流程，包括检测、鉴别、识别 3 个阶段[23]，检测提取目标候选区域，鉴别区分目标与背景，识别对目标类型进行区分。但是在视觉任务中，目标检测和识别本身具有相通之处，存在可共享特征[24-25]，如果将目标任务分解为检测、识别两个步骤，不仅增加了中间过程，降低了运算效率，还"浪费"了这部分本可共享的特征。因此，研究遥感图像舰船目标一体化检测与识别模型很有必要。

常规通用目标检测模型包括 Faster R-CNN、SSD、YOLO 等，其在对目标定位的同时都具备一定的目标识别能力，但是这类模型要区分的目标类间距离很大，如典型的自然场景图像目标检测数据集 Pascal VOC[26]、COCO[27]中的自行车、船、狗等目标，识别任务难度相对较低。但以上检测架构不能很好地对检测出的目标进行精细类别识别。Horn 等[28]构建了一个自然界物种检测与细粒度识别数据集，并利用该数据集对 Faster R-CNN 模型进行检测实验。Horn 等将数据集中目标检测与识别分为 3 个级别：元类别检测（检测有无目标）、常规检测（检测九大类别目标）以及检测并细粒度识别（检测并识别 2854 个类别），利用这三级标签来训练 Faster R-CNN 模型。结果表明，使用元类别标签训练模型并进行元类别检测，取得了最高的检测精度；使用细粒度标签训练模型并进行细粒度检测，取得的检测精度最差；而使用细粒度标签训练的检测模型进行目标元类别检测，检测精度也比元类别标签训练的模型差。该实验表明，Faster R-CNN 模型不适合目标一体化检测与细粒度识别的任务。Dalal 等[29]提出了细粒度检测（Fine-Grained Detection）的概念，即在目标定位的基础上继续对目标进行细粒度识别，还提出利用迁移学习和数据增强的策略改进常规检测模型，利用鸟类细粒度识别数据集 CUB-200[30]进行实验，模型检测结果较常规模型略有提高，但是没有从根本上解决细粒度检测问题。对于遥感图像舰船目标一体化检测与识别的任务，相关工作主要有 Liu 等[31]构建的 HRSC2016 数据集以及基于 HRSC2016 提出的三级目标检测与识别任务。Liu 等设计了基于 Fast R-CNN 的基准方法 BL1、BL2，在 HRSC2016 数据集中对第一到第三级任务进行测试，发现随着舰船分类粒度的精细化，基准模型的检测精度逐渐下降。

5.2.2.1　模型整体框架

本节模型框架如图 5-13 所示。其中，由于 ResNet50 有着强大的特征表征能力，模型以 ResNet50 为骨干网络进行特征提取。

在架构设计上，借鉴了 Faster R-CNN 模型的双阶段检测结构，但与 Faster R-CNN 的区别包括以下 3 点。

（1）在 Faster R-CNN 模型中，使用 RPN 获取目标候选区域，然后利用 Fast R-CNN 检测结构进行进一步回归和候选框识别。而在本节所提模型中，整体网络分为两个分支：一个为包含 RPN 的检测分支，主要负责提取目标的候选区域，并初步判断区域内有无目标；另一分支主要负责对候选区域进行精细识别，不再进行位置的回归。两个分支的预测内容联合起来作为模型最终的输出。这样做的目的是，让检测分支更"专注"于检测，识别分支更"专注"于识别，从而提升各自任务的精度。

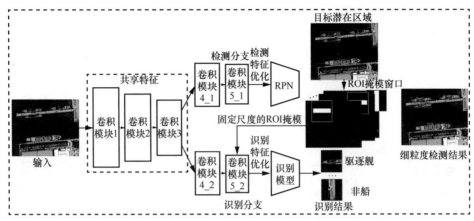

注：以 ResNet50 作为特征提取网络进行说明，其中每个长方形代表 ResNet50 中的一个卷积模块

图 5-13　本节模型框架

（2）在 Fast R-CNN 结构中，RPN 和 Fast R-CNN 检测模块使用的特征几乎全部共享，而在本节所提模型中，考虑检测任务和识别任务的区别，只共享部分中低层特征，高层特征根据各任务特点分别进行优化提取。特征共享考虑的是检测和识别任务的共性，而特征分离则考虑两类任务各自的特点，这样设计的目的是在保证特征共享、节省算力的前提下，也考虑任务特性，取得运算量与运算精度的平衡。其中，特征分离的位置将在实验中进行验证。

（3）本节所提模型中，使用固定尺度的 ROI 掩膜操作取代了经典的 ROI 池化操作进行候选区域的特征提取，尽量保证候选区域特征的完整性和不变性，并通过特征优化策略对检测、识别特征进行增强。

5.2.2.2　固定尺度的 ROI 掩膜

RPN 输出的目标候选区域有着不同的形状和尺度，将目标候选区域特征输入 Fast R-CNN 检测分支或识别分支时，由于全连接层的存在，需要将输入特征固定为统一尺寸。ROI 池化[32]、ROI 对齐（ROI-Align）操作[33]就是用于解决这一问题的。ROI 池化和 ROI 对齐的原理和步骤如图 5-14 所示，其中以生成 3×3 大小的特征为例进行说明。ROI 池化首先将候选区域分成 3×3 的子区域，对每个子区域进行最大池化或者平均池化操作，即可得到 3×3 大小的特征图。但是目标候选区域可能不能进行三等分，ROI 池化对此进行了取整操作，导致将特征图映射回原图时，ROI 区域会有误差（Misalignment）。针对这一问题，引入了 ROI 对齐操作，将目标候选区域平均分为 3×3 的子区域，不再取整，保持边界的浮点数，然后利用插值法计算子区域中心的值（相当于平均池化），或利用插值法计算子区域固定位置的值并进行最大池化操作，得到候选区域的特征。

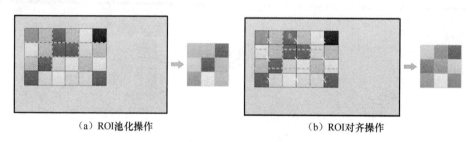

（a）ROI池化操作　　　　　　　　　　　（b）ROI对齐操作

图 5-14　ROI 池化和 ROI 对齐的原理和步骤

以上方法虽然能够获取固定尺度的目标候选区域特征，但是使用这两种操作来获取的目标区域特征不能反映目标候选区域的形状等特性。因此，本节提出 ROI 掩膜操作来解决这一问题。首先，设置大小为 $k×k$ 的掩膜窗口，其中 k 的值一般设置为大于目标尺度，且小于原图像的长边长度。将掩膜中心与候选区域中心重合，掩膜窗口中，候选区域对应的掩膜像素值设为 1，其余区域像素值设为 0。然后将掩膜窗口与对应位置的特征图进行逐元素相乘，得到的 $k×k$ 大小的特征图即目标候选区域特征。实施过程，即固定尺度 ROI 掩膜示意图如图 5-15 所示。对于某些候选区域，若其边长大于设定的掩膜窗口尺度 k，则先将掩膜窗口边长设置为候选区域的长边长度，用同样的方法提取候选区域特征后，再将特征空间维度调整为 $k×k$。

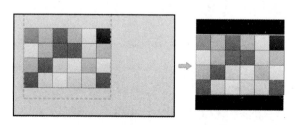

图 5-15　固定尺度 ROI 掩膜示意图

5.2.2.3 检测与识别特征优化

优化增强的 CNN 特征能够有效提升检测、识别任务的精度，本节将第 5.2.1 节提出的注意力机制以及第 2.3.1 节提出的多级局部特征增强模型分别用于检测分支和识别分支的特征优化表征，检测与识别分支特征优化流程如图 5-16 所示，其中 H、W、C 分别表示图像高、宽、通道数。

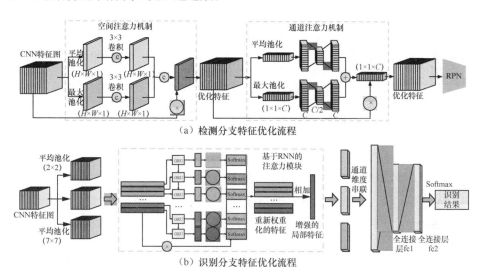

（a）检测分支特征优化流程

（b）识别分支特征优化流程

图 5-16 检测与识别分支特征优化流程

检测分支的损失函数与 RPN 损失函数一样，被定义为判断检测框是否为目标的二分类逻辑回归损失与位置回归损失之和，识别分支的损失函数为交叉熵损失，计算式如下。

$$L_{det}\left(\{p_i\},\{t_i\}\right) = \frac{1}{N_{ide}}\sum_i L_{ide}\left(p_i, p_i^*\right) + \lambda_{det}\frac{1}{N_{reg}}\sum_i p_i^* L_{reg}\left(t_i, t_i^*\right) \quad （5-14）$$

$$L_{cls}\left(q_i, q_i^*\right) = -\frac{1}{N_{cls}}\sum_i q_i^* \log q_i \quad （5-15）$$

其中，p_i 为检测分支对某区域是否为目标的预测，p_i^* 为真值，t_i 为位置预测，t_i^* 为对应真值，q_i、q_i^* 分别为识别分支的类别预测结果与对应的真值。

5.2.2.4　训练与测试

当检测数据集规模较小，不能从头训练整个模型时，可以采用其他数据集上的预训练模型对网络进行初始化，并在训练中对网络参数进行微调。训练时，采用两轮交替训练的思路，由于准确的目标检测是正确识别的基础，因此先训练检测分支，本节将整个网络分为共享特征、检测分支、识别分支 3 个部分。训练步骤如下。

步骤 1：固定识别分支参数，按照 RPN 的训练方法，对检测分支包括共享特征部分进行训练并更新该部分网络参数。

步骤 2：固定检测分支参数，利用检测分支输出的固定数量的候选区域作为训练样本，对识别分支（包括共享特征部分）进行训练，并更新该部分的网络参数。

步骤 3：固定特征共享、识别分支参数，再次训练检测分支、对检测分支参数进行微调训练，并更新该部分的网络参数。

步骤 4：固定特征共享、检测分支参数，再次训练识别分支，对识别分支参数进行微调训练，并更新该部分的网络参数，完成模型训练。

检测分支输出的潜在目标样本可能存在大量的负样本。为解决这一问题，借鉴 SSD 模型中难例挖掘的思想来控制正负样本比例。根据候选框的目标置信度得分来降序排列，选择得分较高的若干负样本参与识别分支的训练，保证训练识别分支的正负样本比例为 1:3。

模型可完成端到端测试，即在模型中输入图像，经过检测分支得到目标位置信息，目标候选框的特征进入识别分支获取类别信息，检测结果与识别结果合并，舍弃识别为非目标的检测框，并对同类目标检测框进行非极大值抑制处理，合并可能存在的重复检测。最终输出的是舰船目标一体化检测与识别结果。

此外，本节所提的舰船目标一体化检测与识别模型的主要思想是通过部分共享特征，将检测任务与识别任务整合到一个模型中，这种思路也可以与其他检测模型相结合，在检测模型的基础上添加识别分支，提高模型的识别精度，而目标候选区域特征提取、模型的训练与测试均可采用以上策略。

5.2.2.5　实验与结果分析

本节通过实验验证所提模型的有效性。实验在调整过的 HRSC2016 数据集上进行：首先对数据集及评价指标进行介绍；然后验证 Faster R-CNN 模型、所提模型的检测结果，并将所提模型与其他相关算法进行对比；最后分析模型检测结果。

（1）数据集与评价指标

① 实验数据集

本节实验在调整过的 HRSC2016 数据集中展开。HRSC2016 数据集全称为 High Resolution Ship Collection，是由中国科学院自动化研究所在 2016 年发布的高分辨率光学卫星图像的舰船目标检测与识别数据集。该数据集中的图像均来自谷歌地球影像，共包含 1061 张图片，空间分辨率优于 2 m，图像大小为 300 像素×300 像素～1500 像素×900 像素。本节将舰船目标检测与识别任务分为 3 级，第一级为传统的舰船检测，即将舰船作为一个类别从背景中提取出来；第二级任务将舰船分为航母、军舰、民船、潜艇四大类，为舰船粗粒度检测；第三级任务将舰船类型识别为更细致的类别，如驱逐舰、巡洋舰、护卫舰等。对舰船目标的位置标注，本节同时采用了 HBB、OBB 标注法，还给出测试集图像的舰船分割掩膜。因此，HRSC2016 可以同时完成多项任务，包括舰船目标检测，粗、细粒度识别以及目标分割等。HRSC2016 数据集部分样例如图 5-17 所示。

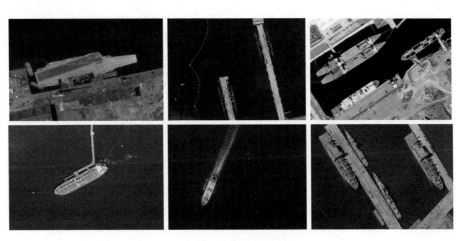

图 5-17　HRSC2016 数据集部分样例

但是，该数据集仍然存在严重的样本不均衡问题，有些类别的舰船样本数量太少，如指挥舰等 7 个类别的样本数量少于 10 张，难以充分训练相关模型。因此对数据集进行调整。首先对数据集进行筛选，加入额外的谷歌地球标注图像，然后将样本数量较多（超过 100 个实例）的 8 个类别挑选出来，分别为：航母（156 个实例）、驱逐舰（430 个实例）、护卫舰（265 个实例）、巡洋舰（270 个实例）、两栖攻击舰（149 个实例）、潜艇（152 个实例）、货船（341 个实例）、气垫船（108 个实例），共计 851 张图像，8 个类别之外的舰船实例标注为"其他"类。利用以上类别的图像进行目标一体化检测与识别实验。按照 1:3 左右的比例随机将图像分为测试集（215 张图像）与训练集（636 张图像），利用训练集训练模型并在测试集上进行测试。此外，还将以上 8 个细粒度类别再分成军舰（包括航母、驱逐舰、护卫舰、巡洋舰、两栖攻击舰与潜艇）、民船（包括货船、气垫船）两大类粗粒度类别，进行了多级检测任务验证。

② 评价指标与实验平台

对一体化检测与识别模型效果的评价主要采用两个指标，即各个舰船类别的平均准确率（AP）与所有类别的平均准确率——均值平均精度（Mean Average Precision，mAP）。mAP 对各个类别的 AP 做了平均操作，反映的是模型整体检测性能。此外，还设置得分阈值为 0.2，统计该阈值下的召回率与准确率作为模型的辅助评价指标。

本节实验计算机配置为 8 块 i7-6970K 型号 CPU、1 块 NVIDIA RTX 2080Ti 型号 GPU，采用 Python 编程语言，并使用 PyTorch 深度学习框架编写实验代码。

（2）Faster R-CNN 模型三级舰船检测任务结果

本节主要使用 Faster R-CNN 模型对三级舰船检测任务进行测试，并作为基准模型。其中，以 ResNet50 作为特征提取网络进行特征提取。Faster R-CNN 各级检测任务的结果如表 5-9 所示。

从表 5-9 可以看出，Faster R-CNN 在一级检测任务中有着较高的检测精度，mAP 值为 89.21%。在二级检测任务中，mAP 有所下降，为 81.03%。在三级检测任务中，mAP 仅为 58.13%，下降非常明显。各类舰船目标的召回率相对较高，但对应的准确率都非常低。为了进一步探究 Faster R-CNN 模型在第三级细粒度检测任务中表现不佳的原因，将检测结果可视化，部分检测结果样例如图 5-18 所示。

表 5-9　Faster R-CNN 各级检测任务的结果

任务级别	舰船类型	准确率	召回率	AP	mAP
一级检测	—	62.89%	94.75%	89.21%	89.21%
二级检测	军舰	43.63%	86.36%	74.23%	81.03%
	民船	64.21%	96.2%	89.49%	
三级检测	航母	16.27%	90.00%	83.2%	58.13%
	驱逐舰	33.12%	77.44%	58.3%	
	护卫舰	22.83%	67.44%	58.5%	
	巡洋舰	35.15%	84.00%	73.8%	
	两栖攻击舰	30.77%	96.00%	88.1%	
	潜艇	6.62%	40.0%	29.1%	
	货船	23.98%	85.51%	71.9%	
	气垫船	10.53%	15.38%	7.4%	
	其他	26.60%	72.64%	53.1%	

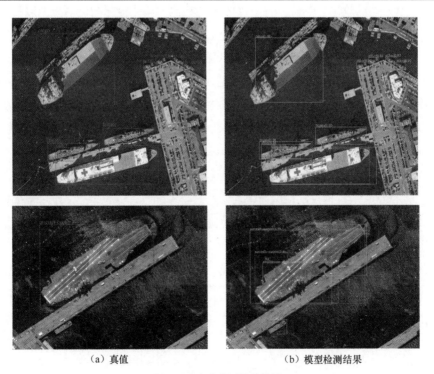

（a）真值　　　　　　　　　　　　　（b）模型检测结果

图 5-18　部分检测结果样例

由图 5-18 可见，分类精度差是导致模型最终精度降低的主要原因。模型对各类舰船目标的定位精度相对较高，但是对目标的分类效果较差，第一行中气垫船被识别为其他类，而对同一个护卫舰目标，某些检测框也被识别为其他类；第二行中除了对同一个航母目标的重复检测，还将航母的局部识别为两栖攻击舰。由于 NMS 算法只处理同一个类别目标的检测框，因此无法合并同一目标但识别为不同类别的检测框。此外，气垫船这一类别的召回率、准确率都特别低，AP 值也远低于其他类别，从检测结果可以发现，大量气垫船被识别为其他类，这可能与气垫船样本数量少有关。通过以上分析，可以得出结论，提高模型的分类能力是提升检测模型最终精度的关键。

（3）模型简化测试

本节主要对所提模型的效果进行验证，首先，采用模型简化测试思想对模型效果进行验证，主要验证检测与识别的最佳特征共享位置以及所提的固定尺度 ROI 掩膜方法的效果。然后，将所提模型与其他一体化检测与识别模型以及目标检测模型进行对比。

① 共享特征对一体化检测与识别结果的影响

本组实验测试不同程度的特征共享对一体化检测与识别结果的影响，从而确定所提模型在 HRSC2016 数据集中的最佳特征分离位置。采用本节提出的固定尺度 ROI 掩膜方式来提取目标候选区域特征，其中，ROI 掩膜尺度设为 10 像素×10 像素。模型采用 ResNet50 作为特征提取网络。ResNet50 共有 5 个卷积模块，分别命名为 Conv1～Conv5，经典的 Faster R-CNN 模型中检测与识别分支共享 Conv5 模块输出的特征。依次让所提模型的检测与识别分支共享 Conv1、Conv2、Conv3、Conv4、Conv5 模块输出的特征，利用第 5.2.2.3 节提到的特征优化方法分别对检测与识别特征进行优化，并按照第 5.2.2.4 节中的两轮交替训练方法训练模型，不同卷积模块特征共享下的模型检测结果如表 5-10 所示。

表 5-10　不同卷积模块特征共享下的模型检测结果

卷积模块	舰船类型	准确率	召回率	AP	mAP
Conv1	航母	44.83%	86.67%	81.22%	80.19%
	驱逐舰	51.60%	96.99%	85.36%	

续表

卷积模块	舰船类型	准确率	召回率	AP	mAP
Conv1	护卫舰	56.08%	96.51%	86.53%	80.19%
	巡洋舰	67.57%	97.00%	88.26%	
	两栖攻击舰	49.02%	96.00%	93.18%	
	潜艇	55.56%	80.00%	66.49%	
	货船	68.42%	94.20%	78.58%	
	气垫船	51.74%	76.92%	67.42%	
	其他	66.55%	90.09%	74.68%	
Conv2	航母	55.36%	86.67%	83.16%	81.65%
	驱逐舰	53.85%	97.74%	85.32%	
	护卫舰	60.15%	93.02%	85.41%	
	巡洋舰	62.98%	97.00%	88.26%	
	两栖攻击舰	57.02%	100.00%	94.06%	
	潜艇	61.28%	84.00%	68.53%	
	货船	49.75%	95.65%	79.86%	
	气垫船	42.39%	82.05%	69.58%	
	其他	68.96%	94.34%	78.17%	
Conv3	航母	56.31%	93.33%	83.58%	82.06%
	驱逐舰	59.67%	98.50%	86.21%	
	护卫舰	57.25%	95.35%	86.97%	
	巡洋舰	67.29%	98.00%	88.86%	
	两栖攻击舰	47.61%	98.00%	93.75%	
	潜艇	45.82%	88.00%	71.85%	
	货船	50.15%	95.65%	80.21%	
	气垫船	66.28%	84.62%	69.35%	
	其他	69.38%	93.40%	77.72%	

续表

卷积模块	舰船类型	准确率	召回率	AP	mAP
Conv4	航母	40.91%	90.00%	82.31%	80.51%
	驱逐舰	61.61%	97.74%	86.66%	
	护卫舰	52.21%	96.51%	86.26%	
	巡洋舰	64.29%	99.00%	89.91%	
	两栖攻击舰	49.10%	100.00%	94.23%	
	潜艇	41.18%	84.00%	61.21%	
	货船	46.43%	94.20%	79.30%	
	气垫船	65.96%	79.49%	67.42%	
	其他	64.14%	91.98%	77.76%	
Conv5	航母	42.15%	93.33%	80.53%	78.54%
	驱逐舰	59.62%	98.50%	84.22%	
	护卫舰	50.81%	97.67%	86.91%	
	巡洋舰	66.16%	97.00%	88.03%	
	两栖攻击舰	45.26%	96.00%	91.58%	
	潜艇	52.71%	88.00%	64.39%	
	货船	45.26%	92.75%	73.62%	
	气垫船	61.08%	89.74%	65.19%	
	其他	65.82%	92.92%	72.83%	

在 ResNet50 中，Conv1 仅包含一个卷积层，此时可以认为检测与识别分支几乎没有特征共享，检测与识别分支几乎相互独立地进行训练。随着共享特征层数的加深，特征共享程度逐渐提高。Conv5 模块特征共享模型与 Faster R-CNN 模型类似，只是所提模型中对检测和识别特征进行了优化，并利用了本节所提的特征提取方式对目标候选区域进行了特征提取。本组实验所用的训练样本较少，通过检测损失和识别损失共同训练特征共享部分的网络，能够使网络受到更多的约束从而得到更充分的训练；但是检测任务和识别任务各有特点，独立训练有利于提高各自任务的精度。从实验结果中可以看出，对 HRSC2016 数据集来说，Conv3 模块的特征共享实现了"共享"与"独立"的平衡，取得了最高的 mAP。因此，在后续实验中，均采用 Conv3 模块输出的特征作为检测与识别分支使用的共享特征。此外，Conv5 模块特征共享模型与上述 Faster R-CNN 模型相比，检测精度也大大提高，说明了所提的特征优化方法的有效性。

② ROI 掩膜效果验证

本组实验中，以 Conv3 模块输出特征作为检测与识别分支的共享特征，分别利用 ROI 池化、ROI 对齐以及本节提出的 ROI 掩膜方法对目标候选区域进行特征提取，其中，采用 Faster R-CNN 模型的设置，ROI 池化与 ROI 对齐均将候选区域特征大小统一为 7 像素×7 像素，而对于 ROI 掩膜方法，由于 HRSC2016 数据集中绝大多数舰船目标的大小小于 300 像素×300 像素，因此，这里将特征图候选区域掩膜尺度设定为 10 像素×10 像素（对应原图的 320 像素×320 像素区域）。不同特征提取方法下的模型检测结果如表 5-11 所示。

表 5-11　不同特征提取方法下的模型检测结果

特征提取方法	舰船类型	准确率	召回率	AP	mAP
ROI 池化	航母	52.94%	90.00%	86.31%	80.52%
	驱逐舰	36.21%	94.74%	82.62%	
	护卫舰	30.92%	94.18%	68.86%	
	巡洋舰	47.28%	94.00%	76.51%	
	两栖攻击舰	50.52%	98.00%	89.82%	
	潜艇	40.38%	84.00%	69.91%	
	货船	49.18%	86.96%	77.17%	
	气垫船	49.15%	74.36%	65.91%	
	其他	57.16%	84.91%	71.49%	
ROI 对齐	航母	45.90%	93.33%	90.35%	81.29%
	驱逐舰	56.39%	96.24%	88.41%	
	护卫舰	55.86%	94.18%	85.49%	
	巡洋舰	47.57%	98.00%	90.28%	
	两栖攻击舰	60.00%	96.00%	90.91%	
	潜艇	36.73%	72.00%	62.96%	
	货船	53.91%	89.86%	79.77%	
	气垫船	77.78%	71.79%	70.82%	
	其他	46.12%	86.79%	74.41%	
ROI 掩膜	航母	56.31%	93.33%	83.58%	82.06%
	驱逐舰	59.67%	98.50%	86.21%	

续表

特征提取方法	舰船类型	准确率	召回率	AP	mAP
ROI 掩膜	护卫舰	57.25%	95.35%	86.97%	82.06%
	巡洋舰	67.29%	98.00%	88.86%	
	两栖攻击舰	47.61%	98.00%	93.75%	
	潜艇	45.82%	88.00%	71.85%	
	货船	50.15%	95.65%	80.21%	
	气垫船	66.28%	84.62%	69.35%	
	其他	69.38%	93.40%	77.72%	

与 ROI 池化以及 ROI 对齐这两种候选区域特征提取方法相比，本节提出的 ROI 掩膜方法能够更好地保留候选区域的特征，在目标检测定位精度基本相同的情况下，提高了分类的准确率，从而提升了模型的整体精度。但是，由于掩膜尺寸设定通常大于 ROI 池化、ROI 对齐所得的特征尺寸，因此 ROI 掩膜方法的计算复杂度也高于以上两种方法。

（4）与其他相关模型的对比

本节将所提模型与其他检测模型进行效果对比。由于严格意义上的目标一体化检测与识别研究相对较少，除了 Liu 等[31]提出的基于 Fast R-CNN 架构的基准模型 BL1、BL2 以及基准模型 Faster R-CNN，还测试了检测任务中精度较高的级联检测模型 Cascade R-CNN[34]在舰船目标一体化检测与识别任务中的表现。其中，BL1、BL2 模型是在 Fast R-CNN 架构的基础上改进的，在此引用了模型原文在 HRSC2016 数据集中对应类别的检测结果，其余模型都是经过调参后取最佳检测结果。不同模型下的检测结果如表 5-12 所示。

表 5-12 不同模型下的检测结果

检测模型	舰船类型	准确率	召回率	AP	mAP
BL1	航母	—	—	84.40%	60.80%
	驱逐舰	—	—	77.80%	
	护卫舰	—	—	63.20%	
	巡洋舰	—	—	74.60%	
	两栖攻击舰	—	—	77.10%	

续表

检测模型	舰船类型	准确率	召回率	AP	mAP
BL1	潜艇	—	—	56.90%	60.80%
	货船	—	—	63.20%	
	气垫船	—	—	—	
	其他	—	—	—	
BL2	航母	—	—	41.20%	45.20%
	驱逐舰	—	—	71.00%	
	护卫舰	—	—	43.90%	
	巡洋舰	—	—	57.40%	
	两栖攻击舰	—	—	50.90%	
	潜艇	—	—	43.20%	
	货船	—	—	49.60%	
	气垫船	—	—	—	
	其他	—	—	—	
Faster R-CNN	航母	16.27%	90.00%	83.2%	58.13%
	驱逐舰	33.12%	77.44%	58.3%	
	护卫舰	22.83%	67.44%	58.5%	
	巡洋舰	35.15%	84.00%	73.8%	
	两栖攻击舰	30.77%	96.00%	88.1%	
	潜艇	6.62%	40.00%	29.1%	
	货船	23.98%	85.51%	71.9%	
	气垫船	10.53%	15.38%	7.4%	
	其他	26.60%	72.64%	53.1%	
Cascade R-CNN	航母	47.54%	93.33%	86.36%	63.19%
	驱逐舰	44.49%	75.94%	58.96%	
	护卫舰	38.62%	65.12%	53.71%	
	巡洋舰	43.37%	85.00%	73.94%	
	两栖攻击舰	57.50%	92.00%	89.18%	
	潜艇	16.13%	40.00%	38.21%	
	货船	49.57%	82.61%	73.86%	
	气垫船	44.44%	41.03%	45.68%	
	其他	36.85%	69.34%	48.88%	

续表

检测模型	舰船类型	准确率	召回率	AP	mAP
所提模型	航母	56.31%	93.33%	83.58%	82.06%
	驱逐舰	59.67%	98.50%	86.21%	
	护卫舰	57.25%	95.35%	86.97%	
	巡洋舰	67.29%	98.00%	88.86%	
	两栖攻击舰	47.61%	98.00%	93.75%	
	潜艇	45.82%	88.00%	71.85%	
	货船	50.15%	95.65%	80.21%	
	气垫船	66.28%	84.62%	69.35%	
	其他	69.38%	93.40%	77.72%	

从以上结果可以看出，Cascade R-CNN 模型取得了比 Faster R-CNN 模型更好的检测结果。与以上检测模型相比，所提模型在舰船目标一体化检测与识别任务中有着明显的优势，不仅优于 BL1、BL2，也优于 Cascade R-CNN。端到端的检测与识别过程、较高的检测与识别精度都反映所提模型的实用性与有效性。

（5）检测结果

部分舰船检测结果样例如图 5-19 所示。

图 5-19　部分舰船检测结果样例

从以上结果可以看出，所提模型取得了较好的检测结果。对各类目标定位准确，并且分类精度较 Faster R-CNN 模型有了很大的提高。对于类间距离小的不同舰船，如巡洋舰、驱逐舰、护卫舰，本节模型均有较高的识别精度；对于部分类内距离较大的舰船，如外形很不相同的货船，模型也都给出了正确的分类结果；而样本数量较少导致在 Faster R-CNN 模型中分类准确率较低的气垫船，所提模型也有着较高的识别准确率。

但模型也存在检测失败样例，部分检测失败样例如图 5-20 所示。图 5-20 中第一列反映模型存在目标漏检，这由两种原因造成，一是检测分支没能正确检测到该目标，二是识别分支将该目标候选区判断为非目标。但是模型整体召回率相对较高，这种失败样例整体较少。第二列反映模型存在一定的误检，将栈桥的部分区域识别为两栖攻击舰。栈桥的形状与两栖攻击舰确实有相似之处，但目标得分概率相对较低，这种失败样例整体也较少。第三列反映出模型可能在同一目标位置检测出多个候选框，但识别分支分别将多个候选区域识别为不同类别，无法在后续的非极大值抑制操作中对重复检测的边界框进行合并，从而导致检测失败。这类情况广泛存在于 Faster R-CNN 模型中，是一体化检测与识别任务中的一种较为典型的问题。所提模型的这类失败情况较 Faster R-CNN 已大大减少。对检测、识别分支进行进一步的特征优化、提高各自任务的精度是解决该问题的关键。

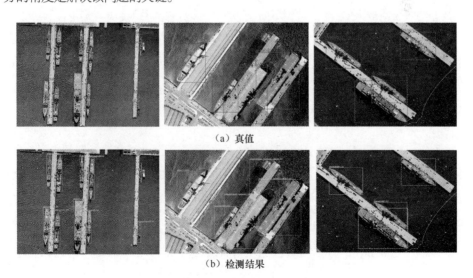

（a）真值

（b）检测结果

图 5-20　部分检测失败样例

5.3　遥感卫星多源数据在轨智能关联与跟踪

　　高分辨率地球同步轨道凝视成像卫星、低轨天基监视雷达卫星等新型遥感卫星以及低轨巨型遥感卫星星群，能够获取海上舰船目标的高帧频的点迹数据，多星协同探测数据的在轨关联与跟踪处理能够实现海上舰船目标的实时跟踪和态势预测。但传统的基于数学方程的目标关联跟踪方法针对的是稠密均匀、同类型、同结构、同质量的观测数据，并且需要提前估计设置运动状态方程中的参数，不适合在轨目标的关联跟踪处理。本节探讨了基于机器学习的遥感卫星舰船目标智能关联与跟踪方法，从而实现异类、异质、异构的多源卫星数据的在轨融合。

5.3.1　基于混合驱动的遥感卫星舰船目标在轨智能跟踪

　　随着环境和目标种类日益复杂多样，通过数学模型来显式地表达或者概括环境噪声、非线性、运动模型等越发困难。数据驱动的神经网络具有空间维度高、表达能力强的优点，可对非线性[35-37]、非高斯[38-39]等各种目标复杂运动情况进行学习，同时支持联合或嵌入数据互联[40-41]航迹管理等其他目标跟踪模块，实用性强、发展前景好。本节以深度网络作为数据驱动，对以数据驱动为主导的混合驱动目标跟踪方法开展研究，提出了一种基于随机微分方程的混合驱动目标跟踪算法，用以解决卫星非均匀稀疏观测条件下的海上舰船目标跟踪方法。

5.3.1.1　目标运动的随机微分方程

　　虽然目标量测信息通常是离散时间的，但是目标的运动是在连续时间上进行的，即目标的状态是连续的。而目标是现实世界中的物理实体，物理学通常将目标运动建模为随机微分方程（Stochastic Differential Equation, SDE）。对于目标的运动，常用朗之万方程（Langevin Equation）建模目标运动[42]：

$$\frac{\mathrm{d}\boldsymbol{x}(t)}{\mathrm{d}t} = \underbrace{\tilde{\boldsymbol{a}}\big(\boldsymbol{x}(t),t\big)}_{\text{动力学部分}} + \underbrace{\boldsymbol{D}\big(\boldsymbol{x}(t),t\big)\frac{\mathrm{d}\boldsymbol{\beta}(t)}{\mathrm{d}t}}_{\text{噪声与漂移}} \tag{5-16}$$

其中，$\tilde{a}\big(x(t),t\big) \in \mathbb{R}^n$ 表示目标的动力学模型，表示目标在无噪声和其他干扰条件下的真实状态变化趋势；$\mathrm{d}\boldsymbol{\beta}(t)$ 表示噪声或者干扰；$\boldsymbol{D}\big(x(t),t\big) \in \mathbb{R}^{m \times n}$ 是扩散矩阵，将 $\mathrm{d}\boldsymbol{\beta}(t)$ 以某种方式作用于目标状态或者目标的运动之上。$\boldsymbol{D}$ 可以与目标状态有关（乘性噪声），也可以与目标状态无关（加性噪声）。

然后，对式（5-16）积分可以得到目标在现实世界中的真实状态。

$$x(t_1) = x(t_0) + \int_{t_0}^{t_1} \tilde{a}\big(x(t),t\big)\mathrm{d}t + \int_{t_0}^{t_1} \boldsymbol{D}\big(x(t),t\big)\mathrm{d}\boldsymbol{\beta}(t) \tag{5-17}$$

在模型驱动的目标跟踪算法中，通常使用一个或多个数学模型 $\tilde{a}^m$ 来建模 $\tilde{a}$。但对目标跟踪来说，通常缺乏准确的目标动态的先验知识（如运动模型和切换时间等）。在复杂的机动目标跟踪情况下，$\tilde{a}$ 和 $\mathrm{d}\boldsymbol{\beta}(t)$ 很难用明确的数学形式进行描述或近似，在这种情况下，$\tilde{a}^m$ 是不准确的，这会导致模型驱动算法的跟踪精度下降。

在实际跟踪过程中，模型驱动的目标跟踪算法所选择的目标运动模型整体上是正确的，但由于需要积累量测信息进行模型判断，不同运动模型切换时存在时延，进而会导致目标状态估计存在误差。假设目标在 t_0 时的动力学模型为 $\mathcal{M}_1$，以及目标的动力学模型在 t_1 时切换为 $\mathcal{M}_2$。令 f 为滤波器或者状态估计函数，则模型切换造成的状态估计误差 $e_{t_1 \sim t_1 + t_d}$ 为：

$$e_{t_1 \sim t_1 + t_d} = \int_{t_1}^{t_1 + t_d} \big(f(\mathcal{M}_1, t) - f(\mathcal{M}_2, t)\big)\mathrm{d}t \tag{5-18}$$

在目标的运动过程中可能需要额外的手动控制输入 $\mathrm{d}u(t)$，以应对意外情况或进行姿态调整，即机动调节。此时，$\boldsymbol{D}\big(x(t),t\big)\mathrm{d}\boldsymbol{\beta}(t)$ 在复杂的机动目标环境中是一个由多个因子或者因素组成的复合干扰。为了方便表达，这里使用 $\mathrm{d}\boldsymbol{\zeta}$ 来替换 $\boldsymbol{D}\big(x(t),t\big)\mathrm{d}\boldsymbol{\beta}(t)$。

$$\mathrm{d}\boldsymbol{\zeta}(t) = \boldsymbol{\Psi}\big(\mathrm{d}\boldsymbol{\beta}(t), \mathrm{d}e(t), \mathrm{d}u(t), x(t), t\big) \tag{5-19}$$

其中，$\boldsymbol{\Psi}$ 是一个广义的扩散函数，其将误差 $\mathrm{d}\boldsymbol{\beta}(t)$、机动切换的状态估计误差 $\mathrm{d}e(t)$ 以及手动控制输入综合起来对目标状态产生影响，则：

$$\frac{\mathrm{d}x(t)}{\mathrm{d}t} = \tilde{a}\big(x(t),t\big) + \frac{\mathrm{d}\boldsymbol{\zeta}(t)}{\mathrm{d}t} \tag{5-20}$$

$$x(t_1) = x(t_0) + \int_{t_0}^{t_1} \tilde{a}\big(x(t),t\big)\mathrm{d}t + \int_{t_0}^{t_1} \mathrm{d}\boldsymbol{\zeta}(t) \tag{5-21}$$

需要注意的是，式（5-17）和式（5-21）不同。式（5-17）描述了现实世界中目标的客观运动规律，而式（5-21）代表从跟踪器角度"看到"的目标运动规律。换句话说，$\mathrm{d}\boldsymbol{\zeta}$ 是跟踪算法对运动模型不准确和目标机动过程中模型切换时延产生的峰值误差的补偿。

在实际应用中，由于复杂的跟踪环境和先验信息的缺乏，我们很难知道 $\tilde{\boldsymbol{a}}$ 和 $\mathrm{d}\boldsymbol{\beta}(t)$ 的准确值和具体的数学模型。因此，不能准确给出 $\boldsymbol{\Psi}$ 的具体数学表达式。在这种情况下，经典的模型驱动的机动目标跟踪算法必须在一些假设条件下推导出数学模型。例如，交互式多模型（Interacting Multiple Model, IMM）使用马尔可夫链来描述运动模型的转移规律。

然而，这些假设不仅引入了近似误差，还引入了更多需要先验知识的参数，如模型集和机动频率。在没有先验知识的情况下，这些额外的参数可能会导致相应算法的性能下降，甚至导致跟踪分歧。随着应用场景越来越复杂，目标的机动性越来越强，模型驱动的跟踪算法面临着越来越多的挑战。因此，需要采用其他方式来设置或者参数化目标的运动规律函数。

5.3.1.2　混合驱动的连续时间目标跟踪算法

贝叶斯滤波器的理论严谨，但是其是基于马尔可夫链假设的，即目标在 k 时刻的状态只依赖其 $k-1$ 时刻的状态。

$$p(\boldsymbol{x}_k \mid \boldsymbol{x}_{k-1}) = p(\boldsymbol{x}_k \mid \boldsymbol{x}_{k-1}, \boldsymbol{Z}_{k-1}) \text{ 或 } p(\boldsymbol{x}_k \mid \boldsymbol{x}_{1:k-1}) \tag{5-22}$$

这一假设简化了贝叶斯滤波器的推导和递归过程。这样的模型驱动算法只通过以前的状态估计和当前的测量值来判断机动，在模型惯性的影响下，机动转换较慢，导致峰值误差较大。

事实上，目标的历史轨迹 $\boldsymbol{Z}_{t-1}$ 包含了大量的信息，如目标的运动模式和意图。从人类的经验来看，当目标刚刚进入稳定运动状态时，其机动的概率通常很小，而当目标在一段时间内保持稳定运动状态时，机动的概率较大。但模型驱动的算法并没有很好地利用这些历史信息。相比之下，数据驱动直接根据所有（部分）测量结果推断系统信息或目标状态，可以很好地利用目标的历史信息。

神经网络是一种数据驱动的方法，具有非常强大的非线性拟合能力和建模能力，一个有足够能力的神经网络可以将任何函数近似到任何精度[43]。通过从数据中学

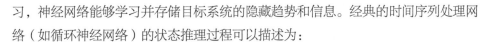

习，神经网络能够学习并存储目标系统的隐藏趋势和信息。经典的时间序列处理网络（如循环神经网络）的状态推理过程可以描述为：

$$h_{k+1} = h_k + f_{ds}(h_k, \theta) \tag{5-23}$$

其中，f_{ds} 表示神经网络，下标 "ds" 代表数据驱动，h 是隐藏状态，θ 表示神经网络从数据中学习到的参数集，即关于目标和系统的浅层和深层信息。其中，浅层信息指的是目标运动模型，而深层信息是模型驱动的数学模型所不能表达的信息，如目标机动的特点、执行任务的意图和 dζ 。

然而，f_{ds} 通常被设计得规模足够大，以确保其强大的泛化能力。因此，庞大的神经网络结构带来了更大的计算资源需求、更大的训练难度和过度拟合。此外，神经网络是一个黑盒系统，只给结果，不给过程，可解释性差，但是在军事和其他需要高可靠性的领域，算法需要有足够的解释力来判断其性能范围和分析错误的原因。

混合驱动结合了模型驱动和数据驱动，具有明显的优势，主要有以下两点。

（1）网络结构的规模缩小，训练效率提高。代表领域知识的模型通过减少需要学习的相关知识量来减小神经网络的规模。此外，目标运动模型为神经网络的梯度下降提供了一个方向。通过约束网络的学习，网络的学习效率得以加快，网络陷入局部最优或过度拟合的可能性得以降低。模型驱动为神经网络提供了一定程度的可解释性。

（2）减少了模型设计和跟踪对先验知识的依赖。神经网络可以从大数据中学习许多无法用模型描述的知识。因此，即使由于缺乏先验知识，模型及其参数不准确，神经网络也可以通过复合扰动或其他方式来补偿系统的偏差。

本节采用混合驱动的方法来构建机动目标跟踪算法。为了更清楚地简化和讨论问题，考虑使用二维直角坐标的目标跟踪问题（很容易将二维跟踪问题扩展到三维）。并设 $x_t = [x_t \quad \dot{x}_t \quad y_t \quad \dot{y}_t]^T$ 为目标在时间 t 上的状态，x_t、y_t、$\dot{x}_t$ 和 $\dot{y}_t$ 分别表示目标在 x 轴和 y 轴上的位置和速度。

目标具有突然的、随机的和不可预测的机动性，目标轨迹的隐藏趋势（加速度/模型）通常是不连续的。所以，其中一个处理未知机动运动的好办法是在轨迹的每个测量或输出时间建立动态方程模型，一个机动目标运动过程示例如图 5-21 所示。

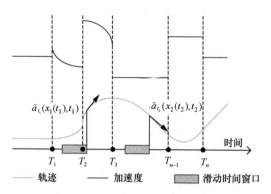

图 5-21　一个机动目标运动过程示例

其中，需要说明的是，图 5-21 中的曲线和标记均为抽象表达，没有严格的数值关系。

虽然机动性是未知的，但图 5-21 显示，目标在机动性或切换模型上花费的时间很少。也就是说，目标的大部分运动时间是在某个模型的稳定运动中，目标状态取决于其过去一段时间的历史轨迹。

使用滑动时间窗口为算法的数据驱动部分提供数据信息。令 l 为滑动时间窗口的宽度，该窗口内的信息由 $l-1$ 步的历史信息和当前时间步的量测组成。因此，采用数据驱动估计目标的朗之万方程。

$$\tilde{\boldsymbol{a}}\big(x(k),k\big)+\frac{\mathrm{d}\boldsymbol{\zeta}(k)}{\mathrm{d}k}=f_{\mathrm{ds}}\big(\boldsymbol{Z}_{k-l+1\sim k},t_{k-l+1\sim k}\big) \tag{5-24}$$

其中，滑动时间窗口的宽度 l 根据目标机动频率设置。目标机动频率越高，l 越小，使得窗口内的信息尽量只包含一种机动模式，从而使算法对机动的感知更为灵敏。数据驱动的过程 f_{ds} 只使用了目标的历史量测信息 $\boldsymbol{Z}_{k-l+1\sim k}$ 作为信息来源，这样能为数据驱动过程提供最原始的目标运动及跟踪环境信息，也避免了依赖上一步状态估计造成的误差累积，使得算法能够更好地应对复杂的机动目标和环境。

大多数的机动过程可视为加速度的变化[44]，因此 $\tilde{\boldsymbol{a}}$ 可以被视为由目标加速度 $\ddot{x}(t)$ 控制的微分函数，表示为：

$$\begin{bmatrix} \dot{x}_t & \ddot{x}_t & \dot{y}_t & \ddot{y}_t \end{bmatrix}^{\mathrm{T}}=\frac{\mathrm{d}\boldsymbol{x}(t)}{\mathrm{d}t}=\tilde{\boldsymbol{a}}\big(x(t),t\big)+\frac{\mathrm{d}\boldsymbol{\zeta}(t)}{\mathrm{d}t} \tag{5-25}$$

$$\ddot{x}(t)=[\ddot{x}_t \quad \ddot{y}_t]^{\mathrm{T}}=\overline{\overline{\boldsymbol{x}}}(t)+\boldsymbol{\varepsilon}(t) \tag{5-26}$$

其中，$\ddot{x}_t$ 和 $\ddot{y}_t$ 是目标在 x 轴和 y 轴的加速度；$\overline{\overline{\boldsymbol{x}}}(t)$ 是目标理想环境中（没有噪声和

干扰）的真实加速度；$\ddot{x}(t)$ 是目标因噪声 $\varepsilon(t)$ 而在实际环境中表现出的加速度。在大多数的目标运动模型中，加速度（函数）$\overline{x}(t)$ 决定了不同加速度之间的本质区别。例如匀速直线运动模型目标的加速度变化规律为一个小的过程噪声；转弯机动目标的加速度由转弯率和目标切向加速度决定。$\dot{x}(t)$ 则控制了目标速度的变化，从而使目标状态随之发生变化。因此，当使用神经网络时，神经网络的数据流经过目标动力学模型时就会受到其模型函数的约束，从而使数据流具有了所使用模型的区别性。

在本节提出的混合驱动的机动目标跟踪算法中，使用神经网络进行数据驱动来估计 $\overline{x}(t)$，神经网络的强大表现力使得大多数的运动模型均能通过 $\overline{x}(t)$ 来表达。估计目标的状态需要得到 3 个成分：SDE 的初值 $x(t_0)$、目标的动力学模型 $\tilde{a}$ 以及复合干扰 $d\zeta(t)$。这里使用神经网络对上述 3 个成分进行估计，进而求解出目标状态。因此，在 k 时刻有：

$$\begin{bmatrix} \hat{x}(k-l+1) & \hat{x}(k) \end{bmatrix} = \text{MLP}_{\text{ini}}(Z_{k-l+1\sim k}) \tag{5-27}$$

$$\hat{\zeta}'(t) = \frac{d\hat{\zeta}(t)}{dt} = \text{MLP}_{\text{cp}}(\hat{x}(t),t) \tag{5-28}$$

$$\tilde{a}(x(t),t) = \frac{dx(t)}{dt} = \Lambda(\hat{x}(t),\hat{\dot{x}}(k)) \tag{5-29}$$

$$\hat{x}^k(t_1) = \hat{x}(t_0) + \int_{t_0}^{t_1} (\tilde{a}(x(t),t) + \hat{\zeta}'(t)) dt = \tag{5-30}$$
$$\text{SDEsolver}(\tilde{a}(x(t),t),\hat{\zeta}'(t),t_0,t_1,\theta), t,t_1,t_2 \in [k-l+1,k+1]$$

其中，MLP_{ini} 和 MLP_{cp} 表示多层感知机（Multilayer Perceptron, MLP）[45]分别估计目标初始（Initial）运动状态以及复合扰动（Composite Perturbation, CP）。换句话说，MLP_{ini} 学习的是目标运动模型的知识，而 MLP_{cp} 学习的是环境以及机动调节的知识。上述 3 个计算式（式（5-28）～式（5-30））是在连续时间层面的，但为了更好地描述，离散时间点 k 也可以使用这 3 个计算式。$\hat{x}^k(k-1)$、$\hat{x}^k(k)$ 以及 $\hat{x}^k(k+1)$ 分别代表目标的一步平滑、滤波和一步预测的状态估计。$\dot{x}_t$ 和 $\dot{y}_t$ 是目标状态估计 $\hat{x}(t)$ 的元素，这里使用线性函数 Λ 来将 $\hat{x}(t)$ 和 $\hat{\dot{x}}(t)$ 整合为 $\tilde{a}$，θ 为所有神经网络的参数集。

在通常的目标跟踪任务中，只需要过滤和估计状态来进行一步预测。因此，滑动时间窗口中轨迹段的起始时间取 t_0，这样通过补偿 $\mathrm{d}\hat{\zeta}(t)$ 的后续时间，可以使滤波和预测状态更加准确。此外，$\mathrm{MLP_{ini}}$ 通过历史量测 $\boldsymbol{Z}_{k-l+1\sim k}$ 驱动输出初始目标状态和机动参数，因此，将 $\hat{\boldsymbol{x}}(t)$ 作为时间窗口中目标的基本机动参数（仅做小幅调整）。注意，滑动时间窗口在某些时刻可以包含两种运动模型，使用一个三阶多项式拟合器来拟合时间窗口内的曲线。混合驱动的连续时间滤波器（Hybrid-Driven Continuous-Time Filter, HD-CTF）用于机动目标跟踪算法的结构如图 5-22 所示。

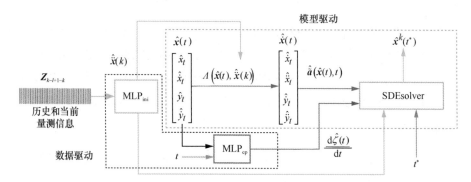

图 5-22　混合驱动的连续时间滤波器用于机动目标跟踪算法的结构

图 5-22 中浅灰色虚线框表示 HD-CTF 的模型驱动部分，黑色虚线框表示 HD-CTF 的数据驱动部分。t^* 为离散时间，$t^* \in [k-l+1, k+1]$。

接下来对 SDE 进行求解。由于传感器只能获得离散的采样量测，大多数目标跟踪算法都采用一定的采样频率进行离散化。可以采用 Euler 算法对 SDE 进行求解。根据 Euler 算法，则此时 SDEsolver 定义为：

$$\begin{cases} \hat{\boldsymbol{x}}^k(j+1) = \hat{\boldsymbol{x}}^k(j) + \Delta t \Gamma\left(\hat{\boldsymbol{x}}^k(j), \hat{\bar{\boldsymbol{x}}}(j)\right) + \mathrm{d}\hat{\zeta}(j) \\ \hat{\boldsymbol{x}}^k(0) = \hat{\boldsymbol{x}}(0) \end{cases} \tag{5-31}$$

其中，Δt 为时间间隔，j 表示迭代步骤。当 Δt 为采样时间间隔时，HD-CTF 变成一个离散的目标跟踪算法。而离散的 HD-CTF 也可以被看作一个广义的 RNN，并以类似 RNN 的方式进行训练。

离散目标跟踪算法结构简单，需要的计算资源少，但在实际应用中通常面临两个问题：第一，算法的离散化误差随着采样频率的降低而增加；第二，由于传感器的类型不同和外部扰动，跟踪算法必须处理不同的采样率、不规则和间歇性的量测。但是，经典的神经网络（如 RNN）只允许输入和输出具有相同时间间隔的序列。一旦经过训练，它们的网络结构是固定的。如果要用离散的 HD-CTF 来处理不同采样率的量测，必须为每个采样率训练相应的 HD-CTF，或者对量测进行预处理（如内插和外推），这给实际应用带来了挑战。

模型驱动的算法主要采用欧拉和 Runge-Kutta 等成熟的方法来设计其随机微分方程。但是对于神经网络来说，如 RNN，当 $\Delta t \to 0$ 时，$j \to \infty$。因此，若想训练连续时间模式的 HD-CTF，训练的内存会由于 $j \to \infty$ 而达到一个很大的规模，现实世界中，这样的计算资源无疑是难以被满足的。

Chen 等[46]提出了一种神经常微分方程（NODE）的训练方法，采用伴随灵敏度法（Adjoint Sensitivity Method, ASM）来计算 NODE 的梯度。这种方法使内存成本与问题大小呈线性关系，并能控制数值误差。因此，近年来 NODE 吸引了许多学者的关注和研究，并取得了一些进展[47-49]。

这里使用 dopri5 作为 SDEsolver，并根据 NODE 训练方法来训练 HD-CTF。这样，本节提出的混合驱动目标跟踪算法可以在任何时间点产生状态估计，与离散版本相比，具有更强的环境适应性和更广泛的应用范围。

5.3.1.3　实验对比与分析

本节采用船舶自动识别系统（Automatic Identification System, AIS）[50]作为舰船目标测试数据集来源，主要的原理是目标接收其他目标发送的位置信息和广播自身精确运动信息，可以作为目标的真值来使用，以便进行测试和对比。需要说明的是，为了进一步验证设计的算法的环境适应能力，不做额外训练，直接使用实测数据集验证，同时也考察了数据配准模块的作用。

（1）AIS 数据集预处理

舰船数据集采用文献[51]公开的 AIS 数据集。该数据集包含通过 AIS 收集的舰船信息，并与一组具有空间和时间维度对齐的补充数据集成在一起。数据集包含 4 类数据：导航数据、面向舰船的数据、地理数据和环境数据。它的时间跨度为 2015 年 10 月 1 日到 2016 年 3 月 31 日，在凯尔特海及附近海峡（爱尔兰）和比斯开湾（法国）内提供舰船位置信息。接下来对其进行预处理。

首先对 AIS 数据根据 MMSI 号进行分割，并按照协调世界时（UTC）进行排序，得到初步的舰船目标轨迹。由于时间跨度长，每个 MMSI 号对应的舰船的目标轨迹是不连续的。因此，需要根据时间戳和连续两个数据点间的距离等约束对轨迹进行分割、异常点过滤等。预处理后的 AIS 轨迹如图 5-23（a）所示，其中，截取图 5-23（a）中 5.3°W～4.3°W、47.8°N～48.5°N 范围内的轨迹，这区域轨迹集中且机动较多。然后将该区域 AIS 轨迹（采用 WGS84 地理坐标系）转到二维直角坐标系，得到的轨迹如图 5-23（b）所示。

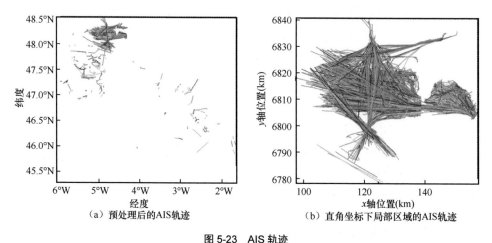

（a）预处理后的AIS轨迹　　　　　　　　（b）直角坐标下局部区域的AIS轨迹

图 5-23　AIS 轨迹

由于 AIS 数据的间隔随舰船速度变化，且舰船运动的速度明显低于飞机的速度，因此使用工程化滤波器（Engineering Filter, EF）进行滤波跟踪时，需要对数据集进行数据配准和插值。进行数据配准时，选取 10 s 作为 AIS 轨迹配准时的配准时间间隔，并将 10 s 与 EF 的系统时间 $T_f = 0.5$ s 进行对标，便于进行数据配准。

由于 AIS 轨迹受干扰情况严重，这里人工选取 200 条轨迹作为 AIS 验证数据集。然后按照 10 s 的采样间隔，使用 3 次样条插值对轨迹进行重采样。考虑舰船目标的运动速度通常较低，且舰船目标的机动惯性大，轨迹会很平滑，针对每条轨迹截取目标 50 min 时长内的航迹（舰船机动需要时间较长），即每条轨迹 300 点量测，作为验证轨迹，预处理后的 200 条 AIS 轨迹如图 5-24 所示。

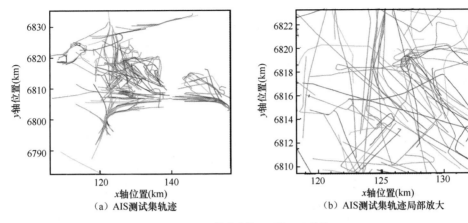

（a）AIS测试集轨迹　　　　　（b）AIS测试集轨迹局部放大

图 5-24　预处理后的 200 条 AIS 轨迹

　　然后关注数据配准问题（和插值顺序可以调换）。为方便计算，将图 5-24 的图像平移，将点[130, 6810]作为坐标原点，平移轨迹。再根据舰船的特点，速度的幅值上限平均约为 50 km/h，即约 14 m/s。以 10 s 的量测时间间隔配准工程化滤波器的系统时间 $T_f = 0.5\ \mathrm{s}$，则缩放系数为 1 即可满足跟踪要求。

　　（2）验证分析

　　本节进行 AIS 实测数据的验证跟踪实验，假设跟踪滤波时，噪声在极坐标上叠加作为量测点，并转换到二维直角坐标系进行跟踪，叠加的噪声是均值为 0 的高斯白噪声。工程化滤波器中的量测预处理步骤（坐标转换、数据筛选、数据配准以及插值）等不再详细描述，采用的对比模型为当前统计模型（Current Statistical Model, CSM）和 IMM。

　　令 AIS 数据集中卫星对海洋目标的测距误差标准差为 $\sigma_r = 30\ \mathrm{m}$，测向误差标准差为 $\sigma_\theta = 0.5°$，HD-CTF、CSM 以及 IMM 需要设置的量测误差标准差为 40 m。需要说明的是，上述误差均是基于数据配准之后的 AIS 数据得出的。经过数据集测试，AIS 数据集位置估计精度如表 5-13 所示。

表 5-13　AIS 数据集位置估计精度

模型	AEE-FP（m）	PEE-FP（m）	NEE-FP（m）
HD-CTF	**45.1732**	**418.675**	0.08909
CSM	57.6601	502.574	**0.03492**
IMM	—	—	

注：其中"—"表示算法发散，无法计算误差，后续表格一致。

然后从数据集中抽选两条具有不同特征的轨迹,进行 200 次蒙特卡洛仿真实验,AIS 数据集中两条轨迹跟踪 RMSE 对比如图 5-25 所示,AIS 数据集中两条轨迹对比如图 5-26 所示。AIS 数据集中两条轨迹跟踪精度如表 5-14 所示。

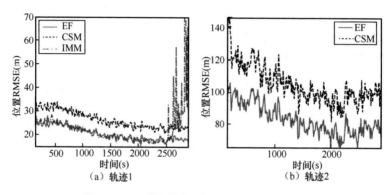

图 5-25　AIS 数据集中两条轨迹跟踪 RMSE 对比

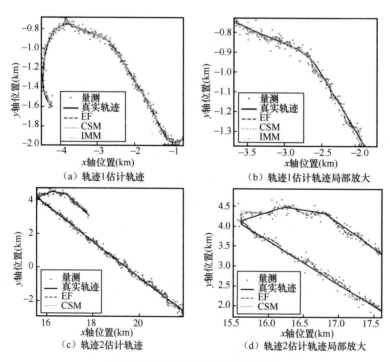

图 5-26　AIS 数据集中两条轨迹对比

表 5-14　AIS 数据集中两条轨迹跟踪精度

指标		AEE-FP（m）	PEE-FP（m）	NEE-FP（m）
轨迹 1	EF	**21.1225**	**26.7177**	16.8159
	CSM	26.8743	35.3566	21.1274
	IMM	24.2359	188.641	**16.0174**
轨迹 2	EF	**83.3606**	**105.791**	**65.9436**
	CSM	104.83	146.003	82.1225
	IMM	—	—	—

在第一条轨迹（轨迹 1）中，选择的滤波器为端到端学习的自适应 IMM（EEL-IMM）；在第二条轨迹（轨迹 2）中，由于是舰船目标，与算法训练时数据集异类，为防止发散，滤波器选择 MM-HD-CTF，以完成滤波任务。

从图 5-25、图 5-26 以及表 5-13、表 5-14 中可以看到，本节提出的混合驱动的跟踪算法在实测数据上具有与仿真实验相同的跟踪性能和优势，验证了本节算法的性能。从 AIS 数据集的验证实验结果来看，由于 AIS 数据质量差，且舰船的运动复杂，轨迹上的转弯存在很多锐角的情况，导致 IMM 的参数难以符合全部轨迹，出现算法发散的情况。本节设计的工程化应用的 HD-CTF 则考虑了舰船目标与训练数据集中目标异类的情况，综合选择数据驱动主导的混合驱动滤波器，避免算法发散，使得整个数据集上的跟踪任务能够完成。同时，通过数据配准，滤波器可以很好地完成 AIS 数据集的滤波任务，这说明滤波器的环境适应能力较强。

但是，在 AIS 数据集的验证过程中发现，循环核神经网络（RKNN）和 EEL-IMM 虽然可能出现发散的情况，但是其并不是在整个数据集上或者整条轨迹上跟踪发散。为了充分利用各个混合驱动跟踪算法的性能，下一步应该在滤波器工程化设计中加入检测算法发散以及重新初始化和切换滤波的功能，使得滤波器性能更好。

5.3.2　基于多源卫星的舰船目标中断航迹在轨智能关联

基于时空特征和拓扑结构的中断航迹接续关联方法针对的是单次中断航迹关联，若航迹发生多次中断，需要对中断位置附近的所有航迹段进行遍历计算，关联效率低。中断航迹接续关联可被看作图与图之间的转化过程，即中断的航迹图像转化为连续的航迹图像，在转化的过程中既可避免假设目标的运动模型和复杂的计算，保留航迹的拓扑结构，又能保证无论产生多少次航迹中断，均可以通过一次计算进行关联，大大提高关联的质量和效率。基于生成对抗网络[52]在图像生成和转化的研究中取得了突破进展，为了提升中断航迹关联的效率，本节采用 GAN 的思想，提出一种基于航迹生成对抗网络（Track Generative Adversarial Network, T-GAN）的中断航迹接续关联方法，用以解决多源卫星（多颗高轨凝视成像遥感卫星和低轨雷达探测卫星）获取的舰船目标中断航迹在轨快速关联问题，从而实现多源卫星对舰船目标的接力跟踪。

　　基于航迹生成对抗网络的中断航迹接续关联方法主要包含两部分：航迹生成器和航迹判别器。该方法的原理如图 5-27 所示。首先，针对航迹点数量较少且位置分散、不易直接处理的问题，在数据预处理的过程中将航迹段转化为航迹图像，这样既能保留航迹的拓扑结构，又便于之后的生成对抗网络进行处理。之后，以中断航迹图像作为航迹生成器的输入，由航迹生成器提取航迹运动特征和中断特征，生成连续航迹图像。考虑生成连续航迹较为复杂并且与自然图像相比航迹图像特征较少，在航迹生成器中加入注意力模块[53]，加强其对于中断位置和目标运动的敏感性。接着，航迹判别器判断生成的连续航迹图像的真假，为航迹生成器提供指导。最后，航迹生成器和航迹判别器交替训练，直至达到纳什均衡[54]，即航迹判别器无法准确判断生成的连续航迹图像的真假，此时保存航迹生成器的参数，利用航迹生成器生成连续航迹图像，完成中断航迹接续关联任务。

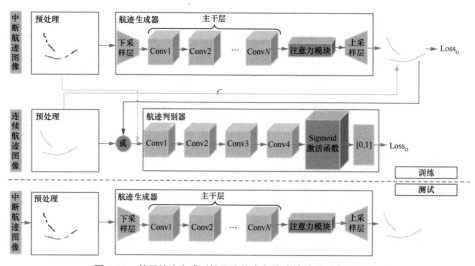

图 5-27　基于航迹生成对抗网络的中断航迹接续关联方法的原理

5.3.2.1　数据预处理

由于原始航迹向量中的航迹采样点数量较少，且中断前后的航迹采样点位置差异较大，直接利用原始航迹向量作为 GAN 的输入会导致 GAN 的损失产生较大震荡，不利于 GAN 的稳定训练。所以，在使用 GAN 生成连续航迹图像之前，通过数据预处理，将航迹段向量变成航迹图像，这样既能保留航迹的拓扑结构，又可以便于后续 GAN 的训练。针对不同场景下的航迹坐标大小不统一，无法直接映射到同一张图像中的情况，需要采用归一化方法对原始航迹向量进行归一化，将航迹位置坐标限制在[0,1]，以统一航迹图像的大小并减少航迹位置分布差异带来的影响。对各个维度分别进行 0-1 归一化，以 x 轴数据为例，首先遍历所有航迹段中的所有采样点，选出 x 轴的最大值点 $x_{\max}$ 和最小值点 $x_{\min}$ ，之后每一个航迹采样点都减去 $x_{\min}$ 并除以 x 轴最大值点和 x 轴最小值点之间的差值，得到 0-1 归一化的结果。0-1 归一化的定义为：

$$x_i^j = \frac{x_i^j - x_{\min}}{x_{\max} - x_{\min}} \tag{5-32}$$

其中，x_i^j 为第 i 个航迹段中的第 j 个采样点，$x_{\max} = \max\limits_{\substack{i=1:N \\ j=1:D}} x_i^j$ ，$x_{\min} = \min\limits_{\substack{i=1:N \\ j=1:D}} x_i^j$ 。

航迹归一化后用长度为 W 的截断窗口对新、旧航迹进行截断，截断窗口长度 W 是一个可变参数，取决于目标的所在场景，这里取 $W = 5$ 。截断后的新、旧航迹可以任意组合，作为神经网络的输入，如果新、旧航迹来自同一目标，标签为 1；否则，标签为 0。

接着设置空白图的大小为 $M \times M$ ，M 为图的像素数，用单位长度除以 M 进行网格量化，即 $1/M$ 表示量化网格中每一像素代表的归一化航迹长度，将归一化航迹坐标与量化网格坐标一一对应，得到航迹图像，航迹图像示意图如图 5-28 所示。

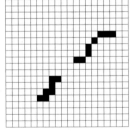

图 5-28　航迹图像示意图

5.3.2.2　航迹生成对抗网络

航迹生成对抗网络的目标是将中断航迹图像转化为连续航迹图像。航迹生成对抗网络包含一个航迹生成器和一个航迹判别器。航迹生成器以中断航迹图像为输入，输出连续航迹图像；航迹判别器用来判断所生成的连续航迹图像是真还是假（即生成的），进而为航迹生成器的生成方向提供指导。

（1）航迹生成器

航迹生成器被用来提取中断航迹图像中的航迹运动特征和中断特征，根据这些特征进行中断航迹关联，得到连续航迹图像，采用自动编码−解码器[55]作为航迹生成器的骨干网络。由于航迹的中断特征较为稀疏，在特征提取过程中容易丢失，所以在航迹生成器中添加注意力模块，加强其对于中断位置和目标运动的敏感性。航迹生成器包含下采样层、主干层、注意力模块和上采样层。下采样层包含卷积层、归一化层[56]和非线性激活层[57]，用来粗略地提取特征，其中所采用的 ReLU 函数如式（5-33）所示。

$$\text{ReLU}(x) = \max(0, x) \tag{5-33}$$

考虑航迹图像的稀疏性，在下采样层中没有使用池化层，而是使用步长为 2 的卷积层进行下采样，从而避免丢弃过多的航迹信息。主干层可以是输出张量大小不变（即去除池化层）的残差网络[58]或深度卷积网络[59]，用于精细提取特征，层数均为 6 层，区别在于是否添加残差连接。注意力模块在主干层之后，从高维进行特征权重分配。上采样层由反卷积网络 TransposeConv2d[60]、归一化层和非线性激活层组成，反卷积为卷积逆运算，利用反卷积将提取到的航迹特征维度提升至原中断航迹图像特征维度，将提取的航迹特征映射到航迹图像中，生成可视化的连续航迹图像。航迹生成器结构如图 5-29 所示。

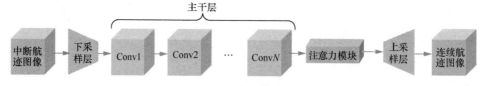

图 5-29　航迹生成器结构

（2）航迹判别器

航迹判别器用来提取中断航迹图像和连续航迹图像的特征，利用中断航迹图像作为监督信息，判断连续航迹图像是真还是假，并为航迹生成器的参数更新提供指导。航迹判别器的输入是中断航迹图像和连续航迹图像在通道维度的连接，由中断航迹图像提供监督信息，提高网络的判别能力。由于判别任务是一个简单的二分类问题，如果航迹判别器的性能过强，会导致误差梯度为 0，造成航迹生成器训练困难[61]，所以本节采用简单的下采样网络作为航迹判别器。航迹判别器由卷积层和非线性激活层组成，为减少特征损失，该下采样网络同样不使用池化层，而用步长为 2 的卷积层代替，其中所采用的 Sigmoid 激活函数如式（5-34）所示。

$$Sigmoid(x) = \frac{1}{1+e^{-x}} \tag{5-34}$$

Sigmoid 激活函数将判别结果限制在 0 到 1 之间，表示判别连续航迹图像的真假程度。航迹判别器结构如图 5-30 所示。

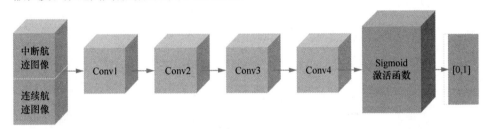

图 5-30　航迹判别器结构

5.3.2.3　注意力模块

为了让航迹生成器能够更好地提取航迹中断位置的细节特征，有效判断目标的运动模式，在航迹生成器的主干层后加入了注意力模块。该注意力模块包含两部分：通道注意力和空间注意力。通道注意力的作用是选择观测目标航迹的最佳观测尺度；空间注意力的作用是提高网络对目标运动状态变化规律的关注程度，从而选择最有利于中断航迹接续关联的目标运动状态。注意力模块结构如图 5-31 所示，其中 C、H、W 分别代表航迹图像的通道数、高度、宽度。

（1）通道注意力

通道注意力用来从不同的尺度观测目标航迹，假设航迹生成器的主干层输出张量的大小为 (C,H,W)，通道注意力模块 $(C,1,1)$ 将给不同的通道以不同的权重并更加关注对于目标任务重要的通道。对于航迹生成器的主干层输出的特征图而言，不同的通道代表着不同的特征。通道注意力模块通过学习通道注意力矩阵 M_c 选择重要的特征通道。通道注意力模块结构如图 5-32 所示。

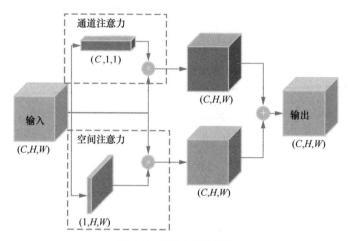

图 5-31　注意力模块结构

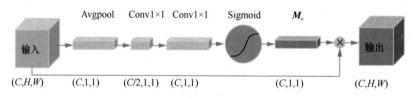

图 5-32　通道注意力模块结构

通道注意力的计算包括 3 个步骤：压缩、激活和加权。首先由全局平均池化层 Avgpool 把每个通道内各个元素相加再平均，对原始输入取全局平均值。假设输入的特征为 T，Avgpool 对特征 T 中的一个通道的计算式为：

$$\text{Avgpool}(T) = \frac{1}{H \times W} \sum_{i=1}^{H} \sum_{j=1}^{W} T(i, j) \qquad (5\text{-}35)$$

之后通过两个卷积层提高网络的特征提取能力。接着使用 Sigmoid 激活函数使网络具有非线性性质。最后由学习到的通道注意力矩阵 M_c 与原输入对应通道进行加权相乘，从而增加对应通道权重。

$$\tilde{T} = T \cdot M_c \qquad (5\text{-}36)$$

（2）空间注意力

空间注意力用来聚焦目标航迹的运动变化趋势，尤其是中断区域附近的变化趋势。与通道注意力不同的是，空间注意力只需要关注每个通道中航迹运动的变化情况，所以空间注意力模块的张量大小为 $(1,H,W)$。空间注意力模块通过学习空间注意力矩阵 $\boldsymbol{M}_s$ 实现空间特征选择。空间注意力模块结构如图 5-33 所示。

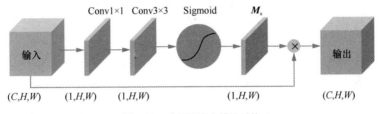

图 5-33　空间注意力模块结构

空间注意力的计算同样包含 3 个步骤：压缩、激活和加权。其中，激活和加权步骤与通道注意力相同，与通道注意力不同的是，空间注意力的压缩步骤采用 1×1 卷积层直接将通道数压缩为 1，其本质是一个空间变换，即通过 1×1 卷积层的权重矩阵 $\boldsymbol{W}_{1\times1}$ 将特征 $\boldsymbol{T}$ 的通道数由 C 变为 1。

$$\text{Conv}1\times1(\boldsymbol{T}) = \boldsymbol{T}\times\boldsymbol{W}_{1\times1} \tag{5-37}$$

最后，采用 3×3 卷积层提高网络的特征提取能力。

5.3.2.4　判别损失和生成损失

航迹生成网络的损失函数分为两部分：判别损失和生成损失。两种损失函数交替反向传递直至航迹判别器和航迹生成器达到纳什均衡[54]，完成对抗训练的目的。航迹生成对抗网络的总体训练损失函数为：

$$\min_{G}\max_{D} L_{\text{TGAN}}(G,D) = \min_{G}\max_{D}\left\{\mathbb{E}_{T_i}\left[\lg D(\boldsymbol{T}_i,\boldsymbol{T}_c)\right] + \mathbb{E}_{T_i}\left[\lg\left(1 - D\left(\boldsymbol{T}_i, G(\boldsymbol{T}_i)\right)\right)\right]\right\} \tag{5-38}$$

其中，$\boldsymbol{T}_i$ 和 $\boldsymbol{T}_c$ 分别表示中断航迹图像和连续航迹图像，$\mathbb{E}$ 表示期望函数，G 表示航迹生成器，D 表示航迹判别器。

（1）判别损失

判别损失用来量化航迹判别器的判别结果和连续航迹图像标签之间的差异。由于航迹判别器的输出是在[0,1]内的连续值，因此不使用交叉熵损失（Cross Entropy Loss）而使用均方误差（Mean Square Error, MSE）损失作为判别损失。当训练航迹判别器时，首先将中断航迹图像和数据集中的连续航迹图像连接，标签为 1；之后和生成的连续航迹图像连接，标签为 0。在训练航迹生成器时，将中断航迹图像和生成的连续航迹图像连接，标签为 1，以达到欺骗航迹判别器的目的。判别损失为：

$$\text{Loss}_{\text{D}} = \sqrt{(l_{\text{D}} - l_{\text{R}})^2} \tag{5-39}$$

其中，l_{D} 和 l_{R} 分别表示航迹判别器的判别结果和标签。

（2）生成损失

生成损失包括 L1 损失和判别损失。L1 损失被用来衡量真实连续航迹图像和生成连续航迹图像之间的差别，并在误差反向传递的过程中调节网络参数，使生成的连续航迹图像尽可能与真实的连续航迹图像相似。由于 L1 损失更加注重度量图像细节和边缘的差异[62]，十分适用于航迹图像之间的比较，所以本节中选择 L1 损失而不使用 L2 损失。判别损失被用来为航迹生成器的训练提供全局梯度指导，这样航迹生成器和航迹判别器之间的对抗才能产生效果。λ_{L1} 和 λ_{D} 分别是 L1 损失和判别损失的权重，由于航迹生成器参数复杂，训练难度大，通常将 L1 损失的权重 λ_{L1} 设为较大值，以加快航迹生成器参数收敛。L1 损失为：

$$\text{Loss}_{\text{L1}} = |\boldsymbol{T}_{\text{G}} - \boldsymbol{T}_{\text{R}}| \tag{5-40}$$

其中，$\boldsymbol{T}_{\text{G}}$ 是生成的连续航迹图像，$\boldsymbol{T}_{\text{R}}$ 是真实的连续航迹图像。生成损失为：

$$\text{Loss}_{\text{G}} = \lambda_{\text{L1}} \times \text{Loss}_{\text{L1}} + \lambda_{\text{D}} \times \text{Loss}_{\text{D}} \tag{5-41}$$

其中，$\lambda_{\text{L1}} = 10$，$\lambda_{\text{D}} = 1$。

5.3.2.5 实验对比及分析

为了验证本节所提方法的有效性，在仿真航迹数据集上进行实验验证。

（1）实验设置和评估标准

同样根据二维目标运动模型[63]构建实验所需的仿真数据集，目标运动的具体参数如下。首先设置目标初始位置、速度、加速度和航向，分别服从 $U(-10000\ \text{m}, 10000\ \text{m})$、$U(-100\ \text{m/s}, 100\ \text{m/s})$、$U(-5\ \text{m/s}^2, 5\ \text{m/s}^2)$ 和 $U(-90°, 90°)$；其中，$U(a,b)$ 表示分布区间为 (a,b) 的均匀分布。然后设置目标的运动采样点数 $N = 50$，每隔 1 s 采样一次；最后设置平稳运动时间 $T_s = 10$ s，目标在这段时间保持匀速直线运动，之后随机进行航向服从 $U(-90°, 90°)$、加速度服从 $U(-5$ m/s^2, 5 m/s^2) 的运动状态变化，状态转移时间服从 $U(20$ s, 40 s)。基于二维坐标下目标的运动表达式以及目标的运动参数，构建航迹关联数据集。

航迹关联数据集包括含噪声的中断航迹 A 和无噪声的连续航迹 B，具体的构建过程如下：首先根据模型运动的参数设置，在达到采样点数 $N = 50$ 后保存目标的运动坐标，得到无噪声的连续航迹 B；然后对无噪声的目标运动航迹的各个坐标添加噪声，噪声的均值为 0，标准差分别为 2 km、4 km、6 km，得到有噪声的目标运动航迹；最后对有噪声的目标运动航迹进行随机截断，保存截断后的航迹为含噪声的中断航迹 A。同一个目标需要关联的含噪声的中断航迹 A 和无噪声的连续航迹 B 分别为航迹生成对抗网络的输入和输出，用于航迹生成对抗网络的训练。由航迹关联数据集中的一对航迹数据构成的航迹图像如图 5-34 所示。

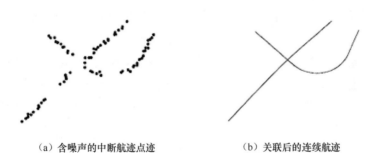

（a）含噪声的中断航迹点迹　　　　　　　（b）关联后的连续航迹

图 5-34　由航迹关联数据集中的一对航迹数据构成的航迹图像

实验的评价指标除了 AP 和 P@K（表示 K 个目标场景下的关联正确率），为了比较真实的连续航迹图像和生成的连续航迹图像之间的相似性，增加结构相似性（Structural Similarity, SSIM）[64]进行度量。AP、P@K、SSIM 的值都分布在 0 到 100%之间，值越大表示关联效果越好。实验所用计算机的详细配置如下：Ubuntu 16.04、32 GB RAM、Intel Core i7-8700 CPU @ 3.2 GHz、NVIDIA GTX 1080Ti GPU。

（2）下采样输出通道数分析

输入航迹生成器和航迹判别器中的数据都是三通道 RGB 图像数据，但是经过下采样层之后输出的数据通道数是不确定的，选择不同的输出通道数会对网络产生不同的影响，为了探究不同的下采样输出通道数对网络性能的影响并选择最佳的输出通道数，本实验选择不同的下采样输出通道数（8、16、32、64、128、256）进行模型训练并验证关联效果。不同下采样输出通道数的关联结果如表 5-15 所示。

表 5-15　不同下采样输出通道数的关联结果

输出通道数（条）	AP	P@5	P@10	P@20	SSIM
8	40%	80%	60%	20%	86.37%
16	63%	**100%**	70%	50%	89.14%
32	68%	**100%**	80%	**55%**	89.39%
64	**71%**	**100%**	**90%**	**55%**	**90.43%**
128	0	0	0	0	41.45%
256	0	0	0	0	36.58%

注：最佳结果加粗表示。

根据表 5-15 中的数据可以看出，当输出通道数为 64 时网络达到最佳关联性能。输出通道数过少或过多，都会对网络的关联结果造成不良影响。输出通道数过少，网络无法充分提取航迹特征，不充分、不全面的特征造成网络对航迹中断处的关联出现错误；输出通道数过多，网络提取的航迹特征过于冗余，网络易陷入过拟合，使网络局限于拟合训练集中的已知航迹，泛化性能变差，无法适用于未知航迹，造成性能急剧下降。

（3）航迹生成器主干层残差结构有效性验证

为了验证残差结构能否改善航迹图像与自然图像相比存在的特征过少、特征稀疏、容易导致网络梯度消失的问题，在残差网络和深度卷积网络结构中进行消融实验，在对残差连接的作用进行验证的同时选择最佳的网络结构，下采样的输出通道数选择最佳通道数 64，不同主干层的关联结果如表 5-16 所示。

表 5-16　不同主干层的关联结果

主干层	AP	P@5	P@10	P@20	SSIM
深度卷积网络	46%	60%	50%	40%	89.35%
残差网络	71%	100%	90%	55%	90.43%

从表 5-16 可以看出，当航迹生成器主干层选择残差网络时，网络达到最佳关联性能，这与残差连接的影响是分不开的。由于航迹特征图中的航迹采样点较为稀疏，随着网络结构的加深，稀疏的采样点容易引发梯度消失问题，即误差梯度无法有效回传，使得网络参数无法更新，造成航迹关联网络无法有效滤除航迹噪声，进而无法提取中断航迹特征并进行中断航迹关联。当添加残差连接后，航迹图像中的特征可以越过卷积层传播，缓解了梯度消失问题，有效提升了关联效果。

（4）网络适应性测试

为了验证本节方法在实际场景中的关联效果，本节选取 4 个运动场景对所提方法的适应性进行测试，4 个运动场景的设置如下：场景 1 包含两个相向而行的目标，在相同时刻发生航迹中断；场景 2 包含两个交叉运动目标，在交叉位置附近发生航迹中断；场景 3 包含两个发生两次交叉运动的目标，在两次交叉之间发生航迹中断；场景 4 包含两个相切运动目标，在相切处附近发生航迹中断。4 个场景的中断航迹图像如图 5-35 所示，4 个场景的关联后连续航迹图像如图 5-36 所示。

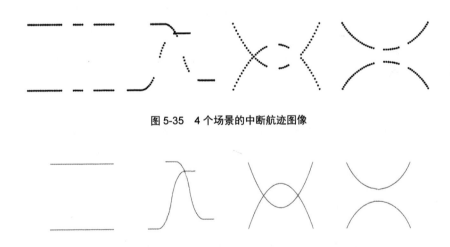

图 5-35　4 个场景的中断航迹图像

图 5-36　4 个场景的关联后连续航迹图像

对比图 5-35 和图 5-36 可以看出，航迹关联网络可以对航迹的中断位置进行关联，并且可以有效处理航迹交叉带来的不良影响，针对多次中断也能可靠有效地完成关联任务。

（5）网络抗噪声测试

以上仿真实验都基于不含噪声的理想仿真航迹数据进行，但在真实环境下，获取这种无噪声的理想数据是十分困难的。为了探究本节方法的抗噪声性能，本节针对不同噪声场景进行关联效果对比。分别在无噪声数据中添加均值为 0，标准差为 2 km、4 km、6 km 的高斯噪声来模拟不同的噪声等级，测试网络的抗噪声性能。不同噪声场景下的关联效果如表 5-17 所示。

表 5-17　不同噪声场景下的关联效果

标准差（km）	AP	P@5	P@10	P@20	SSIM
2	71%	100%	90%	55%	90.43%
4	69%	100%	80%	45%	87.36%
6	58%	100%	70%	40%	83.42%

由表 5-17 可以看出，在均值为 0、标准差为 6 km 的噪声条件下，本节方法对于非密集目标还能保持可靠的关联，但对于密集目标（P@20），受噪声影响，航迹采样点之间相互遮挡，航迹中断点的位置以及航迹的运动模式特征提取困难，关联精度稍有下降。对于标准差小于 6 km 噪声条件下的关联，本节方法都能达到较好的关联结果，证明了本节方法在噪声条件下同样具备较好的性能，能够完成中断航迹关联任务。

（6）与其他传统方法的对比及分析

下面将本节所提方法与传统 TSA[65]、多假设 TSA[66] 和 multi-frame S-D TSA[67] 进行对比，构建了包含标准差为 4 km 的噪声的仿真场景，主要考虑关联耗时和平均关联正确率两项指标。

该场景包含 5 个目标，在中断前后，目标均保持匀速直线运动模式，但在中断过程中，目标的运动模式可能发生改变。该场景中雷达测量周期为 $T=5\,\text{s}$，每次中断间隔设为 4 个采样周期，即 $T_{\text{interrupt}} = 20\,\text{s}$，仿真场景中所有目标的航迹信息如图 5-37 所示。

采用于以上 4 种关联方法进行 50 次仿真并计算出每次仿真的关联指标 AP 和所需时间，最后取平均值得到最终的关联结果。仿真的关联结果如表 5-18 所示，仿真的可视化结果如图 5-38 所示。

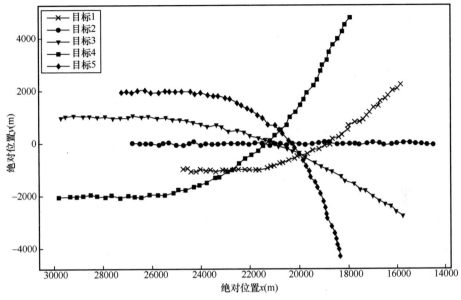

图 5-37 仿真场景中所有目标的航迹信息

表 5-18 仿真的关联结果

方法	AP	时间（s）
传统 TSA	42.80%	0.35
多假设 TSA	94.00%	0.38
multi-frame S-D TSA	97.50%	1.25
本节方法	100.00%	0.12

（a）中断航迹图像 （b）连续航迹图像

图 5-38 仿真的可视化结果

通过与其他 TSA 方法对比可以看出，本节提出的方法不仅可以在关联正确率上达到最优，而且速度也远远快于其他 TSA 方法，同时兼顾了质量和效率。并且对于航迹中密集的目标交叉区域，本节方法可以有效可靠地进行航迹关联，大大提升了关联效果。

5.4　本章小结

本章针对海洋目标监视的高时效性要求，研究了多源遥感卫星对海洋目标协同探测数据的在轨智能融合处理，包括 SAR 遥感图像舰船目标在轨检测、高分辨率光学遥感图像舰船目标在轨细粒度识别以及多源卫星舰船目标在轨运动状态估计和关联等技术。

参考文献

[1] 何友, 姚力波, 李刚, 等. 多源卫星信息在轨融合处理分析与展望[J]. 宇航学报, 2021, 42(1): 1-10.

[2] 高原. 空间计算或将引发天基信息网络体系变革[EB/OL]. 国防科技要闻, 2016.

[3] ZHOU G Q. Future intelligent earth observing satellites[C]//Proceedings of the Conference on Earth Observing Systems VIII. [S.l.:s.n.], 2003: 1-8.

[4] 李德仁, 沈欣. 论智能化对地观测系统[J]. 测绘科学, 2005, 30(4): 9-11, 3.

[5] 张吉祥, 郭建恩. 智能对地观测卫星初步设计与关键技术分析[J]. 无线电工程, 2016, 46(2): 1-5, 22.

[6] LIU W, ANGUELOV D, ERHAN D, et al. SSD: single shot MultiBox detector[C]//European Conference on Computer Vision. Cham: Springer, 2016: 21-37.

[7] SIMONYAN K, ZISSERMAN A. Very deep convolutional networks for large-scale image recognition[C]//Proceedings of the International Conference on Learning Representations. [S.l.:s.n.], 2015.

[8] SHEN Z Q, LIU Z, LI J G, et al. DSOD: learning deeply supervised object detectors from scratch[C]//Proceedings of the 2017 IEEE International Conference on Computer Vision

(ICCV). Piscataway: IEEE Press, 2017: 1937-1945.

[9] DENG J, DONG W, SOCHER R, et al. ImageNet: a large-scale hierarchical image database[C]//Proceedings of the 2009 IEEE Conference on Computer Vision and Pattern Recognition. Piscataway: IEEE Press, 2009: 248-255.

[10] WOO S, PARK J, LEE J Y, et al. CBAM: convolutional block attention module[C]//Proceedings of the European Conference on Computer Vision. Cham: Springer, 2018: 3-19.

[11] RUCK D W, ROGERS S K, KABRISKY M, et al. The multilayer perceptron as an approximation to a Bayes optimal discriminant function[J]. IEEE Transactions on Neural Networks, 1990, 1(4): 296-298.

[12] LIU W, ANGUELOV D, ERHAN D, et al. SSD: single shot MultiBox detector[C]//Proceedings of the European Conference on Computer Vision. Cham: Springer, 2016: 21-37.

[13] NEUBECK A, VAN GOOL L. Efficient non-maximum suppression[C]//Proceedings of the 18th International Conference on Pattern Recognition (ICPR'06). Piscataway: IEEE Press, 2006: 850-855.

[14] LI J W, QU C W, SHAO J Q. Ship detection in SAR images based on an improved faster R-CNN[C]//Proceedings of the 2017 SAR in Big Data Era: Models, Methods and Applications (BIGSARDATA). Piscataway: IEEE Press, 2017: 1-6.

[15] LI Y S, ZHANG Y J, HUANG X, et al. Learning source-invariant deep hashing convolutional neural networks for cross-source remote sensing image retrieval[J]. IEEE Transactions on Geoscience and Remote Sensing, 2018, 56(11): 6521-6536.

[16] HU J, SHEN L, SUN G. Squeeze-and-excitation networks[C]//Proceedings of the 2018 IEEE/CVF Conference on Computer Vision and Pattern Recognition. Piscataway: IEEE Press, 2018: 7132-7141.

[17] 李健伟, 曲长文, 彭书娟, 等. 基于卷积神经网络的 SAR 图像舰船目标检测[J]. 系统工程与电子技术, 2018, 40(9): 1953-1959.

[18] 李健伟, 曲长文, 彭书娟. 基于级联 CNN 的 SAR 图像舰船目标检测算法[J]. 控制与决策, 2019, 34(10): 2191-2197.

[19] JIAO J, ZHANG Y, SUN H, et al. A densely connected end-to-end neural network for multiscale and multiscene SAR ship detection[J]. IEEE Access, 2018, 6: 20881-20892.

[20] GOODFELLOW I, POUGET-ABADIE J, MIRZA M, et al. Generative adversarial networks[J]. Communications of the ACM, 2020, 63(11): 139-144.

[21] WEI X S, CUI Q, YANG L, et al. RPC: a large-scale retail product checkout dataset[EB/OL].

arXiv preprint, 2019, arXiv: 1901.07249.

[22] 张志林, 李玉鑑, 刘兆英, 等. 深度学习在细粒度图像识别中的应用综述[J]. 北京工业大学学报, 2021, 47(8): 942-953.

[23] ZHAO Q, PRINCIPE J C. Support vector machines for SAR automatic target recognition[J]. IEEE Transactions on Aerospace and Electronic Systems, 2001, 37(2): 643-654.

[24] LI X, HU X L, YANG J. Spatial group-wise enhance: improving semantic feature learning in convolutional networks[EB/OL]. arXiv preprint, 2019, arXiv: 1905.09646.

[25] CHI M M, PLAZA A, BENEDIKTSSON J A, et al. Big data for remote sensing: challenges and opportunities[J]. Proceedings of the IEEE, 2016, 104(11): 2207-2219.

[26] EVERINGHAM M, VAN GOOL L, WILLIAMS C K I, et al. The pascal visual object classes (VOC) challenge[J]. International Journal of Computer Vision, 2010, 88(2): 303-338.

[27] LIN T Y, MAIRE M, BELONGIE S, et al. Microsoft COCO: common objects in context[M]//Computer Vision – ECCV 2014. Cham: Springer International Publishing, 2014: 740-755.

[28] HORN G, MAC AODHA O, SONG Y, et al. The iNaturalist species classification and detection dataset[C]//Proceedings of the 2018 IEEE/CVF Conference on Computer Vision and Pattern Recognition. Piscataway: IEEE Press, 2018: 8769-8778.

[29] DALAL R, MOH T S. Fine-grained object detection using transfer learning and data augmentation[C]//Proceedings of the 2018 IEEE/ACM International Conference on Advances in Social Networks Analysis and Mining (ASONAM). Piscataway: IEEE Press, 2018: 893-896.

[30] WAH C, BRANSON S, WELINDER P, et al. The Caltech-UCSD birds-200-2011 dataset[R]. California Institute of Technology, 2011.

[31] LIU Z K, YUAN L, WENG L B, et al. A high resolution optical satellite image dataset for ship recognition and some new baselines[C]//Proceedings of the 6th International Conference on Pattern Recognition Applications and Methods. [S.l.:s.n.], 2017: 324-311.

[32] REN S Q, HE K M, GIRSHICK R, et al. Faster R-CNN: towards real-time object detection with region proposal networks[J]. IEEE Transactions on Pattern Analysis and Machine Intelligence, 2017, 39(6): 1137-1149.

[33] HE K, GEORGIA G, PIOTR D, et.al. Mask R-CNN[J]. IEEE Transactions on Pattern Analysis and Machine Intelligence, 2020, 42(2): 386-397.

[34] CAI Z W, VASCONCELOS N. Cascade R-CNN: delving into high quality object detection[C]//Proceedings of the 2018 IEEE/CVF Conference on Computer Vision and Pattern Recognition. Piscataway: IEEE Press, 2018: 6154-6162.

[35] KRISHNAN R G, SHALIT U, SONTAG D. Structured inference networks for nonlinear state

space models[C]//Proceedings of the Thirty-First AAAI Conference on Artificial Intelligence. New York: ACM Press, 2017: 2101-2109.

[36] ARYANKIA K, SELMIC R R. Neural network-based formation control with target tracking for second-order nonlinear multiagent systems[J]. IEEE Transactions on Aerospace and Electronic Systems, 2022, 58(1): 328-341.

[37] FRACCARO M, KAMRONN S, PAQUET U, et al. A disentangled recognition and nonlinear dynamics model for unsupervised learning[C]//Proceedings of the 31st International Conference on Neural Information Processing Systems. New York: ACM Press, 2017: 3604-3613.

[38] WANG Y Y, SMOLA A, MADDIX D C, et al. Deep factors for forecasting[C]//Proceedings of the International Conference on Machine Learning. [S.l.:s.n.], 2019: 6607-6617.

[39] KRISHNAN R G, SHALIT U, SONTAG D. Deep Kalman filters[EB/OL]. arXiv preprint, 2015, arXiv: 1511.05121.

[40] MILAN A, REZATOFIGHI S H, DICK A, et al. Online multi-target tracking using recurrent neural networks[J]. Proceedings of the AAAI Conference on Artificial Intelligence, 2017, 31(1): 4225-4232.

[41] LIU H J, ZHANG H, MERTZ C. DeepDA: LSTM-based deep data association network for multi-targets tracking in clutter[C]//Proceedings of the 2019 22th International Conference on Information Fusion (FUSION). Piscataway: IEEE Press, 2019: 1-8.

[42] CROUSE D. Basic tracking using nonlinear continuous-time dynamic models [Tutorial][J]. IEEE Aerospace and Electronic Systems Magazine, 2015, 30(2): 4-41.

[43] HORNIK K, STINCHCOMBE M, WHITE H. Multilayer feedforward networks are universal approximators[J]. Neural Networks, 1989, 2(5): 359-366.

[44] XU L F, LI X R, DUAN Z S. Hybrid grid multiple-model estimation with application to maneuvering target tracking[J]. IEEE Transactions on Aerospace and Electronic Systems, 2016, 52(1): 122-136.

[45] RAMCHOUN H, AMINE M, IDRISSI J, et al. Multilayer perceptron: architecture optimization and training[J]. International Journal of Interactive Multimedia and Artificial Intelligence, 2016, 4(1): 26.

[46] CHEN R T Q, RUBANOVA Y, BETTENCOURT J, et al. Neural ordinary differential equations[C]//Proceedings of the 32nd International Conference on Neural Information Processing Systems. New York: ACM Press, 2018: 6572-6583.

[47] NORCLIFFE A, BODNAR C, DAY B, et al. Neural ode processes[C]//Proceedings of the International Conference on Learning Representations. [S.l.:s.n.], 2021.

[48] BROUWER E, SIMM J, ARANY A, et al. GRU-ODE-Bayes: continuous modeling of spo-

radically-observed time series[C]//Proceedings of the Conference on Neural Information Processing Systems. [S.l.:s.n.], 2020: 7347-7358.

[49] DANDEKAR R, CHUNG K, DIXIT V, et al. Bayesian neural ordinary differential equations[EB/OL]. arXiv preprint, 2020, arXiv: 2012.07244.

[50] ZHAO L B, SHI G Y, YANG J X. Ship trajectories pre-processing based on AIS data[J]. Journal of Navigation, 2018, 71(5): 1210-1230.

[51] RAY C, DRÉO R, CAMOSSI E, et al. Heterogeneous integrated dataset for maritime intelligence, surveillance, and reconnaissance[J]. Data in Brief, 2019, 25: 104141.

[52] GOODFELLOW I, POUGET-ABADIE J, MIRZA M, et al. Generative adversarial nets[J]. Advances in Neural Information Processing Systems, 2014, 27: 2672-2680.

[53] MNIH V, HEESS N, GRAVES A. Recurrent models of visual attention[J]. Advances in neural information Processing Systems, 2014, 27: 2204-2212.

[54] RATLIFF L J, BURDEN S A, SASTRY S S. Characterization and computation of local Nash equilibria in continuous games[C]//Proceedings of the 2013 51st Annual Allerton Conference on Communication, Control, and Computing. Piscataway: IEEE Press, 2013: 917-924.

[55] VINCENT P, LAROCHELLE H, BENGIO Y, et al. Extracting and composing robust features with denoising autoencoders[C]//Proceedings of the 25th International Conference on Machine Learning. New York: ACM Press, 2008: 1096-1103.

[56] ULYANOV D, VEDALDI A, LEMPITSKY V. Instance normalization: the missing ingredient for fast stylization[C]//Proceedings of the IEEE Conference on Computer Vision and Pattern Recognition. Piscataway: IEEE Press, 2017.

[57] GLOROT X, BORDES A, BENGIO Y. Deep sparse rectifier neural networks[C]//Proceedings of the Fourteenth International Conference on Artificial Intelligence and Statistics. [S.l.:s.n.], 2011: 315-323.

[58] HE K M, ZHANG X Y, REN S Q, et al. Deep residual learning for image recognition[C]//Proceedings of the 2016 IEEE Conference on Computer Vision and Pattern Recognition (CVPR). Piscataway: IEEE Press, 2016: 770-778.

[59] SIMONYAN K, ZISSERMAN A. Very deep convolutional networks for large-scale image recognition[C]//Proceedings of the 3rd International Conference on Learning Representations. [S.l.:s.n.], 2015.

[60] DUMOULIN V, VISIN F. A guide to convolution arithmetic for deep learning[EB/OL]. arXiv preprint, 2016, arXiv: 1603.07285.

[61] PENG X B, KANAZAWA A, TOYER S, et al. Variational discriminator bottleneck: improving imitation learning, inverse RL, and GANs by constraining information

flow[C]//Proceedings of the International Conference on Learning Representations. [S.l.:s.n.], 2019.

[62] ZHAO H, GALLO O, FROSIO I, et al. Loss functions for image restoration with neural networks[J]. IEEE Transactions on Computational Imaging, 2017, 3(1): 47-57.

[63] LI X R, JILKOV V P. Survey of maneuvering target tracking. Part I. Dynamic models[J]. IEEE Transactions on Aerospace and Electronic Systems, 2003, 39(4): 1333-1364.

[64] WANG Z, BOVIK A C, SHEIKH H R, et al. Image quality assessment: from error visibility to structural similarity[J]. IEEE Transactions on Image Processing: a Publication of the IEEE Signal Processing Society, 2004, 13(4): 600-612.

[65] KALMAN R E. A new approach to linear filtering and prediction problems[J]. Journal of Basic Engineering, 1960, 82(1): 35-45.

[66] 齐林, 王海鹏, 熊伟, 等. 基于先验信息的多假设模型中断航迹关联算法[J]. 系统工程与电子技术, 2015, 37(4): 732-739.

[67] RAGHU J, SRIHARI P, THARMARASA R, et al. Comprehensive track segment association for improved track continuity[J]. IEEE Transactions on Aerospace and Electronic Systems, 2018, 54(5): 2463-2480.

名词索引

附　　录

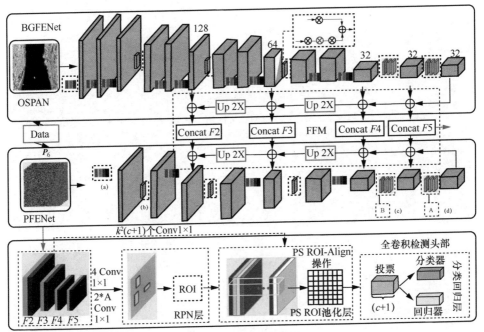

图 2-2　DCCNN 模型结构

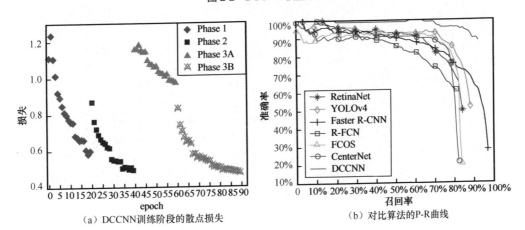

（a）DCCNN训练阶段的散点损失　　　　　（b）对比算法的P-R曲线

图 2-10　算法性能

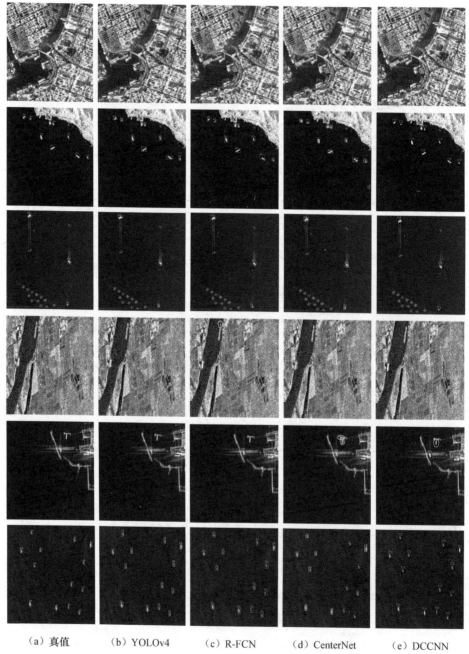

（a）真值　　　　（b）YOLOv4　　　　（c）R-FCN　　　　（d）CenterNet　　　　（e）DCCNN

图 2-11　DCCNN 与部分算法的舰船检测可视化结果

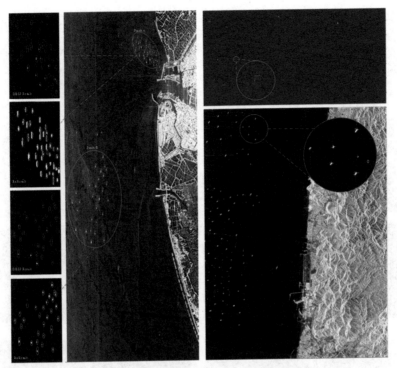

图 2-14　3 种测试场景的舰船检测可视化结果

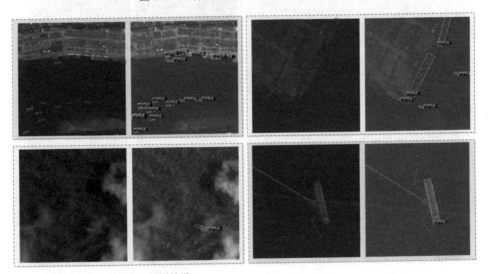

注：红框表示真值，绿框表示检测结果。

图 2-22　不同场景下检测结果样例

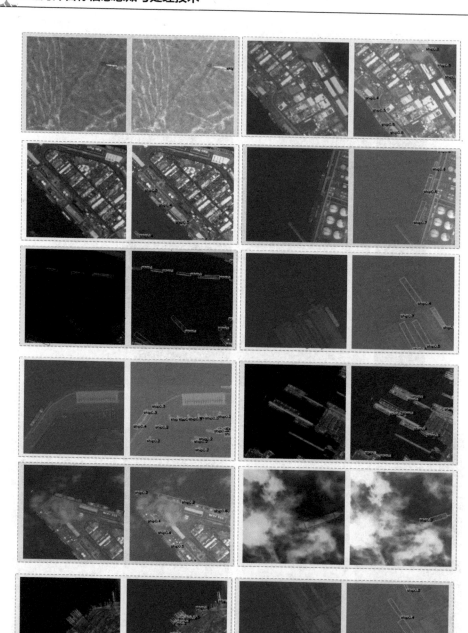

注：红框表示真值，绿框表示检测结果。

图 2-22　不同场景下检测结果样例（续）

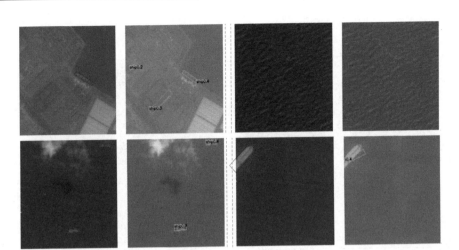

注：红框表示真值，绿框表示检测结果。

图 2-23　部分典型检测失败样例

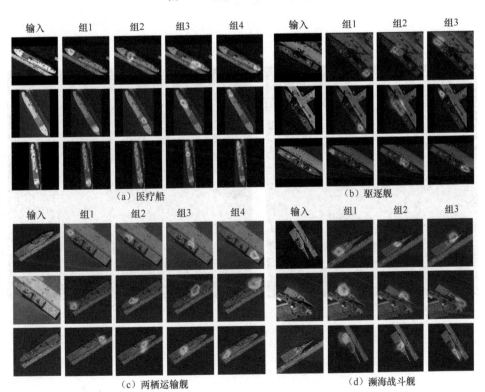

图 2-46　注意力图可视化结果

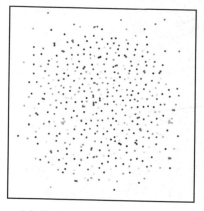

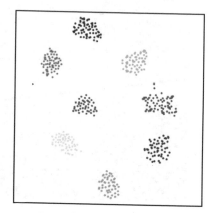

（a）基于ResNet50+CMAM的特征分布　　　　　（b）基于ResNet50+CMAM+FAM的特征分布

图 2-47　特征分布可视化结果

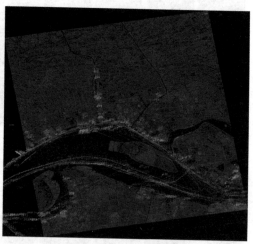

图 4-17　GF-3 SAR 图像和
AIS 数据关联场景 1

图 4-21　GF-3 SAR 图像和
AIS 数据关联场景 2

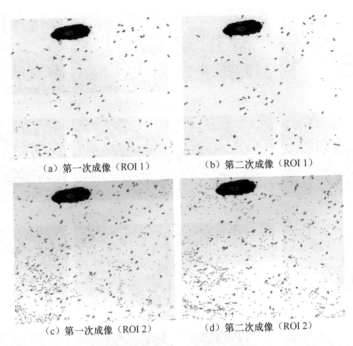

（a）第一次成像（ROI 1）　　　（b）第二次成像（ROI 1）

（c）第一次成像（ROI 2）　　　（d）第二次成像（ROI 2）

图 4-31　检测的点迹与跟踪的航迹

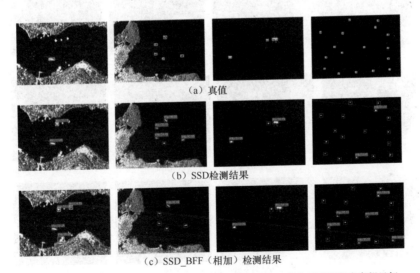

（a）真值

（b）SSD检测结果

（c）SSD_BFF（相加）检测结果

注：蓝色矩形框代表检测结果，红色矩形框代表漏检目标，黄色矩形框代表虚假目标。

图 5-9　部分典型场景的检测结果

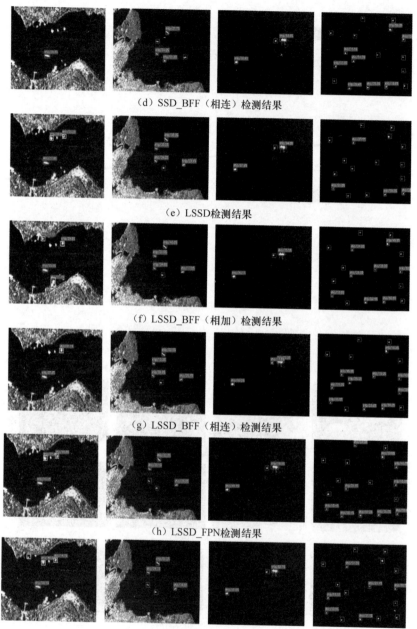

（d）SSD_BFF（相连）检测结果

（e）LSSD检测结果

（f）LSSD_BFF（相加）检测结果

（g）LSSD_BFF（相连）检测结果

（h）LSSD_FPN检测结果

（i）LSSD_TDM检测结果

注：蓝色矩形框代表检测结果，红色矩形框代表漏检目标，黄色矩形框代表虚假目标。

图 5-9　部分典型场景的检测结果（续）

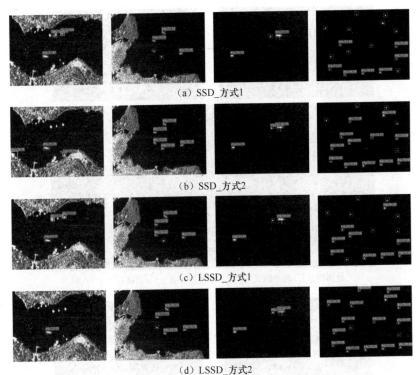

（a）SSD_方式1

（b）SSD_方式2

（c）LSSD_方式1

（d）LSSD_方式2

注：蓝色矩形框代表检测结果，红色矩形框代表漏检目标，黄色矩形框代表虚假目标。

图 5-10   部分典型场景的检测结果示意图

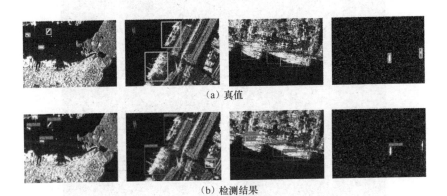

（a）真值

（b）检测结果

注：绿色框代表真值标签，蓝色矩形框代表检测结果，红色矩形框代表漏检目标，
　　黄色矩形框代表虚假目标。

图 5-11   部分检测失败案例

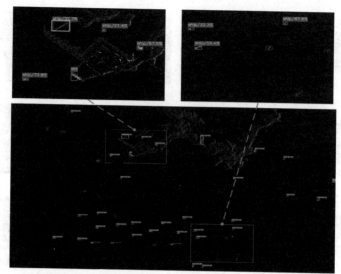

（a）检测场景1（成像模式为FSI，图像分辨率为5 m，极化方式为VH）

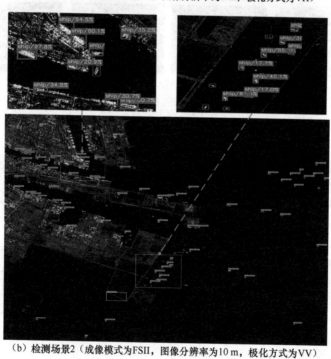

（b）检测场景2（成像模式为FSII，图像分辨率为10 m，极化方式为VV）

注：蓝色矩形框代表检测结果，红色矩形框代表漏检目标，黄色矩形框代表虚假目标。

图 5-12　GF-3 图像海面场景舰船目标检测结果

（c）检测场景3（成像模式为SL，图像分辨率为1 m，极化方式为HH）

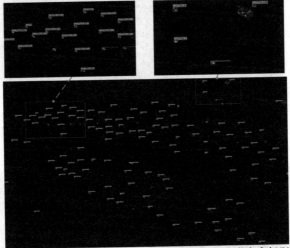

（d）检测场景4（成像模式为FSII，图像分辨率为10 m，极化方式为VV）

（e）检测场景5（成像模式为SL，图像分辨率为1 m，极化方式为HH）

注：蓝色矩形框代表检测结果，红色矩形框代表漏检目标，黄色矩形框代表虚假目标。

图 5-12 GF-3 图像海面场景舰船目标检测结果（续）

（f）检测场景6（成像模式为UFS，图像分辨率为3 m，极化方式为VH）

注：蓝色矩形框代表检测结果，红色矩形框代表漏检目标，黄色矩形框代表虚假目标。

图 5-12　GF-3 图像海面场景舰船目标检测结果（续）

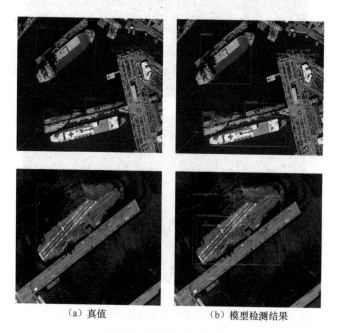

　　（a）真值　　　　　　　　　　（b）模型检测结果

图 5-18　部分检测结果样例

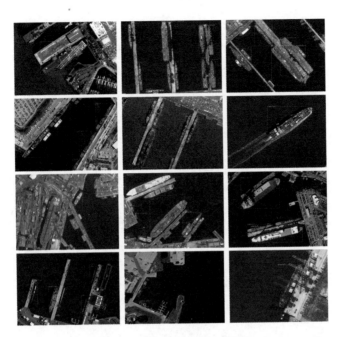

图 5-19　部分舰船检测结果样例

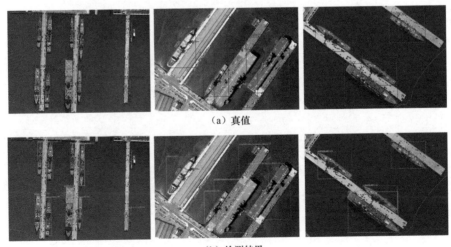

（a）真值

（b）检测结果

图 5-20　部分失败检测样例